青海省农业灌区耗水系数监测试验与模拟研究

周鸿文　李其江　刘东旭　吕文星　等著

黄河水利出版社
·郑州·

内 容 提 要

本书系统地介绍了流域农业耗水系数研究的理论和方法,基于水量平衡原理和流域水资源管理要求,选择青海省黄河流域和柴达木盆地典型农业灌区,采用水文观测试验、物理模型、SWAT 模型和通用土壤水分平衡模型(VSMB 模型)等开展了农业灌溉耗水研究,揭示了不同空间尺度上农业灌溉水循环机制和演变规律,率定了不同水源、不同下垫面条件下的青海省农业灌区耗水系数,并对影响灌区耗水系数的关键因素进行了分析评价。

本书可供农田水利、水文水资源等专业的科研、生产和管理人员参阅,也可作为大中专院校相关专业的参考用书。

图书在版编目(CIP)数据

青海省农业灌区耗水系数监测试验与模拟研究/周鸿文
等著. —郑州:黄河水利出版社,2016.5
ISBN 978 - 7 - 5509 - 1430 - 8

Ⅰ. ①青…　Ⅱ. ①周…　Ⅲ. ①灌区 - 需水量 - 总量
监测 - 研究 - 青海省　Ⅳ. ①S274.4

中国版本图书馆 CIP 数据核字(2016)第 109839 号

出　版　社:黄河水利出版社
　　　　　地址:河南省郑州市顺河路黄委会综合楼 14 层　　　　邮政编码:450003
发行单位:黄河水利出版社
　　　　　发行部电话:0371 - 66026940、66020550、66028024、66022620(传真)
　　　　　E-mail:hhslcbs@ 126. com
承印单位:河南省瑞光印务股份有限公司
开本:787 mm × 1 092 mm　1/16
印张:17.25
字数:400 千字　　　　　　　　　　　　　　印数:1—1 000
版次:2016 年 5 月第 1 版　　　　　　　　　印次:2016 年 5 月第 1 次印刷
定价:86.00 元

前　言

　　水资源是人类赖以生存的物质基础。加强水资源合理开发和可持续利用,提高水资源对经济社会发展的支撑能力,对于保障国家经济和生态安全,构建"资源节约型"和"环境友好型"社会具有重要的现实意义。

　　随着社会经济的迅速发展,黄河流域水资源供需矛盾日益突出,已成为流域经济社会健康发展的主要瓶颈。但同时用水效率低、水污染严重、挤占生态用水和超采地下水等问题极为严重,严峻的水资源情势使全社会日益重视黄河流域水资源的开发利用和调度配置。近年来不少学者采用原型观测、物理模型和数值模拟等方法,从不同的时空尺度,对水资源取用过程中的损失途径、消耗驱动因素及空间异质性对耗水量的影响等开展了广泛的研究,在水量消耗模型、水资源利用效率等方面取得了许多重要成果,但从流域水资源管理角度对水量消耗内涵的理解和耗水评价的方法等尚未达成共识。

　　青海省地处青藏高原东北部,是黄河的发源地,省内水资源时空分布极为不均,为解决水资源供需矛盾,修建了大量引水、蓄水和提水工程。从用水结构来看,全省农业灌溉耗水量占总耗水量的70%左右,大中型灌区在农业生产中具有支柱作用,发挥了巨大的经济、社会、生态效益,保障农业用水是提高农业综合生产能力、促进农业可持续发展的主要支撑条件,也是水资源优化配置的基本依托。因此,建立流域耗水系数评价指标体系,明晰指标内涵,采用多种水文学方法,开展青海省典型农业灌区耗水规律研究,科学合理地确定区域农业灌溉耗水系数,对于制定水利发展规划、挖掘农业节水潜力、建立初始水权以及优化配置水资源具有重要作用。

　　2012～2015年,青海省水利厅先后立项开展了"青海省黄河流域灌区耗水系数监测试验研发""青海省黄河干流谷地灌区耗水系数监测试验研发""青海省柴达木盆地灌区耗水系数监测试验研发"等项目研究,主要完成单位包括黄河水文水资源科学研究院、青海省水文水资源勘测局、华北水利水电大学和广西师范大学。上述三项研究主要采用引排差法、蒸渗仪物理模型、SWAT模型与通用土壤水分平衡模型(简称VSMB模型)对灌区耗水系数进行监测试验及模拟,具体内容包括:①在系统总结相关研究成果的基础上,根据黄河流域水资源管理要求,提出流域耗水系数评价概念及内涵,构建农业灌溉耗水系数研究模型,研发流域耗水系数评价理论方法。②结合青海省农业灌溉发展实际,选择有较高代表性的典型灌区,确定不同尺度的耗水系数评价方案,系统地开展农业灌溉耗水量及耗水系数试验研究。③利用蒸渗仪和地下水监测井开展典型地块灌溉水下渗试验,采用水量均衡模型揭示农业灌溉水蒸渗规律。④运用SWAT模型对湟水流域大峡渠灌区进行蒸发、渗漏、退水和土壤含水量变化过程的模拟,进而测算耗水系数指标在各水文响应单元的分布规律。⑤运用VSMB模型模拟典型灌区不同层次土壤含水量、实际蒸散、径流及下渗对地下水变化影响等要素,揭示青海省典型灌区水循环机制和演变规律。在上述研究基础上,进一步分析农业灌溉耗水系数影响因素,为探究农业灌溉水资源节水机制、强化农业用水管理、提高农业用水效率提供了科技支撑。

本书是以上研究成果的总结。全书共分 8 章:第 1 章由周鸿文、李其江撰写;第 2 章由刘东旭、李其江、王志勇撰写;第 3 章由周鸿文、李其江、李东、吕文星撰写;第 4 章由李其江、刘东旭、周鸿文撰写;第 5 章由李其江、周鸿文、唐红波、刘东旭、吕文星、王志勇撰写;第 6 章由吕文星、唐红波、刘东旭、王志勇撰写;第 7 章由徐存东、翟禄新、孙艳伟、周鸿文、吕文星、王志勇撰写;第 8 章由周鸿文、刘东旭、吕文星撰写。全书由周鸿文、李其江统稿。王永峰、王玉明、周淑瑾、李超、王霖、蓝云龙、方廉营、温钦钰、王荣荣等研究人员参与了研究项目总报告部分章节和分报告的撰写,在此向参加研究的所有科研人员表示衷心的感谢。

本书参考和引用了大量国内外学者的研究成果,并且得到了黄河水利委员会、青海省水利厅、项目涉及市(州)县(区)各级水行政主管部门和灌区管理局(所)的大力支持和技术指导,在此表示感谢。另外,本书的完成和出版得到了国家自然科学基金(51279064、51579102、31360204)和水资源高效利用与保障工程协同创新中心(2013CICWP – HN)的资助。

由于灌区耗水系数的研究涉及气候学、水文学、土壤学、地理学、水力学、农学等多个学科,研究难度大,加之编者水平有限,书中的错误和疏漏之处在所难免,恳请读者批评指正,提出宝贵意见。

作　者
2016 年 4 月

目 录

第 1 章 绪 论

1.1 研究背景及意义

水资源作为基础性自然资源与战略性经济资源,担负着支撑人类社会经济发展、维系生态环境安全的重任。然而,自 20 世纪 70 年代以来,随着世界人口的剧增,经济的高速发展,对水资源的需求量进一步提高,提高水资源的利用效率是经济和社会实现可持续发展的根本途径。预计到 2030 年,人类对粮食的需求将比现在至少提高 60% ,将会有更多的淡水资源用于农业,这部分水资源已经占据了全球可用淡水资源的 70% 。我国是水资源严重短缺,并且紧缺形势不断恶化的发展中国家,人均水资源占有量由 2000 年的 2 194 m^3 下降到 2011 年的 1 730 m^3 ,仅比国际严重缺水警戒线高 30 m^3 。从用水结构来看,农业部门是第一用水大户,农业用水占全国用水总量的 70% 左右。1956 年以来我国水资源总量呈现微弱的增长趋势,但是我国北方地区海河流域、黄河流域的水资源总量却显著减少,近 20 年减少幅度达 19% 和 17% ,其中农业用水对于保证我国在过去的 20 多年里粮食生产大幅增长、人民生活水平的提高起到了巨大的作用,但是农业用水中的浪费现象十分严重。

黄河流域耕地资源丰富、土壤肥沃、光热资源充足,适于小麦、玉米、棉花、花生和苹果等多种粮油和经济作物的生长。上游宁蒙平原、中游的汾渭盆地以及下游的沿黄平原是我国粮食、棉花、油料的重要产区,在我国国民经济建设中具有十分重要的战略地位。黄河流域的气候条件与水资源状况决定了农业发展在很大程度上依赖于灌溉,大中型灌区在农业生产中具有支柱作用,针对该地区土壤与水资源分配不协调的现状,建设大规模的扬水灌溉工程是解决这些地区水资源短缺、大片适宜耕种的土地长期荒芜、耕地土壤盐渍化等问题的主要途径。目前,黄河流域水资源开发利用率已接近 70% ,其中农业用水量占全流域国民经济用水量的 80% 左右,但是灌溉可用水量不断减少。针对黄河流域灌溉农业的特点,建立稳定高效的节水机制,依靠科技创新促进灌溉用水方式的改革,科学探究农业灌溉耗水系数,搞好流域的灌溉事业对于保障流域乃至全国的经济建设、社会发展和粮食安全具有重要的作用。

青海省地处青藏高原东北部,面积 69.67 万 km^2 ,是黄河、长江、澜沧江和黑河的发源地,属于高原大陆性气候,多年平均降水量 290.5 mm,仅为全国多年平均降水量的 45.2% 。针对全省水资源时空分布不均、开发利用难度大、水资源分布与生产力布局不匹配、资源性缺水和工程性缺水并存、用水方式粗放、浪费严重、部分地区水污染形势严峻等问题,在全省修建了大量的蓄水、引水和提水工程,已建成水库供水能力达 37 亿 m^3 ;引大济湟等一批重点水利工程和 18 万亩❶新增有效灌溉农田等民生水利工程建设取得了重大进展;湟水流域、黄河谷地、海南、柴达木绿洲灌区不断推进续建配套设施与节水改造工程的建设步伐,提高了工农业用水保证率,促进了青海省社会经济的可持续发展。通过对 2012 年《黄河流域水资源公报》和《青海省水资源公报》数据的分析,青海省黄河流域农田灌溉耗水量占总耗水量的 70% 左右,农业灌溉用水在青海省国民经济用水中占有非常高的比重,保障农业用水是促进青海省农业稳定发展的主要支撑条件,也是全省水资源优化配置的基本依托。

青海省农耕地空间分布极不均衡,黄河河滩、谷地以及湟水流域耕地约占全省总耕地面积的 64% ,是全省农业发展的主要基地,也是国民经济发展的重要支撑和保障。青海省黄河流域共有 250 个农业灌区,其中面积大于 2 000 亩的灌区有 89 个;灌区面积的 97.8% 为地面漫灌,节水灌溉面积仅为 2.2% ;青海省黄河流域耕地总灌溉面积 182.9 万亩,占全省灌溉面积的 81.8% ,其中湟水流域耕地灌溉面积 122.6 万亩,占青海省黄河流域灌溉面积的 67.0% 。根据《青海省水资源综合规划》,2010 年,青海省黄河流域地表水资源开发利用率仅为 7.5% ,需水量 22.5 亿 m^3 ,可供水量 18.8 亿 m^3 ,缺水率达 16.1% 。按照社会经济发展和需水、供水预测及平衡分析进行了水资源配置,规划到 2020 年,需水量 31.2 亿 m^3 ,地表水耗水量 19.3 亿 m^3 ;规划到 2030 年,需水量 35.1 亿 m^3 ,地表水耗水量 22.9 亿 m^3 。其中重点流域湟水、柴达木盆地和黄河干流区间规划到 2020 年,地表水耗水量分别达 12.2 亿 m^3 、11.0 亿 m^3 和 3.6 亿 m^3 ;到 2030 年,地表水耗水量分别达 14.5 亿 m^3 、12.6 亿 m^3 和 3.6 亿 m^3 。由此可见,当前水资源的制约作用已经凸显,且随着社会经济的进一步发展,青海省黄河流域耗水量持续增加,预计到 2020 年,地表水耗水量将超过 2015 年"三条红线"取水许可总量控制指标 5.2 亿 m^3 ;到 2030 年,仅湟水流域地表水耗水量将超过当前确定的全省黄河流域取水许可总量控制指标;根据《黄河流域水资源综合规划》,即使南水北调西线等调水工程生效后,在考虑外流域调水消耗量的情况下,青海省黄河流域地表水耗水量也将缺少 4 亿 m^3 左右,水资源供需矛盾将成为区域社会经济可持续发展的主要制约因素。

改革开放以来,青海省农田水利事业取得了长足发展,湟水流域引蓄结合的农田水利工程网、黄河河谷台地提灌区基本形成,大中型灌区的续建配套与节水改造工程建设取得重大进展。但灌区普遍存在灌溉用水管理不完善的问题,如缺乏严格用配水制度、灌溉方式粗放等;土地按小块条田承包种植的特点导致支、斗、农渠及退水渠道引退水随机性较强;渠系工程标准低,田间工程不配套,老化失修,维修不及时,管理落后,渠道输水损失和农业灌溉用水浪费等现象十分严重。同时,由于湟水流域灌区多数位于河谷冲积形成的多级阶地,耕作层土壤较薄,下部为砂砾石层,农田灌溉水渗漏极为严重,农业灌溉用水效率较低。灌区农灌水价较低,水费按亩计量的方式也难以起到提高水资源管理水平、节约保护水资源的作用。加强和改善农业灌区基础设施,发展节水农业,提高农业用水效率是解决青海省水资源开发利用结构性矛盾的首要任务。为进一步加强水资源管理,结合青海省实际,选择典型灌区系统地开展农业耗水系数试验研究,分析评价区域农业耗水系数

---

❶　1 亩 = 1/15 hm² ,下同。

等基础信息,不仅为提高水资源公报编制的准确性和科学性提供技术支撑,也为加强从以流域统一管理为主与省(区)分级管理相结合的水资源管理体系中取得更多共识打下良好基础,同时为各级政府部门科学决策、强化管理水资源和提高用水效益提供科学依据。

目前,严峻的水资源供需矛盾,使水利部、流域管理机构、省(区)水行政主管部门、生产建设单位和社会公众日益关注用水分配方案的合理性和配水计划的制订与实施,而作为向社会发布水资源情势及水资源开发、利用、配置、节约和保护情况的水资源公报更成为各方关注的重点。其中农业作为各行业中的耗水大户,其用水效率高低、节水潜力大小、用耗水分析评价方法是否合理、耗水的概念和统计口径以及基础数据来源是否一致,都成为社会各界普遍关心的问题,因此科学合理地确定农业灌溉耗水系数成为一个迫切需要解决的课题。

面对水资源供需形势日趋严峻,水资源合理配置和高效利用体系尚未建立,水资源管理水平和保障能力亟待提高;水资源利用低效、管理粗放、浪费严重,农田水利基础设施十分薄弱,灌溉系统良性运行的机制尚未建成;水资源节约意识淡薄,节水灌溉比例偏低,水量监控系统落后,信息化水平较低;农田水利建设投入不足,水价形成机制不合理等一系列水资源问题对社会经济发展的制约愈发突出,通过对具有代表性的青海省湟水、柴达木盆地和黄河干流河谷区域农业灌溉耗水量及耗水系数的研究,分析其影响因素,拟定流域耗水系数评价理论方法,确定不同尺度具有较强代表性的农业灌溉耗水系数分析评价方案,剖析耗水机制,为灌区耗水系数率定提供技术支撑,揭示农业灌区水循环机制和演变规律。进而完善灌区取水、需水和配水计划,制定合理的灌溉制度,为黄河流域其他地区相关研究提供一定借鉴,为进一步完善流域管理与行政区管理相结合的水资源管理体制提供技术支撑,对于提高节水效率、可持续利用水资源、保障粮食安全和促进区域社会经济的可持续发展具有重要意义,同时对其他流域的农田水资源的高效利用具有重要的示范作用。

1.2　国内外研究现状

1.2.1　农业灌溉用水效率研究现状

1.2.1.1　国内研究成果概述

农业是我国的基础产业,而灌溉在农业生产及国家粮食安全保障中具有举足轻重的作用。近年来,随着我国经济的快速发展,越来越多的水资源被非农产业占用,面对日益短缺的农业用水,如何保障国家粮食安全已成为近几年国内研究的热点问题。农业用水危机日益严重,如何采取节水措施,提高农业灌溉用水利用效率,已成为节水农业关注的焦点问题。我国水资源压力日益严重,促使国内学者及政策制定者纷纷关注灌溉用水效率问题。康绍忠学者开展了农业节水与水资源可持续利用领域方面的研究。刘洪禄等和盛平等开展了现代农业高效用水和水资源开发保护方面的研究。国内学者对于农业灌溉用水效率的研究主要集中于以下几个方面。

1. 水资源利用及管理的研究

农业是我国的基础产业,也是支柱产业,由于我国农业的发展模式及其目前的经济发展态势,农户本身的经济状况在很大程度上决定了农业灌溉用水的利用效率。政府行为在投资灌溉设施、改善灌溉效率方面起着举足轻重的作用,在我国农业水资源利用及管理方面,众多学者不仅就灌溉效率评价指标、评价模式进行了深入研究,而且分别从政府、农户角度就目前的灌溉用水效率进行了探讨。崔远来等和谢先红等分别研究了灌溉水利用效率指标及其随尺度变化规律,并用分布式模型进行了模拟。王金霞等从农户行为角度研究了我国北方地区农户对日益短缺的水资源的反映,目前情况下,由于农户所有的机井占有率增加而形成的地下水市场虽然可以缓解水资源压力,但是也导致水资源短缺进一步恶化,因此政府在制定水资源政策过程中不可忽视农户对水资源短缺的反映,只有在相关法律政策的正确引导下,才能更好地达到节水目的,实现水资源可持续利用。房全孝等分别从叶片水平、群体水平和产量水平 3 个层次系统分析研究了小麦的水分利用效率,结果发现小麦在不同层次水平下的水分利用效率是不同的,且存在较大差异。熊佳等通过回顾灌溉水利用效率评价指标的发展历史,详细分析了效率评价指标的不足,研究发现,目前情况下还不存在一套任何条件下都适用的灌溉水利用效率评价指标。范岳等基于 2004 ~ 2005 年石津灌区冬小麦的耗水量和产量,从水资源利用与管理角度采用灌溉水利用系数、灌溉效率和水分生产率 3 种评价指标衡量灌区内水资源利用情况,同时定量分析了田间渗透水量和垂向回归水量对灌溉效率的影响,结果发现回归水再利用使灌溉平均效率有了很大提高。范群芳等针对农业用水和生活用水进行了研究探讨,从经济学观点出发定量研究了农业用水效率,从农业用水效率的 4 个方面,归纳计算模型,并初步提出了生活用水效率的定量计算方法。周春生等详细综述了目前国内外先进的节水灌溉技术,认为虽然节水灌溉技术日益成熟,但是加强农业节水技术的推广是存在的主要问题,加强产研结合、强化管理法规监督、加大科研力度是解决推广问题的主要有效方法。周维博开展了干旱半干旱地域提高灌区水资源综合效益的研究。邢大韦开展了非工程措施节水及节水灌溉推广的相关研究。张强等通过收集 1956 ~ 2000 年的月降水量与月径流量资料以及 1978 ~ 2000 年全国各省、自治区的旱涝及受灾情况,全面分析了我国地表水资源的变化特征,研究结果指出我国北方降水量较少,其中山东省和黄河中游地区的降水量减少情况显著。降水量减少是北方地区地表径流量贫乏的主要原因,农业灌溉又进一步加剧了净流量的损失。同时,指出农村水利设施的改善将会提高灌溉地区的抗旱能力,节水灌溉技术的推广应用是北方地区实现农业可持续发展的重要措施。

2. 基于数据包络分析、随机前沿分析模型的灌溉效率研究

虽然国内学者对数据包络分析模型(DEA 模型)与随机前沿分析模型(SFA 模型)的研究起步较晚,但是最近几年亦有很多学者专注于把这两种模型方法应用到实际研究中去。此外,DEA 模型与 SFA 模型也被广泛应用到了农业生产效率、技术效率与灌溉水利用效率的研究中。各位学者对效率的实际分析,对我国农业生产、粮食安全具有较高的参考价值。熊佳和崔远来以湖北潭河灌区的数据为背景,采用 SFA 模型对灌区水利用系数及灌溉水分生产率的生产模型及技术模型进行参数估计和假设检验,最后得出灌溉水分生产率的拟合效果更好,研究中加入了时间虚拟变量,分析了灌溉水利用效率的时间规

律。雷贵荣等从投入产出的角度,运用SFA模型计算了徐州市各区域的农业用水技术效率及节水潜力。结果表明,仅依靠种子、化肥、农药、水资源等的增加不能带来效率的改善,且徐州市农业用水技术效率呈现递减规律。王晓娟和李周以河北省石津灌区为例,采用超越对数随机前沿生产函数和农户调查资料,对灌区农业用水效率及影响因素进行了实证研究,认为提高渠水使用比例、提高水价等措施可以有效改善灌溉用水效率。赵连阁和王学渊根据2007年甘肃省与内蒙古自治区包头市典型灌区的农户调查数据,运用DEA模型计算并评价了农户灌溉用水效率,并分析比较了两大灌区在灌溉用水方面的差异,家庭特征、水资源管理制度等因素导致了农户灌溉用水效率的差异。钱文婧和贺灿飞利用DEA模型计算了我国1998~2008年的水资源利用效率,发现存在明显的地区差异,并且对影响水利用效率的诸多因素进行了探讨。此外,刘路广等采用SWAT模型和MODFLOW模型开展了引黄灌区用水管理策略研究。王学渊等利用随机前沿分析模型(SFA模型)与数据包络分析模型(DEA模型)对我国31个省的灌溉用水效率进行了测算,在此基础上比较分析运用配对t检验和Spearman相关性检验两种方法的效率结果,虽然两种方法测算的效率结果不同,但是所测算的灌溉用水效率排名具有显著一致性。

3.其他研究方向

除在管理行为、模型应用方面的研究外,还有众多国内学者从其他方面研究农业用水效率。一些学者具体到某种作物进行了详细分析,另一些学者则就建设水资源市场经济、水价制定、人口影响等方面进行了探讨。这些学者的研究成果从不同的侧面为我国农业生产、灌溉水资源利用提供了客观的依据及有益的参考价值。段爱旺和张寄阳利用1980~1986年多样点、多作物的灌溉试验资料,初步计算出适用于全国灌溉粮食作物平均水分利用效率。陈玉民等开展了华北地区冬小麦需水量图与灌溉需水量评价研究。张仁田等从水价制定角度建立了不同水价制定方法与水资源效率及公平性的数学关系模型,认为不同的定价方法对水资源利用效率有不同的影响,但是定价方法对公平性几乎没有影响,仅土地面积影响水资源公平性。徐存东在景电灌区开展了干旱灌区水盐运移对局域水土资源的影响盐碱化成因及治理相关研究。韩松俊等研究了灌溉对景泰灌区年潜在蒸散量的影响。贾效亮对灌溉回归水的利用与效益进行了分析研究。刘宇等利用我国10个省实地调研数据分析了我国农业节水技术及其影响因素,通过计量经济模型的估计与分析发现,虽然我国农业节水技术发展很快,但是整体利用水平还比较低,在节水技术应用的影响因素中,水资源稀缺程度和政府干预是影响节水技术应用的主要因素。雷鸣等对黄河流域农业灌溉发展规模进行了研究。高占义和王浩在分析我国人口增长对粮食需求的同时考虑了灌溉面积及其灌溉效率,认为为了保障我国粮食安全,不仅要保持一定的灌溉面积,还要在节水灌溉的基础上增加灌溉面积,应当从田间、灌区和流域各层次综合改善农业灌溉用水效率。娄宗科等开展了田间灌溉渠道防治效果的试验研究。谭芳等采用首尾测算分析法基于漳河灌区1973~2006年共34年的资料数据计算灌溉水利用效率,并采用主成分分析法对灌溉水利用效率各影响因素的影响规律和影响程度进行了计算分析,结果表明塘堰供水比例、渠道衬砌率、节水改造投资和节水灌溉面积对灌溉水利用效率有正影响,当地种植结构对灌溉水利用效率的影响较大,这也为改善作物种植结构提供了客观依据。李保国和黄峰建立了"绿水""蓝水"——我国农业用水的新型综合分析框架,通过采用广义农业水资源量和广义农业水土资源匹配的概念和评估方法,分析了1998～2007年10年4种主要粮食作物(水稻、小麦、玉米和大豆)的农业用水、耗水及水分生产力变化趋势和现状,研究结果指出我国广义农业水资源量中57%来源于耕地有效降水的"绿水",43%来源于耕地灌溉"蓝水",因此作者建议主要粮食作物用水安全红线应该划定在7 800亿 m³左右。

1.2.1.2　国外研究成果概述

国外学者对灌溉水利用效率的研究时间较早,理论及技术应用都比较成熟,采用DEA模型与SFA模型研究农户生产技术效率、灌溉用水效率的文献比较多,主要涉及效率评估、影响因素分析等方面,众多学者通过研究旨在探求改善灌溉效率的有效途径,为农业生产提供客观的理论及数据支持。Mcguckin等与Omezzine和Zaibet利用SFA模型从投入角度探讨了土壤湿度传感、商业计划或天气预报等节水技术措施对灌溉用水效率的积极作用。Dennis等(1996)指出通过一系列的经济刺激可有效改善水质,具体包括采用农田水资源分配限制、分层水价、提供贷款购买灌溉设备等措施,这一计划已在美国加利福尼亚州取得了良好的效果,各农作物的灌溉深度下降了且农田排水量也有了很大减少,这些都有效改善了水质。Karagiannis等在1998～1999年希腊克里特地区50个农户数据的基础上,运用SFA模型衡量灌溉用水效率,并分析了影响灌溉效率的影响因素。Elizabeth等(2003)采用最优化模型衡量厄瓜多尔某流域的灌溉用水效率与公平情况,结果发现该流域水资源利用效率低且不公平。作者提出,若想实现效率与公平,必须结合上下游的实际情况,在下游得到水的同时上游地区降低灌溉强度,效率与公平不是对立而是互补的关系。Rodriguez等(2004)利用DEA模型计算了西班牙安达卢西亚灌区的技术效率,结果发现集约型农业的灌溉技术效率最高。Dhehibi等(2007)运用BC - 1995随机前沿分析模型,以尼泊尔和突尼斯甜橘农户数据为基础,测算了农户的技术和灌溉用水效率,并运用两阶段限制的方法确定了影响灌溉用水效率的要素。Speelman等(2007)基于2005年南非西北省市调查农户的截面数据,采用数据包络分析模型分别对规模收益不变和可变情况下的灌溉用水效率进行估计,结果表明耕地面积、土地所有权、灌溉方式、灌溉项目类型及种植结构会显著影响灌溉用水效率。Kaneko等利用随机前沿分析模型测算了1999～2002年我国各省的农业用水效率。Yilmaz和Harmancioglu(2008)采用DEA模型中的VRS模型测算了2003～2005年土耳其曼德莱斯三角洲的17个灌区的技术效率,结果发现一些灌区的技术效率很低,作者主张通过推广现代化的灌溉方法和种植高收益的农作物来提高技术效率。Lilienfeld和Asmild(2007)利用1992～1999年美国堪萨斯州西部地区43个灌溉农场的面板数据,运用DEA模型分析了它们的灌溉用水技术效率。结果发现灌溉系统类型与灌溉水使用过量并没有明显关系,而且并不是所有的漫灌系统都是效率低下的,但是研究表明灌区的管理水平在水资源利用效率上发挥着重要作用。同时,水资源使用过量与农户年龄呈正相关关系,与农场规模呈负相关关系,不同地下水管理区域的农户的灌溉效率也是不同的。

1.2.2　灌溉水利用系数研究现状

1.2.2.1　国内研究成果概述

《全国灌溉用水利用系数测算分析技术指南》提出了灌溉水利用系数的综合测定计算方法。高峰等对该方法进行了深入研究,认为该方法不仅克服了传统测量方法中的缺点(工作量大、需要大量人力和物力资源、只测量典型渠段会引起较大误差),反映出灌区灌溉渠系的输水情况、灌溉工程质量及灌溉用水管理水平等,为灌区未来经常性地测量较为符合实际的灌溉水有效利用系数提供了一种实用的计算方法,并可指导灌区的节水工程改造等,但是并未分析灌溉水有效利用系数的影响因素。王景山对宁夏现状灌溉水利用系数进行了研究,阐述了灌溉水有效利用系数的传统测定方法,并研究分析灌溉水有效利用系数的影响因素。汪富贵在对大型灌区的灌溉水有效利用系数进行分析时,不仅考虑了其影响因素,而且考虑到回归水和灌区管理水平等方面的影响,计算推导出能反映灌溉水有效利用系数影响因素的回归水修正系数。

沈逸轩等对年灌溉水利用系数进行了定义,且给出了其计算方法。白美健等通过对渠道输配水过程中流量损失的计算方法进行探讨,提出田间水有效利用系数的计算方法,并对其进行了模拟。蔡守华等对灌溉水利用效率指标体系进行了研究。李英能论述了灌溉水有效利用系数的内涵,阐述了传统测定灌溉水有效利用系数的方法,分析了传统方法在测量计算及制度管理过程中的优点、缺点、难点及误差问题,提出了测定灌溉水有效利用系数较为准确且简易的首尾测算法,即灌溉水有效利用系数为灌溉水量最终达到作物根系能被作物吸收利用的水量与灌区渠首当年引进水量的比值,并从理论上分析了这种计算方法的可靠性,其绕开了传统测定方法对渠系水利用系数和田间水利用系数测定的难点,且将该法应用到全国灌溉用水有效利用系数测算中。

1.2.2.2　国外研究成果概述

在灌溉水有效利用效率定义及测定方法的基础上,N. H. Rao 和 ICID 提出了灌溉水有效利用效率标准,将灌溉系统的水流分为输水、配水和田间用水三个不同阶段,则总灌溉水有效利用效率为输水效率、配水效率和田间灌水效率三者之积,该标准类似于我国所采用的灌溉水有效利用系数。美国 Interagency Task Force 组织研究发现在传统的灌溉水利用效率的理解方面存在许多偏差,指出灌溉水在田间水的灌溉过程中并非完全浪费掉,有一部分的渗漏水可重复利用,研究人员开始对大型水利工程及灌区流域中存在的灌溉回归水的重复再利用问题给予关注。自此之后相当长一段时间内,灌溉水利用效率指标体系的内涵从两个方面进行发展,其中一方面是对"消耗的有益性""消耗的无益性"和"生产性消耗""非生产性消耗"水量消耗概念的界定,另一方面是对田间回归水在灌溉水中加以重复利用问题的研究,并吸引了大量的研究者进行研究探讨。如何将回归水要素添加到节水指标体系中,以正确指导节水行为成为越来越多的研究者开始考虑的问题。

Willardson 等建议田间灌溉水利用效率的指标可以采用"比例"的定义来替代;Keller 等提出有效效率指标,指的是作物蒸发蒸腾量与田间净灌溉用水量的比值,认为灌溉水的有效效率指标可用于任何尺度而不会导致概念的错误。Lankford(2006)认为由于灌溉水有效利用系数的使用条件及评价目的,传统灌溉水有效利用系数与考虑回归重复利用的灌溉水有效利用系数是同样适用的,在影响传统灌溉水利用效率的因素中(水资源管理和范围、灌溉水利用效率与时间的关系、净需水量与回归水利用率的关联),有些因素如渠道的漏水、渗水损失可以通过一定的技术措施来减少,而有些因素如渠道输配水过程中的蒸发损失则难以通过技术措施来减少的,因此可通过减少可控因素中的损失水量来达到提高灌溉水有效利用效率的目的。

1.2.3　耗水系数研究现状

耗水系数是评价流域用水消耗程度的关键指标。在以往研究中,研究方法、研究尺度、研究对象和目的、研究的水循环过程等方面各不相同,归纳起来主要有三种:一是从水资源总量角度定义消耗,表达与耗水相关的水量比例指标;二是从经济产出角度定义消耗,表达水分生产率的指标;三是从社会产出角度定义消耗,表达社会水循环中耗水效率的指标。

与水资源总量比例相关的指标主要有 ISRELS-EN OW 提出的"水分利用效率""有效效率"和"灌溉水利用系数",反映作物耗水量和灌溉引水量之比,各指标差异表现在灌溉引水量为田间净灌水量或渠道总引水量。表达水分生产率的指标主要有华佑亭等和史俊通等提出的"耗水系数",反映单位经济产出所消耗的水量;其他指标还有"阶段耗水率""耗水模系数""耗水变率"和"耗水强度"等。从水资源循环的流域属性,表达社会水循环中耗水效率的指标主要有《黄河流域水资源调查评价》采用的"流域耗水率"、《黄河流域水资源综合规划》采用的"地表水消耗率",不同研究对耗水系数指标有不同的解释。

近 20 年来,国内外研究机构在水量消耗模型研究方面取得了很多重要成果。通过对各种方法的适用范围、研究尺度和平衡要素等分析研判,可将评价方法归纳为三大类相关水文要素和过程的原型观测:一是按研究对象和区域不同,分为水文站控制法(河段差法)、节点控制法(引排差法、引退水计量点核算法、净灌溉水量估算法)、最大蒸发量法及考虑更多水平衡要素、应用于不同尺度的水均衡模型;二是采用物理模型来模拟水循环中某些水文过程和环节,如用蒸渗仪模拟土壤水分蒸渗规律、小区灌溉水下渗试验等;三是数值模拟方法,在分析水循环过程机制的基础上,利用数学方法和计算机技术建立模拟和预测水循环过程的数学模型,如模拟流域和区域水文循环过程的 SWAT 模型等分布式水文模型、模拟典型田块灌溉水循环机制的 VSMB 模型、模拟耗水量的 BP 神经网络模型、模拟水分渗漏的 GIS 技术等。

水量平衡原理是耗水系数相关研究的理论基础,但在时空一致性、要素一致性和关注的水循环过程等方面并不统一。总结各类研究中遇到的问题主要有以下几方面:一是测验技术,由于测验技术手段限制,难以对影响耗水的各项要素实施全面精细观测,如对小流量、大变幅、随机性强、断面多的田间退水和干支流等大断面复杂构造测验误差的控制,排洪量划分和降水有效利用率等一些参数需借助其他手段估算,地形复杂区域地下侧向径流量的测定等;二是尺度效应,因土壤、植被、气候、地形、工程、技术和管理等因素在大尺度上具有空间异质性、对不同尺度间水循环转换规律的研究薄弱,如各要素尺度转换研究及其对指标尺度转换的影响,不同尺度上各指标间的内在关联研究,大中尺度上回归水重复利用率对耗水系数的影响等;三是物理试验,如试验中隔离土体结构的代表性和蒸渗仪内土壤结构均质性,隔离土体结构扰动对水分蒸渗规律的影响,试验结构尺寸和隔离条件对观测结果的影响,隔离土体内土壤水横向流动及贴壁优先流对结果的影响等;四是数学模型,由于空间异质性,研究区空间网格划分对模拟结果有较大影响,如空间网格划分过粗导致模拟精度受限,划分过细则高精度模型构建中大量数据难以获得,不同尺度上模型耦合,以及在人类活动扰动强烈的情况下,对成熟模型进行大量改进或重新设计等问题。

1.3　研究目的及内容

1.3.1　研究目的

本书旨在研究黄河流域农业灌溉耗水量及耗水系数在干旱灌区的区域特征,揭示黄河流域干旱灌区流域耗水机制与水量平衡关系,构建区域农业灌溉耗水系数研究模型,探究农业灌溉水资源节水机制,为区域农业灌溉耗水研究提供理论方法。通过在重点地区选择典型灌区,采用多种方法开展农业灌溉耗水量及耗水系数研究,深入剖析灌区耗水机制和水量平衡关系,认识灌区耗水量的变化过程及机制,掌握农业灌溉耗水系数现状,为提高各方水资源公报编制水平及其公信力、准确性和权威性提供科学依据,并提出相关对策和建议,对制定水利发展规划和战略、挖掘农业节水潜力、提高用水效率、建立初始水权制度、优化配置水资源、加强水资源管理,进而促进区域社会经济发展具有十分重要的意义。

本书针对青海省典型灌区农业灌溉耗水系数的研究,可以为全国其他灌区的农业灌溉耗水研究提供参考,对全国节水灌溉的研究具有重要的理论价值和指导意义。

1.3.2　研究内容

本书针对青海省农业灌溉用水利用效率低、水资源时空分布不均造成水资源浪费等一系列问题,紧扣农业灌溉耗水系数的区域特征,重点开展青海省黄河流域和柴达木盆地典型灌区农业灌溉耗水系数的研究,探究流域农业灌溉耗水系数的机制与水量平衡关系。具体的研究内容包括以下几个方面:

(1)流域耗水系数分析理论基础。

在总结国内外耗水分析研究成果的基础上,结合黄河流域取耗水实际情况和流域水资源管理要求,研究提出流域耗水系数的评价概念及内涵,分析其影响因素,拟定流域耗水系数评价理论方法。

(2)青海省典型灌区农业灌溉耗水系数研究方案。

根据青海省农业灌区特点,充分考虑地形地貌、土壤、地质、灌区规模、灌溉水源、农业结构和试验条件等因素,确定不同尺度具有较强代表性的农业灌溉耗水系数分析评价方案。

(3)基于水量均衡模型的农业灌区耗水系数分析。

对典型灌区影响耗水的自然因素和人为因素进行观测和调查,采用蒸渗仪和地下水监测井开展典型地块灌溉水下渗试验,同时在典型灌区和典型地块实施引退水监测试验,在此基础上,采用水量均衡模型分析农业灌区耗水系数,以揭示农业灌区水循环机制和演变规律。

(4)基于 SWAT 模型的典型灌区耗水系数模拟分析。

应用 SWAT 模型对湟水流域大峡渠灌区进行水文循环模拟。结合灌区实际,通过对模型子模块的修改完善和参数率定,模拟灌区蒸发、渗漏、退水和土壤含水量变化过程,进而测算耗水系数指标在各水文响应单元的分布规律。

(5)基于 VSMB 模型的典型地块耗水系数模拟分析。

应用通用土壤水分平衡模型(VSMB 模型)开展青海省黄河干流谷地、支流阶地、浅山丘陵和内陆河等农业灌区典型地块的灌溉水循环机制研究,模拟不同层次土壤含水量、实际蒸散、径流、下渗及对地下水变化等要素,剖析耗水机制,为灌区耗水系数率定提供技术支撑。

(6)青海省典型农业灌区耗水系数分析。

根据典型灌区耗水系数分析成果,以及青海省黄河流域农业灌区分布,初步分析农业灌区耗水系数,为加强区域水资源管理提供依据。

1.4　研究技术路线

本书充分总结国内外农业灌溉耗水研究成果,以水量均衡理论为基础,从流域水资源循环特点和加强水资源管理的要求出发,提出流域耗水系数评价理论。在分析青海省农业灌区特点和运行管理情况的基础上,将自然水循环的微观机制和社会水循环的宏观规律研究相结合,采用外业调查、水文观测试验、物理模型试验、数值模拟等方法相结合,开展土体、典型地块和灌区等不同尺度耗水系数分析评价,以揭示农业灌溉耗水机制,提出加强农业灌区水资源管理的对策和建议。技术路线见图 1-1。

1.5　主要创新点

(1)在全面总结国内外农业灌溉耗水研究成果的基础上,根据流域水资源管理要求,界定了“流域耗水量”概念的内涵,构建了流域耗水评价体系和耗水系数计算模型,在流域尺度上统一了“水资源消耗”的概念和评价方法。

(2)通过对影响农业灌溉水量消耗的主要因素进行综合分析,在青海省主要农业区选择 8 个典型灌区,采用“引排差法”在青海省湟水谷地、青海省黄河干流谷地和青海省柴达木盆地农业灌区开展了农业灌溉耗水系数研究,率定了河湖引水闸自流引水、水库引水和泵站高抽等不同水源条件下的农业灌溉耗水系数,并按灌溉水量加权平均推算了青海省黄河流域和青海省农业灌区耗水系数。

(3)以“流域耗水量”概念为基础,以斗门为节点,将湟水流域大峡渠灌区划分为 684 个水文响应单元,构建了典型灌区 SWAT 模型,对大峡渠灌区各水文响应单元耗水系数进行了模拟研究。

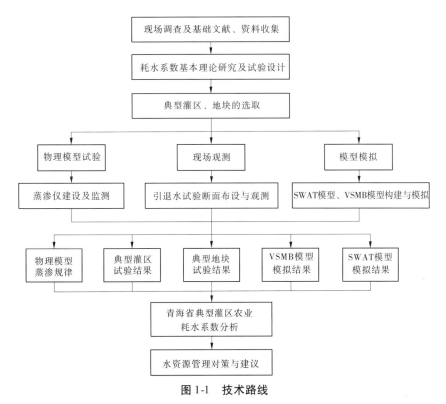

图 1-1 技术路线

（4）在青海省湟水谷地、黄河干流谷地和柴达木盆地农业灌区典型地块尺度上，基于作物生育期、土壤水分常数、土壤剖面含水量和地下水位等定位观测资料，应用 VSMB 模型分析了不同土壤层水分蓄排和灌溉水深层渗漏规律，并在此基础上计算了典型灌区耗水系数。

（5）在大峡渠灌区、礼让渠灌区和官亭泵站灌区采集土样，建设了非称重式无地下水面的自由排水式蒸渗仪，对青海省湟水谷地和浅山区典型灌区土壤基本物理特性和渗透规律进行了观测试验，研究了主要作物腾发量变化规律，为剖析典型灌区耗水系数演变规律提供了重要支撑。

（6）将水文观测试验、物理模型试验和数值模拟等方法相结合，在青海省黄河流域和西北内陆河流域农业灌区开展了土体、典型地块、典型灌区、区域和全省等不同尺度上的流域耗水系数监测试验研究，在典型地块和灌区尺度上明晰了灌溉水利用系数和流域耗水系数的关系，并通过对影响耗水系数的相关因素进行敏感性分析，提出了加强灌区水资源管理的关键措施，为提高青海省农业灌区水资源利用效率提供了科学支撑。

第2章　研究区概况

青海省地处青藏高原的东北部,是长江、黄河的发源地,虽然水量比较丰富,年总径流量为627亿 m³,但由于地理位置特殊,地形复杂,地域辽阔,气候干燥,水资源在地区和时间上分布不均匀。"十二五"期间,为增强水利支持保障能力,实现水资源可持续利用,中共中央国务院做出了实行最严格水资源管理制度的决定,青海省根据国民经济发展情况,确定了全省水资源管理"三条红线"控制指标,据此将控制指标细化分解到了各县。以西宁市和海东市为主的湟水流域分配水量占全省的41.8%,以海西州柴达木盆地为主的西北内陆河地区分配水量占全省的33.1%,"八七"黄河分水方案分配青海省的14.1亿 m³取水指标主要划分在湟水流域和黄河干流河谷地区。根据《青海省水资源综合规划》,2010年湟水、柴达木盆地和黄河干流河谷区间这三大片地区,耕地灌溉面积约占全省总耕地灌溉面积的84.0%,农业耗水量占全省农业总耗水量的80.4%,是全省农业灌溉的主要耗水区。青海省农业灌溉用水占据了青海省国民经济用水的绝大部分,保障农业用水是提高青海省农业稳定发展、保证粮食安全的主要支撑条件,对于优化全省水资源配置具有重要意义。

2.1　自然地理特征

2.1.1　地形地貌

2.1.1.1　青海省地形地貌概况

青海省地处欧亚大陆腹地,黄河流域西部,与新疆、四川、甘肃、西藏4省(区)相邻,全省东西长约1 200 km,南北宽约800 km,面积69.63万 km²(数据摘自《青海省统计年鉴2014年》)。黄河流域图见附图1,青海省行政区划图见附图2。

青海地貌以高原山地为主,北部与蒙新高原相接,东部与黄土高原交界,境内地势高峻,高差明显,地形复杂,地貌多样。地势东低西高,总体呈梯级上升形态。境内南有唐古拉山,西北有阿尔金山,东北为祁连山,昆仑山东西向横穿中部,地势总体呈西高东低、南北高、中部低的态势。各大山脉构成全省地貌的基本骨架,并将全省分为三块不同的地貌单元:北部为高海拔的祁连山—阿尔金山山地;中部为海拔相对较低的柴达木盆地及河湟谷地;南部为高海拔的青南高原。全省平均海拔3 000 m左右,最高点昆仑山的布喀达板峰海拔为6 860 m,最低点在民和下川口村,海拔为1 650 m。青南高原海拔超过4 000 m,面积占全省的一半以上,河湟谷地海拔较低,多在2 000 m左右。在总面积中,平地占30.1%、丘陵占18.7%、山地占51.2%,海拔在3 000 m以下的面积占26.3%、3 000～5 000 m的面积占67.0%、5 000 m以上的面积占5.0%、水域面积占1.7%。海拔5 000 m以上的山脉和谷地大都终年积雪,广布冰川。山脉之间镶嵌着高原、盆地和谷地。西部极为高峻,自西向东倾斜降低,东西向和南北向的两组山系构成了青海地貌的骨架。

2.1.1.2　湟水流域地形地貌概况

湟水发源于青海省海晏县达板山南麓,北依达坂山与支流大通河相隔,南靠拉脊山同黄河干流分水,西依日月山、大通山、托勒山与青海湖流域毗邻,东部与庄浪河流域接壤,为黄河一级支流。湟水流域面积为 32 878 km²,河长 369 km,流经湟中、互助、平安、乐都等县市,在民和县享堂与其最大的一级支流大通河汇合后于甘肃永登县注入黄河,其中,青海省境内干流长 335.4 km,平均比降 7‰,面积为 29 063 km²。

湟水流域位于青藏高原与黄土高原的过渡地带,流域地貌格局由西北走向的 3 条相互平行山脉和 2 条谷地组成,地势西北高、东南低,境内高山、丘陵交错分布,起伏高差悬殊,自上而下呈峡盆相间,西窄东宽,地形复杂多样。

湟水干流两岸支沟发育,地形切割破碎,支沟之间多为黄土或石质山梁,沟底与山梁顶部高差一般都在 300 ~ 400 m,山坡较陡,山梁平地较少,多为坡地,地表大部分为疏松的黄土覆盖于第三系红土层之上。干流峡谷盆地相间,状如串珠,自上而下有海晏盆地、湟源盆地、西宁盆地、平安盆地、乐都盆地、民和盆地等六大河谷盆地,河谷为海拔 1 920 ~ 2 400 m,两岸有宽阔的河谷阶地,水热条件较好,耕地肥沃,农业生产历史悠久,当地称为川水地区,是青海省东部地区主要农业生产基地。河谷两侧为海拔 2 200 ~ 2 700 m 的丘陵和低山地区,当地称为浅山地区,分布有大量的旱耕地,由于干旱和水土流失严重,在靠近南北分水岭山坡一带(大部分海拔在 2 700 m 以上)地势高,气候阴湿寒冷,当地称为脑山地区,分布有少量的旱耕地和优良的草山,局部山坡伴生天然林,是湟水流域主要的畜牧业基地。

大通河位于托勒山、冷龙岭、大通山、达坂山之间的山间谷地,地形西北高、东南低,两侧依山傍岭,峡谷与盆地相间,山峦起伏,其山脉峰脊海拔大都在 4 500 m 左右,其中冷龙岭最高,海拔为 5 254 m。大通河 80% 以上的集水面积分布在海拔 3 000 m 以上的高山峻岭,在默勒乡以上主要流经高山草原沼泽地带,河道较为顺直,河床较宽,默勒盆地与门源盆地之间流经山区时河道曲折、河床较窄,门源盆地河道较宽且多分流、多心滩,河床最宽可达 2 000 m 左右。门源以下流经山区,河水下切强烈,深度在 200 ~ 300 m,峡谷较多,峡谷最窄处河床仅 20 ~ 30 m,地貌类型主要包括冰蚀构造高山、侵蚀剥蚀构造中低山、丘陵冰川堆积台地及堆积平原。

2.1.1.3　黄河干流谷地地形地貌概况

黄河发源于青海省曲麻莱县境内巴颜喀拉山北麓的雅拉达泽山,干流流经玛多、达日、久治、贵德、尖扎、循化、民和等县,向东流至寺沟峡处出省入甘肃省境内,大体呈“S”形,境内干流长 1 694 km,落差 2 768 m,平均比降约 1.6‰,流域面积 15.25 万 km²,流域内年降水量为 250 ~ 750 mm,多年平均径流量 206.7 亿 m³。

黄河干流谷地位于青海省东南部,西靠卡日扎穷山和柴达木内陆水系相接;南依巴颜喀拉山与长江流域相邻;北靠祁连山与河西走廊内陆水系毗连;东连甘肃省黄河流域水系。

黄河干流谷地,地形以川地与峡谷为主,山脉横亘,连绵起伏,水系十分发育,水流切割深,形成许多盆地、谷地和多级阶地,海拔为 2 500 ~ 3 000 m。地势南高北低、西高东低。在内外营力的长期相互作用下,形成了侵蚀构造高山和中山、侵蚀构造黄土丘陵、侵蚀堆积高台地、山前洪积平原、河谷冲(洪)积带状平原等。

黄河谷地为构造断陷谷地,位于青海东北部祁连山支脉拉脊山与黄南山地之间,西起龙羊峡东端,东至甘青交界处的寺沟峡,因黄河流贯其间而得名,长160 km左右,地势自西向东倾斜,谷底海拔1 760~2 400 m。由于黄河流经地区地质抗蚀能力不同,谷地呈宽窄交替、盆峡相间的串珠式地貌形态,自龙羊峡以下依次为贵德盆地、李家峡、尖扎盆地群、公伯峡、循化盆地、积石峡、三川盆地、寺沟峡,峡谷一般长10~15 km,宽数10 m至百余米,谷坡陡峭,盆地大都长15~30 km、宽2~4 km,其中贵德盆地最大。峡谷与盆地边缘地带第三系红土层广为出露,在长期流水侵蚀作用下,形成一系列连绵不断的红色丘陵、山地等劣地。岩层条件好的地段发育有十分典型的丹霞地貌,其中以李家峡附近的坎布拉、积石峡孟达、中川盆地东段寺沟峡附近最为壮观。

2.1.1.4 柴达木盆地地形地貌概况

柴达木盆地为我国四大盆地之一,是我国海拔最高的封闭型内陆盆地。盆地位于青海省西北部,阿尔金山、祁连山、昆仑山环绕于周围,东西长约850 km、南北宽约300 km,面积25万km²,是我国第三大内陆盆地。整个盆地地势平旷,土地辽阔,盆底海拔为2 675~3 200 m,四周高山海拔为3 500~6 860 m。地势呈西北高、东南低。盆地从边缘至中心依次为高山、丘陵、戈壁、平原、湖沼等五个地貌类型,呈环带状分布,发育成各具特色的经济区域。四周边缘山地有辽阔的高山草场,适宜畜牧业经济的发展;山前冲积平原海拔为2 800~3 000 m,部分地区水土资源和气候条件较好,适宜发展绿洲农业;柴达木盆地矿藏资源丰富,有"聚宝盆"之美称。盆地的主要河流有那棱格勒河、格尔木河、香日德河、巴音河、诺木洪河、塔塔棱河等。

2.1.2 气候特征

2.1.2.1 青海省气候特征概况

青海省地处青藏高原,深居内陆,远离海洋,属于高原大陆性气候,具有太阳辐射强、日照时间长、平均气温低、日较差大、年较差小、冬季漫长、夏季凉爽、降水量少、地域差异大、降水日数多、强度小等特点。

太阳辐射强、光照充足。省内海拔高,空气稀薄,内陆地区云量少,太阳直接辐射强,大部分地区年太阳总辐射量高于605 kJ/cm²,柴达木盆地高于700 kJ/cm²。日照时数为2 328~3 537 h,柴达木盆地达到3 500 h以上。青海省是我国日照时数多、总辐射量大的省份。

平均气温低,但不特别严寒。青海省境内年平均气温为-5.7~8.5 ℃,年平均气温在0 ℃以下的祁连山区、青南高原面积占全省面积的2/3以上,较暖的东部湟水、黄河谷地,年平均气温为6~8 ℃。全省各地最热月平均气温为5.3~20 ℃,最冷月平均气温为-17~5 ℃。全省大部分地区全年冷期虽较长,但冬天不太寒冷。

降水量少,地域差异大。境内绝大部分地区年降水量在400 mm以下。东部达坂山和拉脊山两侧以及东南部的久治、班玛、囊谦一带超过600 mm,其中久治最多,为772.8 mm。柴达木盆地少于100 mm,盆地西北部少于20 mm,其中冷湖只有16.9 mm,青海省多年平均降水量等值线图(1956~2000年)见附图3。

青海属季风气候区,其固有的特点之一就是雨热同期。青海大部分地区 5 月中旬以后进入雨季,至 9 月中旬前后雨季结束,持续 4 个月左右。这期间正是月平均气温大于等于 5 ℃ 的持续时期。年内气温较高时期,也是雨水相对丰沛时期,这无疑对农作物及牧草的生长发育有利。

气象灾害多,危害较大。青海省境内的主要气象灾害有干旱、冰雹、霜冻、雪灾和大风。其中干旱频繁且严重,受害面积大,尤其是春旱,不管农区或牧区出现频率均较高,有"十年九旱"之说;降雹次数多,持续时间长,对农牧业生产危害较重;霜冻,尤其是山区早霜冻,严重影响着作物的产量和质量。广大牧区的雪灾和大风雪时有发生,严重威胁着畜牧业的生产。青海省气象灾害北部以干旱、沙尘暴和夏季短时暴雨为主,东部湟水谷地和黄河谷地以春旱、夏涝、冰雹和霜冻为主,南部以霜冻、雪灾为主。全省平均大气压仅为海平面的 2/3,空气含氧量比海平面少 20% ~40%。

2.1.2.2　湟水流域气候特征概述概况

湟水流域地处西北内陆,远离海洋,属高原干旱半干旱大陆性气候,其基本特征是:高寒、干旱、日照时间长,太阳辐射强,昼夜温差大,冬夏温差小,气候地理分布差异大,垂直变化明显,从西向东海拔逐步降低,气温随之升高,降水逐渐减少。年降水量自东南向西北递增,并随海拔的增加而增加。无霜期短,极端最高气温 29.3 ℃,极端最低气温 -33.1 ℃,年平均温度 -5.3 ~ 0.2 ℃,年均降水量 348.3 ~ 520.8 mm,平均蒸发量 800 ~ 1 800 mm,大风日数为 30 d 以上,平均风速 2 ~ 4 m/s,多年最大冻土深 2.5 ~ 3.2 m。主要自然灾害为干旱、霜冻、冰雹、雪灾、大风和洪水。

水汽主要来源于印度洋孟加拉湾上空的西南暖湿气流,由于祁连山高大的海拔,具有拦截水汽的优越条件,受强烈的夏季东南季风和西南季风影响,降水比较丰富,降水量南坡大于北坡,冬季受西风带和蒙古高压双重控制,气候干燥寒冷。多年平均温度为 0.9 (门源) ~8.1 ℃ (民和);降水量为 300 ~600 mm,从东南向西北递减。年平均气温随海拔的增加而递减,降水量随海拔的增加而递增。

据流域内各气象站 1957 ~2009 年资料统计,川水地区多年平均气温 3.3 ~8.1 ℃,是青海省内最暖地区之一。湟水流域 2 700 m 以下的浅山和河谷地区年平均气温 2.1 ~3.2 ℃,属冬寒夏凉的半干旱和干旱气候区;2 700 m 以上的脑山地区年平均气温为 1 ℃ 左右,属高寒半湿润山地气候。流域内多年平均日照时数为 2 486.3 ~2 741.6 h,平均风速为 1.4 ~2.1 m/s。湟水流域内重要站多年平均气候特征值统计结果详见表 2-1。

表 2-1　湟水流域重要站多年平均气候特征值统计结果

项目	大通	西宁	乐都	民和	互助	湟源	湟中	门源
平均气温(℃)	3.3	5.8	7.2	8.1	2.1	3.2	3.2	0.9
降水量(mm)	518.8	384.8	332.3	349.9	530.1	416.2	535.6	525.3
最大降水量(mm)	695.1	541.2	562.9	573.2	790.6	614.4	801.9	730.7
最小降水量(mm)	330.2	196.2	165.7	198.6	363.1	252.5	350.8	380.8
年蒸发量(mm)	799.0	1 061.4	1 086.3	1 068.3	799.1	868.2	836.7	740.8
日照时数(h)	2 567.5	2 692.3	2 741.6	2 547.9	2 555.5	2 665.5	2 571.0	2 486.3
平均风速(m/s)	2.0	1.8	2.1	1.9	1.6	1.9	2.0	1.4

2.1.2.3　黄河干流谷地气候特征概况

黄河干流谷地深居内陆,远隔海洋,寒长暑短,属典型的半干旱大陆性气候。黄河谷地地处山区丘陵,地形上的巨大差异导致地区性的气候变化显著,从河谷到山区,随着地势增高气候上的垂直分带亦十分明显,年均气温为 - 3.3 ~ 8.5 ℃,1 月气温最低,在 - 17.2 ~ - 5.1 ℃变动;7 月气温最高,在 9 ~ 19.8 ℃变动。全年平均降水量为 262.8 ~ 470.7 mm,由东南向西北递减。谷地内年降水主要集中在 6 ~ 9 月,7 ~ 9 月三个月为丰雨期,降水量占全年总降水量的 70.0%。年均蒸发量为 1 253.9 ~ 2 169.9 mm,由东南向西北递增。年均日照时数 2 530.6 ~ 3 029.7 h,由东南向西北递增。冬春多大风,年均风速 1.1 ~ 3 m/s。年均无霜期 43 ~ 186 d,适合小麦、油菜、青稞、马铃薯、果类的生长。全区地下水埋藏深度在 50 m 以上。最大冻土深度 182 cm。

2.1.2.4　柴达木盆地气候特征概况

柴达木盆地属典型的大陆性气候,年平均降水量 100.76 mm,年水面平均蒸发量 1 528.1 mm,年平均气温 -5.6 ~ 5.2 ℃,区内气温地区差异较明显。由于地域辽阔、地形复杂,分为干旱荒漠区和盆地四周高寒区两个气候特征截然不同的气候区。

干旱荒漠区降水稀少,气候干燥,相对湿度低,水汽含量少,大气透明度好,日照时间长,太阳辐射强,气温较高,无霜期较短。据统计,盆地东南部降水量在 200 mm 以上,年蒸发量 1 000 mm,相对湿度 40%;盆地西北部年降水量小于 50 mm,年蒸发量达 2 000 mm;盆地中部年降水量为 20 mm。年平均日照时数一般都在 3 000 h,各地无霜期只有 87 ~ 131 d。

盆地四周山地高寒区地势高峻、气候寒冷,海拔为 3 500 ~ 6 860 m,年均气温在 0 ℃以下的时间长达 6 个月以上,最暖月 7 月的平均气温为 5.6 ~ 10.4 ℃。因海拔较高,空气稀薄,日照时间较长,太阳辐射较强。

2.1.3　土壤植被

2.1.3.1　青海省土地植被概况

青海省土地类型共有 13 个一级类型和 75 个二级类型。土壤主要包括高山寒漠土、高山灌丛草甸土、高山草甸土、高山草原土、高山荒漠化草原土、灰褐土、黑钙土、栗钙土、灰钙土、棕钙土、灰棕漠土等。非地带性土壤有沼泽土、草甸土、盐土和风沙土等。由东向西,土壤依次相应呈现为栗钙土带(低暖的河湟谷地及低山皇陵为灰钙土,冷凉半湿润的中山为黑钙土)、棕钙土带和灰棕漠土带。其土地类型及其分布如下:

(1)河湖滩地及湿地类土地主要分布于柴达木盆地、茶卡盆地、青海湖盆地、共和盆地的湖滩和河滩上,土质主要为湖积物和冲积物,湖泊周围多盐碱土滩地和盐土沼泽地,青海湖盆地和共和盆地湖滨多形成草甸湖滩地。平地除上述集中分布外,青海省东部的山间盆地、柴达木盆地西北部分布有大面积的风蚀雅丹平地,形成坚硬的盐磐,为盐漠平地;祁连山东部的门源盆地为黑钙土平地。

(2)绿洲地主要集中分布于柴达木盆地,共和盆地也有少量分布,该地土壤为灰棕漠土、棕钙土和淡栗钙土。

(3)平缓地除高寒的青南高原、祁连山高寒地区以及柴达木盆地西部外,其他各地均有分布,地表组成物质洪积物和坡积物兼有,青海省东部的湟水和黄河地区土壤为灰钙土和栗钙土。

(4)台地在青海省各地均有分布,台地比较平坦,边缘常有坡或陡坎,相对高度一般大于50 m,完全不受地下水的影响。湟水、黄河谷地海拔2 300 m以下,为灰钙土台地,或称黄土台地;海拔2 800 ~ 3 300 m的草甸草原地带上为黑钙土台地。柴达木盆地东部海拔为荒漠土或半荒漠土台地。在青南高原东南部和祁连山东海拔3 300 m以上地区为高寒草甸台地。

(5)沙漠主要分布于柴达木盆地、共和盆地和青海湖盆地,戈壁集中分布于柴达木盆地山前倾斜平原。地表组成物质为砾石和砂砾石,土壤主要是灰棕漠土。

(6)低山丘陵地分布于山体的下部,相对高度小于100 m,除青南高原和祁连山、高寒地区外,各地均有分布,土壤组成和丘陵地相同。中山地分布于南部班玛和玉树一带4 000 ~ 4 300 m,北部门源地区海拔为3 300 m。土地类型依次为栗钙土、棕钙土、灰棕漠土。山塬主要分布于青南高原和祁连山地表面起伏较小、河流切割程度轻的高原面上。地表组成物质主要为高寒残积风化物和现代河湖冲积洪积物。土壤为高山草甸土和草原土。

(7)高山地主要分布于青南高原和祁连山山体的上部。祁连山一般在海拔3 300 m以上,青南高原在海拔4 000 ~ 4 300 m。土壤类型相应为高山草甸土、灌丛草甸土和草原土,一般土层薄,粗骨性较强。极高山地分布于高山地以上山体的顶部。祁连山东部在海拔3 900 m以上,祁连山西部在海拔4 500 m以上;青南高原东部在海拔4 600 ~ 4 800 m,青南高原西部在海拔5 000 m以上,土壤为高山寒漠土。

青海省植被类型以高寒灌丛、高寒草甸及高寒草原为主,其次为荒漠和山地草原,而森林植被则较少。上述主要植被类型的水平地带性分布,以由大气环流引起的经度地带性表现较突出,而纬度地带性则不甚明显。在省境北半部,因降水由东往西逐渐减少,干旱程度渐增,植被依次由东部河湟流域温带半干旱草原逐渐向西部柴达木盆地的温带半荒漠和荒漠过渡。省境南半部的青南高原,自东南向西北由山地河谷、峡谷区向高原面过渡,植被由山地寒温性针叶林升至高原面则逐渐为高寒灌丛、高寒草甸,再向高原西北深入,海拔升高,旱化增强,则主要出现高寒草原和高寒荒漠化草原,土壤也相应呈现为灰褐土带(灰褐色森林土带)、高山灌丛草甸土带、高山草甸土带、高山草原土带、高山荒漠化草原土带等有规律的交替和变化。

2.1.3.2　湟水流域土地植被概况

流域内土壤植被受地形、海拔、气候、成土母质的综合影响而有比较明显的差异,成土母质主要为第三系红土和第四系黄土。在复杂的地形及独特高原气候条件影响下,流域土壤发育和分布表现为:土壤发育程度低,分布呈明显区域性和垂直分异性的特点。祁连山东段南坡土壤垂直分布为:自谷底到山顶依次可见灰钙土、栗钙土、黑钙土、灰褐土、山地草甸土、高山草甸土、高山寒漠土。湟水河谷地区由冲洪积次生黄土和红土组成,以灌溉型栗钙土为主,土壤肥沃,气候温和,植被多为人工种植的四旁林;浅山地区多为红、黄、灰栗钙土,干旱缺水,水土流失严重,土壤贫瘠,土壤的有机质含量约1%,除已开发耕地外,多为荒山秃岭,植被很少;脑山地区耕作土壤以暗栗钙土(亚类)、黑钙土及山地草甸土为主,土体较深厚,结构较好,有机质含量在 2% 以上,土壤比较肥沃,但土性较凉。

植被多以温性草原为主,河谷阶地和低山大部分为农田,天然植被逐渐由人工植被代替。脑山地区是流域植被最好的地区,除分布有部分森林外,还有广阔的草原草甸植被,地面覆盖度达 60% 以上。森林仅分布在海拔 3 000 m 以上的局部山地阴坡,以青海云杉和青扦林为主。在大通河下游保存有一些辽东栎、华山松、油松林及虎榛子灌丛,大通河上游拉脊山和达坂山海拔 3 000 m 以上高山区,大面积分布着以嵩草为主的高寒草甸。

2.1.3.3　黄河干流谷地土地植被概况

黄河谷地土壤母质主要由残积物、坡积物组成,土壤冻融交替进行,岩石风化作用较弱。从黄河两岸到两侧山区,随着地形升高和气候上的垂直变化,土壤、植被类型亦有明显的垂直分带性。在海拔 4 000 m 以上的高山多年冻土层,发育着高山寒漠土;在海拔 3 600~4 000 m 的中高山带发育有高山草甸土;在海拔 3 000 m 以下的丘间洼地及河谷平原区,广泛分布着黑钙土、栗钙土、灰钙土、沼泽土等。区内有 12 个土类 26 个亚类 19 个土种。土壤有灰钙土、栗钙土、黑钙土、灰褐土、山地草甸土、高山草甸土。其中多以栗钙土为主,耕作历史悠久,土壤肥沃,加上地势较低,气候温和,为青海省主要农业基地。

不同的土壤类型发育有相应的植被科属,在海拔 3 000~3 500 m 的山地棕褐色土带,不但发育着茂密的灌木丛及森林带,而且受坡向及气候条件的影响,阴坡一般是以柏、松为主的针叶林带,阳坡则是以杨、桦为主的阔叶林带。低山地区多为红、灰栗钙土,土壤贫瘠、植被稀少,地面覆盖度在 50% 以下。高山地区多为草原土和草甸土,土性较凉,腐殖质含量较高,植被较好,地面覆盖度在 90% 左右,多为草原植物及森林,浅山及滩地为湿寒植物。部分台地、坡地和河谷沟谷地,土壤质地多为砂质壤土,地形支离破碎、土壤侵蚀强度大;河滩地土层较薄,富含砂砾石,部分为撂荒地,土壤熟化程度较高,土壤养分含量普遍低下。

区内河谷和低山地段大多开辟为农田,天然植被已被栽培植物所代替,只有在坡度大、远离水源的偏僻地带还保留着原生植被。在海拔 3 000 m 以下的河谷两侧山地,大面积分布着以长芒草为优势种的温性草原,其中伴生物种多为耐旱的蒙古草原成分,并夹有华北草原成分。草本主要为禾木科、莎草科、豆科、蓼科、藜科、菊科、蔷薇科、百合科及葫芦科等。

在河谷阶地和低山丘陵,种植着春小麦、蚕豆、豌豆、马铃薯等,经济林有核桃、花椒、苹果、贵德长把梨、冬果梨等,蔬菜以萝卜、白菜、莲花白、菜瓜、茄子、辣椒等为主。海拔 3 000 m 以上则以青稞、油菜为主,属于一年一熟制。

2.1.3.4　柴达木盆地土地植被概况

区域土壤的形成和植被的发育,是在柴达木盆地极度干旱的气候作用下进行的,受地形条件及气候垂直分带规律的明显控制,自南部山区到北部平原,土壤的类型和植被群落亦表现出清晰的地带性规律。海拔 4 200 m 以上的山区,为高山寒冻荒漠,分布有多年冻土。土壤以粗疏的砾质土为主。土层薄,成壤作用微弱。植物分布极为稀少,以耐寒的垫状植物和低等的苔藓类为主。4 200 m 以下山区,山势陡峻,岩石裸露,砾质土层很薄。低中山土层稍厚,且常有风积黄土类亚砂土覆盖在山坡,但由于气候寒冷干燥,植物生长较稀少,仅在山坡山脊生长有半灌木植物,如小叶锦鸡儿、委陵菜。在山区沟谷内,地形较缓和,土层较厚,水分也较充足,植物分布比较集中。自高向低植被由骆驼草、马兰群丛过渡为柽柳、芦苇、普氏麻黄群丛。山前平原南部的戈壁带,土壤母质为冰水—洪积砂砾石,属灰棕荒漠土。这里较为干旱,成壤作用很弱,地表下常埋藏有 5 ~ 20 cm 厚的硬盐壳。植物以沙蒿、红柳、沙拐枣、白刺等为主。到细土绿洲带,土壤渐变为草甸盐土。土壤母质为粉砂土、亚砂土,土壤中的盐分聚积与潜育均随地下水位升高而增强。这里植被茂盛,素有"荒漠绿洲"之称,以耐旱、耐盐的柽柳、白刺、芦苇、罗布麻组合群落为主。细土带土壤肥沃,水源丰富,已大面积开垦为农田。细土带南缘及河谷地带分布有繁茂的喜湿植物,如莎草科、蓼科等,与旱生植物交错混杂,构成肥美的畜牧草场。

2.2　区域水文地质特征

2.2.1　区域地质

2.2.1.1　青海省区域地质特征

青海省各类地层从下元古界到新生界皆有发育,志留系前为海相沉积,白垩系后为陆相沉积,泥盆系至侏罗系为陆相沉积与海相沉积并存。

地质构造上,青海省自北而南为:①祁连褶皱系,位于河西走廊过渡带之南,包括整个祁连山区,是在晚古生代华力西褶皱带和中生代晚白垩世到第三系始新世褶皱带(燕山褶皱带)的基础上形成的,块状断裂升降运动居优势;②柴达木地块,是以前寒武系结晶片岩为基底的稳定地块,厚七八千米,大部为疏松的中生代和新生代陆相沉积,形成盐湖矿产;③昆仑褶皱系,由于受后期构造运动作用,形成块体的连续推复,新老地层交替重叠;④巴颜喀拉褶皱系,位于昆仑山主带大断裂之南,玉树大断裂以北地区,包括东段的阿尼玛卿山,总体构造线呈北西向,为一具有旋回特点的复杂褶皱系;⑤唐古拉褶皱系,分布于青海南部唐古拉山区,形成于侏罗系,呈北西西向,具有多旋回特点。

由于受地质构造的控制和新生代喜马拉雅运动的影响,自第三系末开始,青海地势不断抬升,形成高山、丘陵、平滩、盆地、高原、谷地交错分布的格局,平均海拔在 3 000 m 以上。除东部湟水流域谷地和西北部柴达木盆地海拔稍低外,其余绝大部分地区海拔多在3 000 ~ 4 500 m,最高点为西部青、新交界处的昆仑山主峰布喀达坂峰,海拔 6 860 m,最低点为东部民和县下川口湟水出境处,海拔 1 650 m。

2.2.1.2　湟水流域地质特征

湟水流域处于青藏板块之上,湟水流域位于祁连山褶皱带中生代断陷之中,随着青藏高原的持续上升和盆地的相对下降,堆积了巨厚的侏罗系、白垩系和第四系松散层等,基底与边缘地带由古老的变质岩所构成。湟水穿越的各个峡谷区的基岩丘陵山地,把区域分隔成多个盆地,各盆地独自形成一个由补给、径流到排泄比较完整的水文地质单元。

流域分布最广的地层有寒武系、奥陶系、志留系、泥盆系、二叠系、三叠系及第四系;第四系沉积物的主要成因类型有冰、冰水堆积、冲积、洪积、湖积、风积以及混合成因的冲洪积、冲湖积、残坡积和坡洪积等。

上更新统冲积、洪积堆积物广泛分布于湟水及主要支沟两侧 Ⅲ、Ⅳ 级阶地之上,多以冲洪积高阶地或洪积扇地等形式出现。一般高出现代河床数十米,高者可达百米以上,岩性有砂砾石、黄土状土及黄土层。

全新统冲积砂砾卵石层广泛分布于现代河谷地带,是组成河漫滩及Ⅰ～Ⅲ级阶地的基本堆积物,其岩性特征及分布规律较复杂,湟水河谷砂砾卵石层厚度变化较大,一般为2～15 m;冲积、洪积层在黄河、湟水及各大支沟的两侧和边缘均有分布,多组成扇形地。岩性主要为棕灰色泥质砂砾石层,泥质含量在15%左右。

黄土多披覆堆积在早期冰水、冲洪积砂砾卵石层、第三系红土层或其他古老基岩之上,湟水两岸低山丘陵区广泛分布,黄土自西向东有从零星分布向大面积过渡和由薄变厚的趋势。

湟水河谷平原沿湟水两侧阶地发育,河谷平原一般由Ⅰ～Ⅳ级阶地构成,区内一些主要城镇多坐落在Ⅱ、Ⅲ级阶地面上。Ⅰ级阶地面宽200～500 m,具二元结构,高出河漫滩1～3 m,阶面多已开垦成农田,为堆积阶地;Ⅱ、Ⅲ级阶地分布最广,为基座阶地,是河谷的基本组成部分,它们常不对称地分布于河谷两岸,阶面平坦开阔,Ⅱ级阶地前缘陡坎高5～10 m,局部与Ⅰ级阶地缓坡过渡,阶面最宽1～2 km,上有箱状冲沟分布,Ⅲ级阶地前缘陡坎高30～50 m;Ⅳ级阶地前缘陡坎高50～70 m,连续分布或仅沿河谷一岸零星分部,阶面被流水侵蚀形成起伏不平的台地;Ⅴ级以上阶地属零星分布的高基座阶地。

湟水主干河槽宽100～200 m,河漫滩宽数十米,河谷分别由西宁、平安、乐都、民和等宽谷和小峡、大峡、老鸦峡峡谷组成,河谷纵坡降较大,为50.6‰,海拔从扎马隆附近的2 480 m至民和东部的1 700 m,高差达780 m。各小盆地边缘的低山丘陵区,地表水系发育,地形切割强烈,黄土底砾石层多处于疏干状态。潜水主要赋存于河谷平原中,河谷平原孔隙潜水一般质淡量丰,是最具开发价值的地下水资源,它主要储存于河漫滩及Ⅰ、Ⅱ级阶地的近代冲积砂砾卵石层及中、上更新统冲积与冰水堆积的砂砾石层、泥质砂砾石层中,在很多情况下构成一个统一的并与河流有密切水力联系的潜水含水层。含水层多被镶嵌在以第三系红色砂砾岩、泥质砂岩、泥岩为隔水底板和隔水边界的狭长槽形河谷中,分布宽度随所处地段河谷平原的宽度而异,但均小于4 km。河谷潜水埋深在河漫滩至Ⅱ级阶地范围内,多小于10 m;Ⅲ级阶地多在10～30 m;Ⅳ级阶地以上的高阶地及河谷边缘受坡积洪积物影响的地段,多在30 m以上。

西宁和乐都地段的河谷形态见图2-1、图2-2。

2.2.1.3 黄河干流谷地地质特征

青海省黄河干流谷地按地表形态及成因类型特征,分为构造剥蚀中低山丘陵区和河谷堆积区两大地貌单元。谷地地质地层自老至新出露的有前震旦系尕让群(AnZgr)、白垩系河口群(K1hk)、第三系临夏组(N21),第四系地层主要为冲积、洪积、坡积及地表堆积物等。冲积沉积物等构成了河床、河漫滩及Ⅰ、Ⅱ级阶地,冲积洪积层分布在现代河谷地带,并组成河漫滩及Ⅰ、Ⅱ级阶地,岩性主要为河床相卵砾石层及漫滩相粉砂、粉细砂、亚砂土层。黄河谷地卵砾石层分布均匀,砾石分选、磨圆度较好,粒径一般为5～10 cm,均呈浑圆、扁平状;结构松散,层理清晰,砾石成分为花岗闪长岩、变安山岩、砂岩,一般具二元结构,上部为浅棕色、土黄色亚砂土、亚黏土,厚2～3 m,并夹40 cm厚的有机腐殖层或泥炭层。黄河谷床,卵砾石层一般与支流交汇部位含泥量少,透水性强,为富水地段,

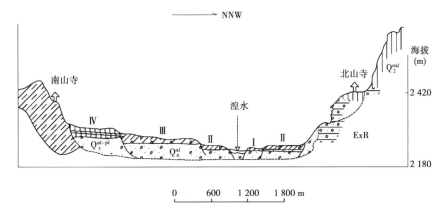

图 2-1 湟水河谷(西宁南山寺—北山寺)地质地貌剖面图

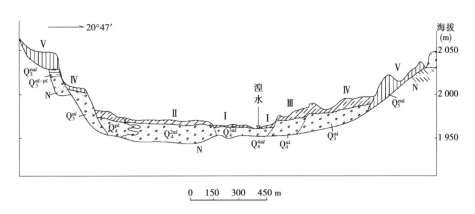

图 2-2 湟水河谷(乐都东岗)地质地貌剖面图

Ⅰ、Ⅱ级阶地上部均为洪积砾石层覆盖,厚度不一。

黄河河谷地下水富集,基岩裸露的中低山丘陵区,地下水贫乏,地下水按含水层性质及其赋存条件,分为基岩裂隙潜水和第四系孔隙潜水两类。地层发育不完全,缺失较多,受大地构造控制,地层在空间分布上很不均衡。

黄河谷地灌区地表均为松散岩层所覆盖,主要由黄土状砂质壤土、中更新世晚期风成黄土(老黄土)和广泛覆盖在低山丘陵表面的上更新世风成黄土组成,其下为冲积或洪水堆积的砂卵石层,基座为第三系红土层。

2.2.1.4 柴达木盆地地质特征

柴达木盆地为我国四大盆地之一,新近纪末,青藏高原开始大规模隆起,昆仑山抬升,并向北挤压,盆地内形成多个坳陷盆地,成为第四系沉积中心。由于各坳陷的沉降幅度差异较大,沉积厚度横向变化较大,盆地西部雁列式排列的隆起带、老茫崖和各盆地的山前地带第四系厚度多小于 500 m,花土沟、冷湖、苏干湖等地和各盆地山前 – 中部过渡带第四系厚度多为 500 ~ 1 000 m;盆地中部一里坪、马海盆地和东、西台吉乃尔等地,第四系厚度为 1 000 ~ 2 000 m,部分地区大于 2 000 m;而东达布逊湖地区,则是盆地的沉降中心,第四系厚度大于 3 000 m。

1. 下更新统

主要出露于盆地的北部、西北部,形成垄岗状台地和丘状地形,主要为冲湖积相沉积,岩性为灰色砾岩、砂砾岩,灰绿色、浅黄绿色泥岩夹粉砂岩、石膏、芒硝、泥灰岩及灰质泥岩等。揭露厚度一般为165~470 m,最大厚度947 m,下伏新近系。察尔汗1井钻孔揭露早更新世地层为湖积层,埋深1 200~2 147 m,总厚947 m。

2. 中更新统

主要为冰缘相沉积和湖泊相化学沉积,盆地边缘为冰碛,冰水沉积,在大柴旦、德令哈、都兰均有出露;盆地中心为盐湖化学沉积,分布在盆地西北部,岩性为泥灰岩及芒硝、石膏,沉积中心位于察尔汗一带,厚度可达665 m。察尔汗6井钻孔揭露中更新世地层为湖积层,埋深185~850 m,总厚665 m。

3. 上更新统

分布面积较广,自山前到盆地中心,岩相变化呈带状分布,盆地边缘以洪积、冲洪积为主,形成宽几十千米的山前洪积倾斜平原,岩性以砂卵砾石为主夹粗砂透镜体;自山前向盆地中心逐渐变细,逐步相变为亚砂土夹粉细砂层,构成冲积平原;到盆地中心,相变为湖相沉积,成为湖积平原,岩性为灰色、深灰色黏土、粉砂、膏粉砂,含粉砂质淤泥与浅灰色石膏、芒硝、粉砂互层。据察尔汗钻孔揭露,上更新统为湖积、化学沉积层,埋深24.68~185 m,总厚160.32 m。

盆地内全新世地层主要为现代水系沉积和风积两种成因类型。现代河谷内为冲洪积相沉积,沿河呈狭长带状分布,岩性主要为砂砾石、砂砾卵石、中粗砂、细砂等,结构松散,组成河流的漫滩及低级阶地,厚11~40 m。在河口三角洲滨湖地带为冲、湖积相沉积,呈半环带状或扇状分布,岩性为含砾中粗砂、细粉砂、粉砂质淤泥、砂土等,厚度约10 m。现代湖泊四周为湖相沉积,呈环带、半环带状出露,岩性为灰色砂质黏土、粉砂或灰黑色淤泥,局部夹薄层岩层,厚10~20 m。在湖泊内为盐类化学沉积,主要为岩层沉积,岩性为粉砂质石盐、含砂盐壳以及含砂石膏,厚度一般为1~20 m。

在洪积扇前缘地下水溢出带及河流入湖地带有沼泽堆积,岩性为灰黑色淤泥质粉砂、亚砂土、含钙质黏土等,富含有机质,局部有泥炭层,厚度小于10 m。

风积地层按风积地貌分布可分为两类:一类分布于盆地南部洪积扇前缘(细土带)的固定沙丘,呈带状分布,风积沙被茂盛的红柳固定,形成高达10余m的"红柳包";另一类分布于盆地南缘、东缘的山麓迎风坡和山前洪积台地,呈现连片分布的沙丘、沙垄和波状沙地,分布面积大,岩性为土黄色中细砂,具交错层理,厚度一般为5~10 m,局部达40 m。

2.2.2 水文地质

2.2.2.1 青海省水文地质概况

青海省有流域广大的内陆水系与外流水系,内陆水系稀疏,径流贫乏,外流水系密集,径流丰富。内外流域分界线大体上从格拉丹东雪山东南部青藏边界起,经祖尔肯乌拉山、乌兰乌拉山、博卡雷克塔格山、布青山、鄂拉山、青海南山、日月山、大通山,直至冷龙岭的青甘边界。界线东南为外流区,西北为内陆区。青海省水系图见附图4。

　　河流含沙量反映了流域内地表受水流冲刷侵蚀的程度和各种条件的综合状况,与土壤的母质及其发育方向有密切的关系。青海省河流在源头一般侵蚀较小,水质较清,含沙量和输沙量均由源头向下逐渐增大,尤以黄河最为明显。

　　外流水系多发源于青南高原和祁连山地。源区地形开阔,谷地宽坦,支流、湖泊众多,在其影响作用下发育着水成土壤。在其中游地段径流多穿行于高山峡谷之中,水流湍急,下切侵蚀强烈,使这里的土壤母质具有洪积、冲积、坡积、残积的性质和粗骨性强的特点。

　　内陆水系主要分布在柴达木地区,河流多发源于四周山区,著名的青海湖就是来源于四周山地的 10 余条河流呈向心辐射水系而形成的内陆湖泊。由于河流多来源于干旱与冷冻剥蚀山地,源短流急,洪峰集中且短暂,挟带物以粗物质为主。在柴达木盆地,广泛发育着洪流堆积地貌,塑造了长达数百千米的洪积扇倾斜平原,在峡谷中形成小型洪积堆(扇),使成土物质得到了有序的分选。在黄河、湟水及其支流的滩地与低阶地,流水的搬运堆积作用形成了大量的新积土与潮土。

　　地表径流是地球外营力的主要种类之一,它塑造流水地貌,搬运地表物质。青海省东部的河湟地区的黄土丘陵因降水集中,地表径流侵蚀强度大,水土流失相当严重,形成大面积的光山秃岭,沟壑纵横,多数地区第四系沉积物已流失殆尽,裸露大面积的第三系红色沉积物,使土地干旱贫瘠,轻者使土壤退化,重者已成为荒漠化的戈壁。在河湟谷地,因河水下切,搬运分选的母质类型在不同流域和不同阶地的土体中表现尤为明显。

　　青海地下水储存形式有松散岩类孔隙水、基层裂隙水和冻结层水三类。松散岩类孔隙水主要分布在柴达木盆地、青海湖盆地和共和盆地,均具有自流盆地或自流斜地特征,如柴达木盆地可分戈壁潜水带、潜水泄出带、自流水带及盐湖晶间卤水带四个水文地质带,大体呈环状分布,富水程度向盆地中心逐渐减弱,水质渐差,矿化度逐渐升高。

　　在地下水向盆地中心运动的过程中,经历着上述不同的水文地质变化,在气候和地形的共同参与下,水质在山区的矿化度一般均小于 1.0 g/L,水质的化学类型以重碳酸盐型为主,到洪积扇中下部后,矿化度迅速提高,从微咸水转变为咸水,水质化学类型也转变为硫酸盐型;到洪积扇缘(湖积平原、湖洼带),水质矿化度可达 50.0 g/L,成为盐湖水质,水的化学类型也随之变成氯化物硫酸盐型或氯化物型。地下水从盆地边缘到盆地中心运行的过程中,当其埋深为 7~10 m 时,即开始挟带盐分沿毛管上升,蒸发积盐。当地下水接近扇缘时,水位迅速抬升,积盐程度也随之增强,以致形成盐结皮和盐壳。

　　青海省湖泊众多,总面积 1.32 万 km^2。其中咸水湖和盐湖 153 个,面积 0.99 万 km^2,占全省湖泊总面积的 75%。淡水湖主要分布在可可西里和江河源头,由于地形开阔,谷地宽坦,湖如串珠,水流不畅,形成大面积的沼泽,从而使这些地区出现了水成土壤。咸水湖和盐湖主要分布在柴达木地区,因气候干旱,蒸发剧烈、盐分浓缩而成,使该地区的盐化土壤有沿湖四周呈环状分布的特点。湖泊自变迁形成的湖积平原也是水成土或半水成土发育的条件之一。

　　沼泽在青海省发育相当广泛,主要分布在青南高原、祁连山地和柴达木盆地。长江源区干流以南的当曲,支流众多而密,地面平坦,排水不畅,加之降水较多,高寒气候蒸发较弱,以及地下多年冻土层阻隔水分渗漏造成水体聚集地表,形成大面积沼泽。曲麻莱和治多县城以西的木鲁乌苏河南侧支流科欠曲和牙哥曲上游,分水岭尤其平缓,地表起伏更小,因而形成一个沼泽分布区。黄河源的星宿海盆地,以及扎陵湖、鄂陵湖和玛多湖群以南,因排冰困难和湖泊影响,沼泽地也相当普遍。此外,达日县以南青川边界处、久治县和黄南高原的泽曲流域等地,均有面积不等的沼泽零星分布。祁连山地的五河之源地区,在宽广的纵谷上游和作为河流分水岭的残余古代夷平面上也形成了大片沼泽。

柴达木盆地发育着另一种类型的沼泽,在第三系干燥炎热的气候条件下,古湖含盐量已经较高,通过第四系古湖的缩小与分解形成的沼泽,其生草过程十分微弱,这里发育的沼泽土具有缺乏泥炭层和含盐量高的特征。

青海省雪山冰川集中分布在高寒的昆仑山、唐古拉山和祁连山,共有冰川面积 0.52 万 km^2,储量 3 705.92 亿 m^3,储量最丰的是柴达木水系和长江流域,均在 1 000 亿 m^3 以上,其次是可可西里水系和祁连山水系,皆达 600 亿 m^3 以上。冰川的消长、进退不但调节着河川的径流量,而且对其覆盖着的成土物质施加和产生着挤压、冻融、剥蚀等物理风化作用,并在其冰缘地带发育着原始形态的土壤。

2.2.2.2 湟水流域水文地质概况

湟水干支流区域广泛分布着第四系松散岩层,松散岩类孔隙水主要是孔隙潜水。盆地边缘地带的河谷多以内叠阶地为主,松散碎屑沉积层较厚,利于地下水的赋存和富集。盆地中部,河流中下游地段河谷阶地类型为基座阶地,地下水主要赋存于河漫滩、Ⅰ级阶地及古河道分布区。各类地下水的形成分布特征受气候、地形、水文及地质构造条件的制约,各个盆地均独自形成了从补给、径流到排泄比较完整的水文地质单元。西宁、平安、乐都、民和等盆地都是半开启型盆地,各盆地的地下水仅能通过湟水、黄河的贯串自上游至下游发生部分联系。

基岩山区各类地下水均依赖大气降水直接或间接补给而得到水源,河谷潜水的补给来源和补给方式远较丘陵山区复杂。除降水入渗补给外,还有山区地下径流的侧向补给,河道、渠系及农田灌溉水的渗入补给。纵向和横向上受地貌、岩性、基底构造的影响,各补给因素的主次关系、补给比例时有变化。如河水的渗入多局限在狭窄的Ⅰ级阶地和漫滩地带,Ⅲ级以上阶地则主要受大气降水、渠系和灌溉水的渗入以及来自两侧黄土、红岩低山丘陵区的地表和地下径流的侧向补给。就降水入渗补给来说,在盆地中部降水量较小(300 mm 左右),对埋藏深度大于 5 m 的高阶地潜水缺乏一定的补给作用,少量降水渗入量多呈土壤水、气态水、悬挂毛细水形式储存于包气带中,消耗于地面蒸发和植物蒸腾。降水入渗补给量的大小主要取决于有效降水量、包气带岩性、地下水埋深等,根据区域包气带岩性和地下水埋深动态资料,湟水盆地地下水埋深可分为 1～3 m、3～6 m 和大于 6 m,不同埋深下的降水入渗补给系数分别为 0.14～0.18、0.1～0.15、0.08～0.12。河谷潜水水力坡度较大,多在 11‰～40‰,因而河谷潜水都具有比较通畅的径流条件。

湟水河谷砂砾卵石层潜水在西宁、乐都等区段长达 150 多 km,谷宽 2～4 km。潜水主要赋存于河漫滩及Ⅰ、Ⅱ级阶地砂砾卵石中,与河水有着密切的水力联系。在部分地段Ⅲ级阶地以上高阶地,多有高出河床的基座,阶地遭受强烈刻切,储水构造遭到破坏,多为弱含水层或非含水层分布地带。潜水埋藏深度:在河漫滩及Ⅰ级阶地内,小于 5 m;Ⅱ级阶地在 5～20 m;Ⅲ级阶地多为 20～30 m。但在局部地段,由于受冲沟坡洪积物的影响,潜水埋藏较深。如乐都高庙附近Ⅰ级阶地潜水埋深 7.3 m,民和县附近Ⅲ级阶地潜水埋深 42.34 m。含水层厚度受地貌条件的控制,变化在数米至 20 m 之间,较厚地带往往在古河道分布处,Ⅲ级以上阶地多处于疏干状态(见图 2-3、图 2-4)。湟水盆地潜水埋深可分为 1～3 m 与 3～6 m 的区域,潜水蒸发系数分别为 0.01～0.3 与 0～0.01。

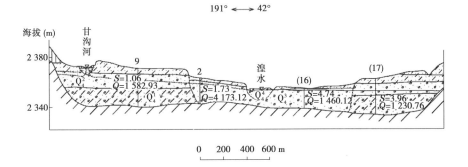

S—降深,m;Q—涌水量,m³/d

图 2-3　西宁西川湟水河谷水文地质剖面图

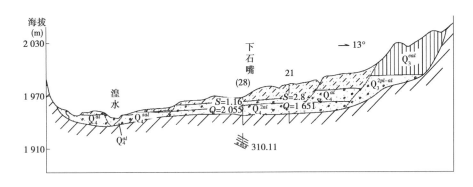

S—降深,m;Q—涌水量,m³/d

图 2-4　乐都下石嘴湟水河谷水文地质剖面图

　　总之,在流域沟谷中,河谷潜水的补给来源和补给方法较为复杂,既有降水渗入补给,又有河道、渠系、农田灌溉水的渗入补给,还有山区地下径流的侧向补给,其中灌溉渠系水面蒸发及包气带耗水系数平均为 0.9;灌溉水渗漏补给地下水系数根据地下水埋藏深度、土壤透水性能而定,水位埋深小于 5 m 取值 0.15,水位埋深 5～10 m 取值 0.1,水位埋深大于 10 m 取值 0.08。因受地貌、岩性、基底构造的影响,各项补给因素的主次关系、补给比例时有变化。由于河谷区含水层厚度有限,外加河谷潜水水力坡度较大,其地下潜水储藏地下水能力较弱。河谷潜水与河水的补排关系密切,有相互转化和补给关系,湟水河谷含水层给水度为 0.075～0.25,平均为 0.13。

　　灌区地下水位在自然因素和人为影响下,经常处于变化之中。地下水位的变幅、峰值出现时间和年内变化规律受蒸发蒸腾、降水时间和强度、农灌水的时间和程度、河水位变化等因素影响。

乐都地区河谷潜水位年内动态变化曲线见图 2-5,该地区潜水位在年内呈波状变化,低峰期一般出现在 3 月,随后持续升高,高峰期一般在 9 月,较降水滞后 1 个月。

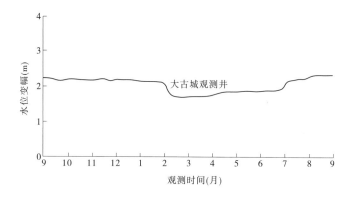

图 2-5　乐都地区河谷潜水位年内动态变化曲线

2.2.2.3　黄河干流谷地水文地质概况

黄河干流谷地地下水的形成、赋存、分布规律受地质构造、地层岩性、地貌、气象及水文诸因素的影响。按地质构造及地貌岩相带,地下水可划分为基岩裂隙潜水,丘陵区以第三系砂岩、砂砾岩为主的裂隙、孔隙承压水,河(沟)谷第四系冲积、冲洪积砾卵石孔隙潜水、高山带多年冻土区冻结层上水等。

1. 基岩裂隙潜水

基岩裂隙潜水主要分布在黄河干流谷地中南部,呈北西、北北西向展布,由三叠系下统、二叠系砂岩、砂板岩及加里东、燕山期花岗岩、花岗闪长岩体组成。经历多次构造变动,褶皱断裂及寒冻风化裂隙发育,它有利于大气降水及地表水的渗入、地下水的赋存与运移。海拔 4 000 m 以上分布有多年岛状冻(岩)土,其潜水直接靠冰雪融水、大气降水补给(年降水量达 800 mm)。因中高山山势陡峻、沟谷深切、分水岭单薄、水系网发育、地下水埋藏浅,故径流途程短,于沟脑或沟谷坡脚两侧呈下降泉排泄。由于岩石性质的差异,即使处于相同的构造引力作用或处于同一构造部位,刚性岩石的裂隙发育程度也要比柔性的强,裂隙比较富集,泉水流量大,故基岩裂隙潜水分布呈现不均匀分布,富水性也表现出差异性。

2. 丘陵区以第三系砂岩、砂砾岩为主的裂隙、孔隙承压水

裂隙、孔隙承压水主要分布在化隆—循化、民和—临夏、甘加、同仁等断陷盆地中,这些盆地的水文地质构造类型均属新生界第三系自流盆地类型。但由于干流谷地区所跨部位均处于自流盆地的边缘,故大部分地区一般只具承压性质,不具备自流条件。图 2-6 为民和—临夏盆地水文地质剖面图。

第三系碎屑岩层间裂隙、孔隙水,主要接受河流渗透或顺层补给,第三系自流盆地层间裂隙、孔隙水赋存条件,由盆地边缘向盆地中心岩性颗粒由粗逐渐变细。地下水的径流交替条件由好变坏,因此在盆地边缘一般为淡水,矿化度小于 1 g/L,到盆地中部渐变为咸

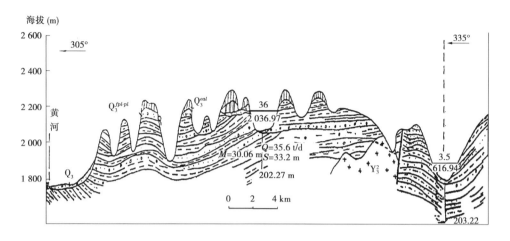

S—降深,m;Q—涌水量,m^3/d;M—矿化度,g/L

图 2-6　民和—临夏盆地水文地质剖面图

水,矿化度大于 3 g/L。但是,上述构造盆地自第四系早期以来,一直处于震荡式大面积上升阶段,河网下切,地形破碎。因此,分布在丘陵顶部的黄土底砾石层中的潜水分布极不均匀,一般靠近山前含水,并有少量泉水出露,在盆地中部一般均被疏干。

　　分布在德恒隆第三系、前震旦系地层之上的黄土丘陵,受古地形控制,黄土直接覆盖在老基岩之上,厚 10～80 m,其垂直节理与大孔隙发育。大气降水可通过垂直节理与大孔隙渗透补给,而后沿黄土底部第三系砂泥岩接触面运动,低洼处有泉水出露。径流滞缓,受季节控制。潜水多在沟脑或沟谷谷坡呈片状渗出,形成湿地沼泽。循化第三系承压自流盆地水文地质结构见图 2-7,循化黄河河谷谷地地质地貌剖面图见图 2-8。

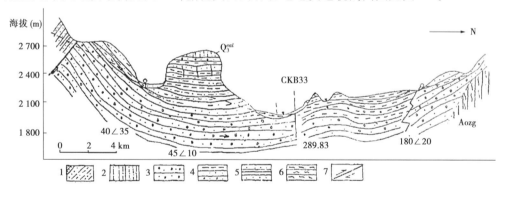

1—亚砂土;2—粉土粉砂;3—砂砾石;4—泥岩、砂岩砾岩;
5—砂板岩;6—片岩;7—推测断层

图 2-7　循化第三系承压自流盆地水文地质结构

3. 河(沟)谷第四系冲积、冲洪积砾卵石孔隙潜水

　　黄河河谷及各大支流河谷带状冲洪积平原是区内第四系松散堆积层孔隙潜水的主要赋存地段,第四系松散堆积物厚达 25～71.88 m,岩层松散孔隙度大,透水性良好,其中赋存有较丰富的孔隙潜水。这些沟谷的基底大多数为第三系砂泥岩所组成的相对隔水层,

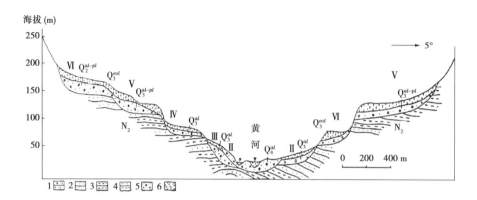

1—石膏;2—砂岩;3—泥岩;4—砂质泥岩;5—砂砾石;6—亚砂土

图 2-8　循化黄河河谷谷地地质地貌剖面图

故沟谷中的地下水多赋存在冲洪积层砾卵石中,地形坡度大,径流条件好,但因沟谷基底起伏不平,含水层厚薄不一。沟谷中下游河漫滩及 Ⅰ、Ⅱ 级阶地,多属内叠阶地,沿河床呈带状分布,含水层厚 3.52 ~ 31.76 m,含水层岩性为含泥量较少的砂卵砾石层,具良好的地下水储存空间。

沟谷 Ⅲ、Ⅳ、Ⅴ 级阶地多属侵蚀堆积基座阶地,呈带状不连续分布,距河床较高,阶地面破坏较严重。靠大气降水及渠系灌溉渗漏补给的潜水含水层较薄,水位埋深大,一般沿砾卵石层与第三系砂泥岩接触面呈片状或股状排泄,局部地段Ⅲ级阶地属内叠式,受上游沟谷潜水补给,含水层厚 18 m。

黄河河谷开阔,阶地发育,地下水广布于河漫滩及宽谷中下段 Ⅰ、Ⅱ 级阶地内,含水岩层为冲积砂砾卵石层,但其中含泥沙较多,渗透性较差。黄河 Ⅰ 级阶地含水层厚约 7.6 m,岩性为含砾粉砂、含泥砂砾石,水位降深 3.6 m,其地下潜水多沿黄河岸边呈接触泉排出,水质因受第三系含石膏岩层的影响,具有赋存条件差、水量小、水质差的特点。

4. 高山带多年冻土区冻结层上水

冻结层上水主要赋存在第四系坡残积碎块石层及基岩裂隙中,含水层厚度视活动层深度而论。冻结层上水具有明显的季节性。

5. 山前洪积扇砾卵石孔隙潜水

山前洪积扇砾卵石孔隙潜水主要分布在积石山东侧及黄土丘陵沟谷出口处,组成山前洪积扇平原,含水层由磨圆度、分选性差的卵砾石构成,含水层厚 11 m 左右。受大气降水及沟谷潜水补给,地下水赋存条件好,地下水埋深由洪积扇后缘向前缘逐渐变浅为 6.9 m,以致形成侵蚀下降泉排泄于地表。

在不同的地质地貌条件下,地下水的赋存条件与分布是不同的,主要形成以下几种不同类型的地下水:中高山区二、三叠系砂岩、砂板岩及加里东、燕山期侵入岩体赋存着裂隙水,海拔 4 000 m 以上赋存着冻结水。随地势增高,降水量增多,富水性增强,丘陵区在第三系碎屑岩中赋存着裂隙潜水、承压水及上部黄土底砾石层孔隙潜水。由于地形破碎,补给条件差,含水层薄,其富水性普遍弱,分布亦不均,水质一般较差;河谷砾卵石层孔隙潜水一般随阶地级数增多,含水层逐渐变薄,水质较差,因此河漫滩及Ⅰ、Ⅱ级阶地是富水地段。

6. 地下水的补给、径流、排泄

地下水的补给、径流、排泄条件,受区域构造及相应的地貌岩相带制约。地表水系在不同的河段有着不同的水文性质,它们既是地下水的排泄者,亦是补给者。基岩裂隙潜水及冻结层上水的补给条件是充足的,但由于基岩山区的地层岩性及构造裂隙发育程度的不同,以及所处地貌部位的差异,基岩裂隙潜水的分布是不均匀的。

基岩裂隙潜水经过短暂的地下径流,在低洼的沟脑及沟谷中以泉群或沼泽的形式排泄于沟谷。在沟谷中下游汇集成溪,一部分补给或转化为第四系冲洪积层孔隙潜水,大多数顺沟径流,最后汇入黄河。

在基岩山区与第三系砂泥岩所组成的丘陵区,以高角度逆冲断层接触的地段,形成了断裂带上盘一侧充水而下盘一侧阻水的特征。因而,第三系地下水接受基岩裂隙潜水的补给是比较困难的。可见各个盆地第三系碎屑岩中的裂隙孔隙潜水主要接受大气降水渗入及河流在流途中的顺层补给而形成。其排泄条件主要有两种方式:一种是通过深切的沟谷将上部含水层切露,并以悬挂泉或下降泉的形式排泄于大沟、河谷;另一种是通过断裂破碎带呈隐蔽式补给上层潜水,或以上升泉的形式直接排泄于地表。

山前洪积扇是由洪积相粗粒砂砾卵石层构成的,受基岩裂隙潜水及大气降水补给,补给条件良好,径流通畅迅速,地下水的交替作用强烈,故这些地区的地下水,一般来说水质好、水量大。但是随着地形坡度的减缓和沉积颗粒不断变细,在洪积扇外缘地区岩层透水性减弱,地下水径流迟缓,在地形遭受切割的情况下,地下水以泉流、沼泽及湿地的方式进行着大量的排泄。

河谷第四系冲积、冲洪积砾卵石孔隙潜水,其主要接受大气降水及河流的渗漏补给。在农田灌溉和水利化程度较高的地区,引水渠系和田间渗漏也是一种补给来源。干流谷地除黄河、隆务河外,其他河流流程短,于黄河交汇处部分或全部渗入地下,从而补给黄河河谷孔隙潜水。受补给的河谷潜水,大多数埋藏在Ⅰ、Ⅱ级阶地及河漫滩中。地下径流速度取决于第四系砂砾石层透水能力与第三系基底坡度、沟谷的宽度变化。地下水流动方向一般顺沟(河)或沿河谷两侧向河(沟)床流动,地下水埋深顺流变浅。这种变化主要因基底抬升而过水断面变窄,地下水受阻以致地下水位抬升,形成湿地沼泽和泉群溢出地表。

河(沟)谷Ⅲ、Ⅳ、Ⅴ、Ⅵ级阶地内的地下水,由于阶地多属侵蚀堆积类型,分布高差大且不连续。地下水主要依靠渠系灌溉农田渗水补给,其次为大气降水补给。黄河河谷地下水的流向一般斜向河谷下游由阶地后缘向前缘运移,呈侵蚀下降泉或接触泉排泄。降水入渗系数根据不同地段在 0.02 ~ 0.25 范围变化。

7. 含水层的富水性

根据测区地层岩性、地下水赋存条件、水动力特征及含水岩层(组)的水文地质特征等,可将本地区地下水划分为五个类型,即第四系松散岩类孔隙潜水,第三系碎屑岩孔隙、裂隙承压水,层状岩类基岩裂隙潜水,块状岩类裂隙潜水,冻结层上水。

第四系松散岩类孔隙潜水中河谷冲洪积砾卵石层潜水主要分布在河谷中,谷宽随岩性构造、地貌部位不同而异。宽谷段多发育有Ⅳ级堆积阶地,较大的河谷中发育有Ⅴ、Ⅵ级高阶地。河床宽一般数百米。黄河阶地宽达 6 km,河漫滩Ⅰ、Ⅱ级阶地含水层岩性为冲积砾卵石,充填物中细砂、亚砂土的粒径由上游向下游逐渐变细。受河水渗漏补给,形成良好的储水层。而Ⅲ级阶地以上,主要受渠系渗漏补给,含水层较薄,富水程度较弱。现根据含水层(组)所处地貌部位、岩性结构及补给条件,将含水层划分为如下几个富水等级。含水层给水度在 0.20 ~ 0.25 范围变化。

水量丰富的全新统、上更新统冲积砂卵石层孔隙潜水:含水层由全新统及上更新统砂卵砾石层组成。各河谷由于新构造运动影响,上升幅度不一,其含水层厚度各地不一。由于上述各河谷补给条件较好,含水层厚度较大,孔隙率大,透水性强,所以含水层的富水性强。在黄河河谷第三系红土层出露地段,潜水矿化度稍微增高。河(沟)谷冲积、洪积含水层,其潜水动态随季节变化较明显,变幅较大。

由全新统冲洪积砂砾卵石层组成的Ⅰ、Ⅱ级内叠阶地或侵蚀堆积阶地,其含水层粒度上游粗、中下游细,多具二元结构,透水性较好,含水层厚 4.89 ~ 19.73 m。由于含水层厚薄不一,地下水补给条件差,顺流补给不足,多由侧向基岩裂隙潜水、沟谷潜水和渠道灌溉渗漏补给,地下水常年处于排泄状态。河谷冲洪积含水层,其潜水动态随季节变化而变化,在时间和气候变化上基本是一致的。

水量贫乏的河谷冲洪积层潜水:分布在尖扎—隆务河河口、隆务河、央曲、朗姜,由Ⅰ ~ Ⅴ级侵蚀堆积阶地组成。含水层由全新统、中上更新统砂砾石层组成,含泥量高。主要接受灌溉渗漏补给,其次为侧向基岩裂隙潜水补给。因汇水面积小,地形切割剧烈,故含水层较薄,不均一,一般为 1.93 ~ 8.06 m。黄河河谷两侧Ⅲ ~ Ⅴ级侵蚀堆积阶地,含水层为砂砾石层,含泥量高,渗透性能差,渗透系数为 0.02 ~ 2.3 m/d,侧向补给微弱。由于河谷两侧地形切割较强,含水层在谷坡裸露,地下水多沿冲洪积砂砾石层与第三系砂泥岩呈悬挂泉或接触泉排泄,属水量贫乏的含水层。

黄土丘陵底砾石层潜水:含水层埋藏在黄土底砾石中,基底多为第三系红色砂岩。含水层主要接受大气降水补给。因汇水面积小,地形切割剧烈,含水层的边缘一般均裸露于地表,含水层厚度仅有 0.5 ~ 1.0 m 不等,水位埋深 20 ~ 80 m。一般来说,在黄土丘陵顶部的平台分布面积较大,且又近山,底砾石层中一般均含水。在远离山区的地段,因遭受河流强烈切割,含水层裸露地表又被长期排泄,在补给条件极差的情况下,大部分地区是不含水的。在积石山东麓的丘陵区,许多地段由中下更新统冰水—洪积含泥砂砾卵石层组成。它们原属积石山山前倾斜平原,被后期流水切割破坏。因此,含水层被抬升得较高,含水层厚度 5 ~ 15 m,水位埋深大于 10 m。

洪积砾卵石层潜水:主要分布在各基岩山区山前带新老洪积扇群中。全新统洪积扇分布在各河谷山前地带,其洪积扇群地貌形态完整,扇顶直接与现代河谷出口相接,有的沟谷表流从扇面通过,并向下大量渗漏,使洪积扇下部含水层获得大量补给,因而富水性较强。含水层岩性为砾卵石层,透水性好。但是,近代洪积层潜水埋深与含水层厚度变化较大,一般由洪积扇前缘向后缘潜水埋深及含水层厚度都逐渐增大。在洪积扇外缘往往有地下水溢出。

上更新统冰碛冰水—洪积层潜水:含水层岩性为上更新统含泥砂砾碎石、漂砾。受基岩裂隙潜水、大气降水及冻结层上水的补给,泉水多出露于冰碛陡坎前缘或沟脑,并形成沼泽湿地,含水层薄厚不一。

碎屑岩类裂隙、孔隙承压水中第三系砂岩、砂砾岩裂隙孔隙层间承压水:分布在盆地内第三系岩层中,含水层岩性主要为上新统临夏组砾岩、砂岩、粉砂岩等。含水层在盆地边缘主要由山麓相砾岩及砂砾岩组成,夹少量泥岩,岩性比较单一,厚度小于 60 m。顶板埋深一般在 20.75 ~ 94.2 m,水头为 - 15.4 ~ 19.14 m。向盆地中心逐渐过渡为湖相地层,含水层岩性为砂砾岩、细砂岩、含砾砂岩等。

覆盖型第三系裂隙、孔隙承压水:所谓的覆盖型,在水文地质结构上是指在第三系丘陵顶部被大面积黄土及中下更新统砂砾石层所覆盖。黄土底砾石层及中下更新统砂砾石层中均含有潜水,下部第三系红土层是含裂隙、孔隙承压水的地段。在民和—临夏盆地的吹麻滩一带、化隆—循化盆地的解加—德恒隆及比唐—尕楞乡地区均有大片分布。在丘陵顶部,上部为风积黄土,下部为中下更新统冰水—洪积相砂砾卵石、碎石层。地下水接受大气降水渗透补给,少部分靠山前洪积扇地下水补给。由于含水层被后期流水切割,泉水多沿与第三系砂泥岩接触面呈悬挂泉或下降泉形式排泄,含水层厚 5 ~ 15 m。在潜水层之下埋藏有第三系裂隙孔隙层间承压水,含水层顶板埋深为 50 ~ 100 m,含水层为砂岩、砂砾岩,水头均为负水头,距地表 15 ~ 20 m。

白垩系砂岩、砂砾岩裂隙潜水:主要分布于官亭、循化、同仁盆地外围及甘加一带。含水层岩性为含砾粗砂岩、细砂岩、砾岩。岩层致密坚硬,垂直裂隙较为发育,地下水主要依靠大气降水的渗入补给,赋存于岩层风化或构造裂隙中,由于河谷切割形成陡坎,地下水以下降泉的形式排泄于地表。但是,岩层含水性各地是极不均一的。官亭—循化及甘加一带,由于大气降水较丰富,接受补给的条件好,而西侧同仁一带补给条件较差。

基岩裂隙潜水中层状岩类裂隙潜水:主要分布在东塔—通布—巴楞山及群乌雷更—卓希喀山区的中高山地带。含水层主要岩性为三叠系中下统、二叠系下统砂岩、砾岩、板岩夹薄层灰岩,侏罗系砂砾岩。地下水主要接受大气降水及冰雪融水渗入补给。岩石的富水性在补给条件一致的情况下,与裂隙发育程度有着密切联系。在山体东侧或南东侧,气候湿润,降水较多,补给条件好,地下水相对较为丰富;达里加主峰以西地区,由于降水量少,补给源不足,其水量属中等。

块状岩类裂隙潜水:分布于香忠山、积石山、古夷、恰伊来—吉结木山一带高山区。含水层岩性为加里东、燕山期花岗岩、花岗闪长岩、辉长岩、安山岩及变质安山岩等。岩体多呈株状,分布在断裂带附近。构造裂隙发育,岩体风化强烈,呈破碎状,风化壳厚达 15 m,岩体裸露。地下水接受大气降水及冰雪融水渗透补给,赋存于风化裂隙及构造裂隙中。在地形遭受切割或由陡变缓,并与其他岩层接触时,常以泉的形式出露地表。

古老深变质岩裂隙潜水：分布在古什群—德恒隆、谷瓦钟额、尖扎至亚曲一带，含水层岩性为元古界前震旦系深变质片岩、片麻岩、混合岩，褶皱剧烈，岩石破碎，风化与构造裂隙发育。地下水主要接受大气降水的渗入补给，赋存于风化裂隙及构造裂隙中，于沟谷两侧形成泉水排泄。

断裂带脉状裂隙潜水：主要分布在达里加—古夷卡与雷积山—五台山两侧。断层以 NWW 和 NNW 向压性、压扭性断裂最为发育。破碎带宽 100~200 m，在靠近上盘部位的三叠系砂岩、砂板岩，二叠系砂岩、侵入岩体等较为富水。

岛状多年冻土区冻结层上水：分布于雷积山、达里加—古夷卡、德通波、坎巴、群乌雷更分水岭一带，海拔 4 000~4 300 m。含水层岩性为加里东、燕山期花岗岩、花岗闪长斑岩及三叠系砂岩、砂板岩。含水层厚度受季节性融化深度控制。冻结层上水受季节影响，水量随季节变化，一般 5~10 月气温升高，水量增大，而 11 月至翌年 4 月全部冻结。

2.2.2.4　柴达木盆地水文地质概况

柴达木盆地中发源于山区的河流，出山口后，一半以上的水量垂直渗入到山前较厚的戈壁砾石带中，成为地下水的主要补给源。山前平原戈壁带由许多巨大冲积—洪积扇连接而成，在盆地四周以 2‰~10‰的坡度向盆地中心倾斜，物质成分主要为冲积—洪积砂砾石、砂卵石。山前平原戈壁带是地下水的形成带，地下水以水平运动为主，径流运动方向大致与地形坡度一致。

盆地中心的湖积平原，是地势最低洼的地区，是地表水、地下水的汇集中心。在第四系沉积结构上，以中更新统以后的湖泊黏土及淤泥质沉积物为主，在地下水向盆地中心运动的过程中，随着地质条件的改变、黏性土层的出现，单一巨厚的潜水层转换为浅层潜水和多层承压水。盆地的地下水，在区域分布上有水平环状分带的特征，盆地边缘以淡溶滤水为主，中心以埋藏极浅的高矿化度盐卤水为主。由于新构造运动的差异性，完整的柴达木盆地又分成多个次一级盆地：阿拉尔盆地、花海子盆地、马海盆地、大小柴旦盆地、德令哈盆地、希里沟盆地、乌图美仁—都兰盆地和老茫崖盆地等，它们都具有相对独立的汇水中心。

依据地质、地貌、地下水的赋存特征，将含水系统划分为：碳酸盐岩裂隙岩溶含水系统，古近系、新近系孔隙－裂隙含水系统，第四系孔隙含水系统，基岩裂隙含水系统。这里主要介绍前三种含水系统。

1. 碳酸盐岩裂隙岩溶含水系统

岩溶含水系统主要分布在盆地周边的昆仑山和祁连山区，发育于寒武系、奥陶系、石炭系、三叠系的灰岩、大理岩、结晶灰岩中。按岩性与地层结构可分为两类：一类是中厚层灰岩岩溶含水系统，另一类是灰岩夹碎屑岩（碎屑岩占 30%~50%）岩溶含水系统。

2. 古近系、新近系孔隙－裂隙含水系统

柴达木盆地古近系、新近系红色半胶结碎屑岩地层发育，主要分布于山前丘陵地带，在新构造运动作用下，多形成自流水盆地或斜地，构成比较稳定的层状孔隙－裂隙含水系统，一般水量小，矿化度高，水质较差。

盆地东部地区、牦牛山南部山前和乌兰盆地北部的低山丘陵及垄岗区,含水层岩性主要为古近系和新近系紫红色砂岩、砂砾岩及泥岩互层,受新构造运动的影响,普遍褶皱成短轴背斜和向斜,富水性较差,泉水出露少。据调查,单泉流量为 $0.14 \sim 0.37$ m³/d,矿化度一般大于 5 g/L,属 Cl—Na 型水。

盆地西北部地区,古近系、新近系多被褶皱成向斜和背斜,向斜形成自流盆地,背斜多成为储油构造,构成独立孔隙 - 裂隙含水系统。按成因,地下水属封存油田水。

冷湖地区,向斜形成自流盆地,含水层为新近系砂岩、粉砂岩、砾岩,含水层厚度为 970 m,孔隙率为 8% ~10%,隔水层为泥岩及砂质泥岩,含水层埋深不等,最浅 994.42 m,最深 1 400 m,自流水头高出地面 10 m,单井涌水量大于 50 m³/d,矿化度为 1.88 ~63.54 g/L,水温一般大于 30 ℃。

西部地区自流盆地,一般含水层厚 970 ~2 218.6 m,埋深 750 ~1 400 m,含水层孔隙率为 8% ~25%,单井涌水量为 50 ~4 800 m³/d,自喷水头高度大于 10 m,矿化度为 1.8 ~486 g/L,水温 20 ~60 ℃。

冷湖、油泉子等储油构造,含水层由粉砂岩、砂岩、砂砾岩组成,埋深大于 750 m,最大厚度 2 218.6 m,孔隙率 5% ~20%,单井涌水量 500 ~4 800 m³/d。水头高于地表 10 m,最高达 65 m。矿化度为 43 ~486 g/L,水温一般为 30 ~60 ℃,隔水层为泥岩及砂质泥岩。

3. 第四系孔隙含水系统

柴达木盆地为大型新生代断陷盆地,古近系以来不断沉陷,堆积了巨厚的第四系河湖相沉积,总面积为 12.46 万 km²,成为青藏高原最大的松散孔隙含水系统的分布区。早更新统赛什腾山隆起和古近系发生褶皱,将盆地分隔出许多独立的次级盆地,北部次级盆地分布较多,规模中等;南部主要是昆仑山北麓的坳陷盆地,东西长近 500 km,规模大。盆地内,以主要河流为主线自山前到盆地中心,形成山前倾斜平原—冲积平原—湖积平原统一的孔隙含水系统;含水层岩性,由砾卵石层逐渐变为砂砾石层、含砾粗砂、中细砂层、粉砂、亚砂土和黏土;地下水埋藏条件也随之变化,在山前倾斜平原以上为单一潜水含水层,以下的冲积湖积平原,黏性土层数逐渐增加,变为多层结构的承压含水层;地下水由低矿化淡水逐渐变为微咸水和咸水,甚至盐卤水。

1)昆仑山北麓坳陷盆地孔隙含水系统

盆地呈 NWW 向展布,自尕斯库勒湖至察汗乌苏河,长近 800 km,自西向东主要注入河流有那陵格勒河、格尔木河、诺木洪河及香日德河,河流相距上百千米,各自形成相对独立的孔隙含水系统,与小型河流形成的孔隙含水系统共同组成盆地孔隙含水系统。

2)那陵格勒河孔隙含水系统

那陵格勒冲积扇是盆地内最大的冲洪积扇。洪积扇顶部基岩埋深 40 ~50 m,中、下部基岩埋深大于 300 m。含水层岩性主要为中、晚更新世砾卵石、含泥卵砾石及粗砂。洪积扇顶部含水层厚 20 m 左右,洪积扇中部含水层厚约 140 m,洪积扇下部含水层厚度大于 150 m,水位埋深 25 ~36.75 m,渗透系数为 2.08 ~7.66 m/d,矿化度为 0.63 ~0.76 g/L。

冲积平原较为宽阔,自洪积扇前缘向盆地中心,黏性土层逐渐增加,含水层粒度逐渐变细,为中粗砂层和细粉砂层,含水层由潜水转变为承压水,承压—自流水呈带状分布。

含水系统主要接受河流渗漏补给,河水出山后渗漏补给地下水,在洪积扇前缘大量泄出,汇集成泉集河,向北径流,汇入尾闾湖东西台吉乃尔湖。

3)格尔木洪积扇孔隙含水系统

格尔木洪积扇孔隙含水系统,含水层由中、晚更新世砂卵砾石层构成。山前倾斜平原中上部,受盆地边缘基底逆断裂影响,基底呈陡坎状阶梯,基底埋深变化较大,断层南侧,砂卵砾石层厚 60 ~ 87 m,潜水位埋深 40.74 ~ 79.16 m,断层北侧,砂卵砾石层厚大于 300 m,潜水位埋深近 170 m;断层两侧潜水位落差竟达 100 m 以上,形成地下跌水。自洪积扇顶到前缘,为唯一大厚度潜水含水层,含水层厚度约 200 m;潜水埋深逐渐变浅,到洪积扇前缘地下水以泉群的形式泄出,成为泉集河,汇入达布逊湖。

山前倾斜平原,为潜水分布区,含水层透水性好,径流迅速,地下水循环交替积极,受上游大厚度潜水的侧向补给,富水性强,水质好,矿化度小于 1 g/L。浅层水一般为潜水,含水层底板埋深在 40 m 左右,厚度较稳定。含水层岩性为砂砾石或含泥砂砾石,富水程度较高。

冲积平原,为承压含水分布区,含水层粒径变细,岩性为冲、湖积中砂、细砂和粉砂,黏性土层增加,具多层结构。上部潜水含水系统,含水层岩性为全新统冲、湖积砂砾石、中细砂、粉砂,潜水位埋深 2 ~ 5 m,含水层底板埋深最大 36 m,厚 8 ~ 35 m,渗透系数为 1 ~ 40 m/d。单井涌水量为 48 ~ 150 m³/d,矿化度为 1 ~ 7 g/L;其下为承压含水系统(淡水),含水层岩性为上更新统冲、湖积中砂、细砂和粉砂,埋深 36 ~ 291 m,含水层厚度大于 8 m,淡水主要分布在古河道内,最高水头高出地面 36.11 m。富水性较差,古河道附近,单井涌水量较大,最大为 576 m³/d。格尔木洪积扇水文地质剖面图见图 2-9。

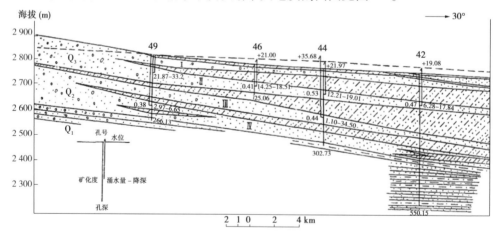

1—砂卵砾石;2—含砾砂层;3—中细砂;4—亚砂土;5—亚黏土;

6—砾岩;7—砂岩;8—泥岩;9—含水岩组代号

图 2-9　格尔木洪积扇水文地质剖面图

4）德令哈盆地孔隙含水系统

巴音河是德令哈盆地最大的内陆河，在德令哈市北麓流入盆地。含水层主要由中、上更新统冲洪积扇堆积形成，由卵砾石层、含泥砂砾石、中粗砂、亚砂土、亚黏土组成。

山前倾斜平原（洪积扇）为单一潜水分布区，潜水位埋深 68.03 ~ 98.28 m。冲湖积平原，承压—自流水分布于德令哈盆地中心地带，具多层结构，隔水顶板为泥砾、亚砂土、亚黏土等。巴音河下游冲湖积平原自流区，水头高出地面 7.9 ~ 8.9 m，渗透系数为 1.7 ~ 5.4 m/d，矿化度小于 0.5 g/L，水质良好。图 2-10 所示为巴音河下游横向水文地质剖面图，图 2-11 所示为德令哈水文地质剖面图。

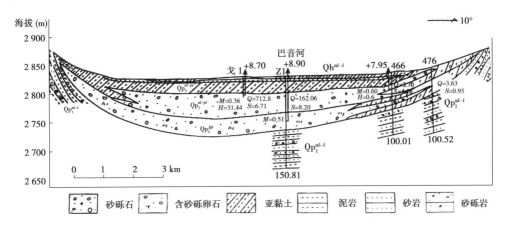

M—矿化度,g/L; Q—涌水量,m^3/d; S—降深,m; H—含水层厚,m

图 2-10　巴音河下游横向水文地质剖面图

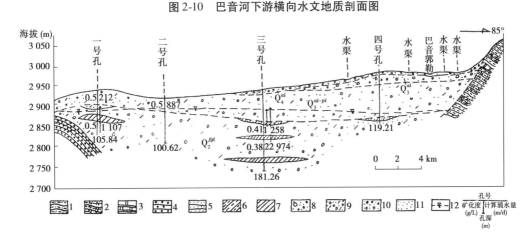

1—黑云片岩; 2—黑云斜长片麻岩; 3—白云大理岩; 4—砾石; 5—粉砂岩; 6—亚黏土;

7—黏土; 8—砂砾卵石; 9—含泥砂砾石; 10—砂砾岩; 11—细粉砂; 12—地下水位

图 2-11　德令哈水文地质剖面图

5）乌兰盆地孔隙含水系统

乌兰盆地是柴达木盆地中较大的次级含水盆地，汇入河流主要有都兰河、赛什克河，分别注入都兰湖、都兰河，年均径流量为 0.32 亿 m^3。

都兰河、赛什克河等冲洪积扇区为单层孔隙潜水分布区,含水层由上、中更新统冲洪积砾卵石、砂砾石等组成。地下水主要由山区河水渗漏补给,其次为暂时性洪水及基岩裂隙潜水补给,透水性强。都兰平原区水文地质剖面图见图2-12。

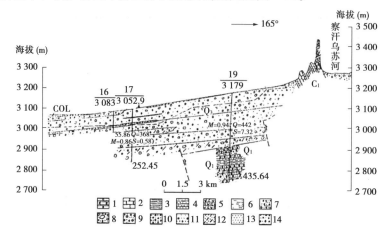

1—大理岩;2—灰岩;3—页岩;4—砂岩;5—英安岩;6—泥岩;7—砂砾岩;8—含漂石砂砾卵石;

9—砂砾卵石;10—砂砾石;11—含砾中细砂;12—亚砂土;13—粉细砂;14—碎石角砾

S—降深,m;Q—涌水量,m³/d;M—矿化度,g/L

图2-12　都兰平原区水文地质剖面图

上游河谷区含水层厚50～100 m,潜水位埋深小于50 m,矿化度在1 g/L左右。冲洪积扇中、上部,潜水位埋深2.01～52.84 m,砂砾卵石,含水层厚13.51～86.60 m,渗透系数为0.84～33.89 m/d,矿化度为0.21～1.37 g/L。湖沼平原区,含水层岩性为湖积粉细砂、淤泥质粉砂及含泥砂砾石,矿化度为3～5 g/L。

2.3　社会经济状况

2.3.1　青海省社会经济概况

2.3.1.1　人口及其分布概况

青海省是个多民族聚居的省份,包括汉族、藏族、回族、蒙古族、土族、撒拉族等54个民族。全省共辖1个地级市、1个地区和6个民族自治州,即西宁市、海东地区、海西蒙古族藏族自治州、海北藏族自治州、海南藏族自治州、黄南藏族自治州、玉树藏族自治州、果洛藏族自治州;辖46个县(市、区、行委),其中县30个,民族自治县7个,市辖区4个,县级市2个,县级行委3个;辖396个乡(镇)。根据2013年统计资料,全省总人口达到577.79万人,其中:城镇人口280.30万人,农村人口297.49万人,城镇化率48.5%,全省人口密度8人/km²,远远低于全国平均水平。由于受气候、地形、水土资源等条件的限制,青海省人口分布在区域上极不均衡,78.9%的人口分布在湟水流域,湟水流域是青海省人口密度最大的地区,其他地区仅占21.1%。

2.3.1.2　土地利用现状

根据2013年统计资料,青海省总耕地面积860.82万亩,农田有效灌溉面积358.87

万亩,林牧渔用水面积93.43万亩。林牧渔用水面积中林果灌溉面积77.30万亩、草场灌溉面积15.98万亩、鱼塘补水面积0.15万亩。

2.3.1.3　工农业生产概况

2013年青海省国内生产总值2 101.05亿元,其中:第一产业207.59亿元,第二产业1 204.31亿元,第三产业689.15亿元。工业增加值为16.08亿元,集中于火电行业。

农牧业体系中,农耕种植业主要分布在湟水流域、黄河沿岸、海南台地和柴达木绿洲区,以春小麦、油菜和马铃薯为主要作物;畜牧业主要分布在青南地区和青海湖流域区,以藏系羊和牦牛为主。工业体系中,形成以资源开发为主的水电、石油天然气、盐化和有色金属工业等四大支柱产业,冶金业、医药制造业、畜产品加工业和建材业等四大优势产业。

工业主要集中在西宁市和大通县桥头镇地区,产值占青海省工业总产值的69.8%。工业门类主要有钢铁、机械、建材、化工、毛纺、食品加工等。流域内蕴藏着丰富的矿产资源,主要有原煤、石英、石膏石、硫铁、铝、芒硝等。

2013年青海省粮食产量102.37万t,人均占有粮食177 kg,远低于全国平均水平,青海省粮食总产量分布图见附图5。粮食作物主要有小麦、马铃薯、豌豆、青稞、燕麦等,经济作物主要为油菜。牲畜总头数2 065.69万头,其中大牲畜484.65万头,小牲畜1 581.04万头。

2.3.2　湟水流域社会经济概况

2.3.2.1　人口及其分布概况

根据2013年统计资料,流域内总人口370.39万人,其中城镇人口为191.55万人,农村人口为178.84万人,城市化率为51.7%,人口密度229人/km²,是青海省人口密度最大的地区。湟水流域为多民族聚居地区,有30多个民族,少数民族人口占总人口的22.9%。

流域人口分布受气候、地形、水土资源和城镇的影响,主要集中在西宁市和大通、乐都、民和等县城及川水地区。最上游的海晏县人口密度最小,仅11人/km²,西宁市达2 690人/km²,下游的民和县为213人/km²。

2.3.2.2　土地利用现状

截至2013年,湟水流域共有耕地面积537.02万亩,农田有效灌溉面积170.51万亩,林牧渔用水面积18.11万亩(均为林果灌溉)。

2.3.2.3　工农业生产概况

2013年流域内国民生产总值达到1 200.35亿元,占青海省国内生产总值的57.1%,其中第一产业88.20亿元、第二产业609.10亿元、第三产业503.05亿元,工业增加值为9.81亿元。工业主要集中在西宁和大通。工业门类主要有钢铁、机械、建材、化工、毛纺、食品加工等。流域内蕴藏着丰富的矿产资源,主要有原煤、石英、石膏石、硫铁、铝、芒硝等。2013年湟水流域粮食产量72.76万t,人均占有粮食196 kg,粮食作物主要有小麦、马铃薯、豌豆、青稞、燕麦等,经济作物主要为油菜。牲畜总头数435.59万头,其中大牲畜66.58万头,小牲畜369.01万头。

2.3.3　黄河干流谷地社会经济概况

2.3.3.1　人口及其分布概况

黄河谷地位于青海省东部,主要指贵德以下至青甘交界处的黄河干流沿岸地区,包括黄南州所辖的同仁县、尖扎县,海南地区行署管辖的化隆县、循化县、民和县和海北州的刚察县,是青海省境内仅次于湟水流域的第二大人口密集区,人口密度20人/km²。居住着汉族、藏族、回族、撒拉族、土族等民族,该区域内分布有人口98.82万人,占全省人口的17.1%,其中城镇人口为31.08万人,农村人口为67.74万人,城市化率为31.5%。

2.3.3.2　土地利用现状

青海东部黄河谷地位于黄土高原和青藏高原的交会地带,有着十分重要的土地资源。根据2013年统计资料,该区域共有耕地面积185.19万亩,农田有效灌溉面积55.01万亩,林牧渔用水面积14.13万亩(主要为林果灌溉、草场灌溉、鱼塘补水)。

2.3.3.3　工农业生产概况

黄河谷地2013年区内国民生产总值达到260.94亿元,占青海省国内生产总值的12.4%,其中第一产业57.87亿元、第二产业132.04亿元、第三产业71.03亿元,工业增加值为2.08亿元。工业主要集中在同仁县、贵德县、循化县、尖扎县、化隆县和民和县。工业门类主要有冶金、机械制造、食品加工等。区域内蕴藏着丰富的矿产资源,主要有铜、铁、铅、锌、镍、沙金、砷、石灰石等矿种。2013年粮食产量17.37万t,粮食作物主要有小麦、马铃薯、青稞等,经济作物主要为油菜。区域内牲畜总头数435.59万头,其中大牲畜198.09万头,小牲畜237.5万头。

2.3.4　柴达木盆地社会经济概况

2.3.4.1　人口及其分布概况

海西州现辖2市(格尔木、德令哈)3县(都兰、乌兰、天峻)3个行政委员会(茫崖、冷湖、大柴旦),共41个乡镇。柴达木盆地是以藏族、蒙古族为少数民族主体的民族自治地区,藏族、蒙古族人口占总人口的16%,主要从事牧业;占总人口绝大部分的汉族人口是20世纪50年代以后伴随着柴达木盆地的开发而迁移来的,主要集中在城镇和农场。

柴达木盆地2013年分布有人口48.12万人,仅占全省人口的8.3%,其中城镇人口为37.64万人,农村人口为10.48万人,城市化率高达78.2%。格尔木市人口最多,占柴达木盆地总人口的45.1%;其次是德令哈市,两市总人口约占柴达木盆地总人口的60%,城镇人口占柴达木盆地城镇人口的68.6%。农村人口主要分布于都兰县、德令哈市、格尔木市和乌兰县,四个市(县)的农业人口占柴达木盆地农业人口的99.8%。

2.3.4.2　土地利用现状

根据2013年统计资料,柴达木盆地共有耕地面积56.11万亩,农田灌溉面积46.76万亩,林牧渔用水面积34.41万亩(主要为林果灌溉、草场灌溉、鱼塘补水)。

2.3.4.3　工农业生产概况

改革开放以来,特别是西部大开发以来,柴达木盆地紧紧抓住机遇,依托资源和政策优势,努力改善投资环境,加大招商引资力度,建成或开工建设了一大批具有地方特色的工业项目,形成了具有海西特色的工业体系,形成了以石油天然气、电力、有色金属、盐化工和煤炭开采加工为主的支柱产业。工业已成为拉动海西州国民经济增长的主导产业。根据 2013 年统计资料,柴达木盆地国内生产总值(GDP)达 491.02 亿元,占青海省国内生产总值的 23.4%,其中第一产业 18.95 亿元、第二产业 384.78 亿元、第三产业 87.29 亿元,工业增加值为 4.19 亿元。粮食产量 7.45 万 t,粮食作物主要有小麦、枸杞、青稞等,经济作物主要为油菜。盆地内牲畜总头数 155.48 万头,其中大牲畜 8.71 万头、小牲畜 146.77 万头。

2.4　水资源开发利用现状

2.4.1　青海省水资源开发利用现状

2.4.1.1　地表水资源量

全省 1956 ~ 2000 年多年平均径流量 611.2 亿 m³,折合径流深 85.6 mm,青海省多年平均径流深等值线图(1956 ~ 2000 年)见附图 6。黄河流域 206.8 亿 m³,长江流域 179.4 亿 m³,西南诸河 108.9 亿 m³,西北诸河 116.1 亿 m³。全省不同频率的地表水资源量分别为:丰水年($P = 20\%$)705.3 亿 m³,平水年($P = 50\%$)602.1 亿 m³,偏枯年($P = 75\%$)528.7 亿 m³,枯水年($P = 95\%$)437.1 亿 m³。其中,外流区地表水资源量 495.1 亿 m³,占全省地表水资源量的 81%,内陆区地表水资源量 116.1 亿 m³,占全省地表水资源量的 19%。从年际变化来看,黄河干流自上游至下游,变化幅度逐渐加大。如河源至玛曲,C_v 值仅 0.24,玛曲至龙羊峡区间上升到 0.29,龙羊峡至兰州区间达到 0.38。

2.4.1.2　地下水资源量

1. 山丘区地下水资源量

青海省 1980 ~ 2000 年多年平均山丘区地下水资源量为 266.65 亿 m³。按流域分区,黄河流域为 90.15 亿 m³、长江流域为 71.24 亿 m³、澜沧江流域为 45.84 亿 m³、西北诸河为 59.42 亿 m³。按行政分区,西宁市为 6.21 亿 m³、海东地区为 6.96 亿 m³、海北藏族自治州为 22.80 亿 m³、黄南藏族自治州为 15.47 亿 m³、海南藏族自治州为 10.68 亿 m³、海西蒙古族藏族自治州为 48.65 亿 m³、果洛藏族自治州为 53.34 亿 m³、玉树藏族自治州为 102.54 亿 m³。

2. 平原区地下水资源量

青海省 1980 ~ 2000 年多年平均平原区地下水总资源量采用总补给量法,即 47.06 亿 m³,按流域分区,黄河流域为 4.55 亿 m³、西北诸河为 42.51 亿 m³。按行政分区,西宁市为 3.27 亿 m³、海东地区为 0.27 亿 m³、海西蒙古族藏族自治州为 31.74 亿 m³、海北藏族自治州为 4.43 亿 m³、海南藏族自治州为 7.35 亿 m³。

3. 地下水资源总量

青海省 1980 ~ 2000 年多年平均地下水资源总量为 281.6 亿 m³。其中,山丘区地下水资源量为 266.65 亿 m³、平原区地下水资源量为 47.06 亿 m³,平原区与山丘区地下水之间重复计算量为 32.11 亿 m³。

2.4.1.3　水资源总量

青海省水资源总量 629.3 亿 m³。其中黄河流域 208.5 亿 m³，占水资源总量的 33.1%；长江流域 179.4 亿 m³，占水资源总量的 28.5%；西南诸河 108.9 亿 m³，占水资源总量的 17.3%；西北诸河 132.5 亿 m³，占水资源总量的 21.1%。青海湖水资源总量 23.27 亿 m³（地表水 16.70 亿 m³）。全省平均产水模数 8.8 万 m³/(km²·年)，黄河流域产水模数 13.7 万 m³/(km²·年)，长江流域产水模数 11.3 万 m³/(km²·年)，西南诸河产水模数 29.4 万 m³/(km²·年)，西北诸河产水模数 3.6 万 m³/(km²·年)。最大产水模数为大渡河，为 31.0 万 m³/(km²·年)；最小产水模数为柴达木盆地西区，仅为 1.8 万 m³/km²。

青海省不同频率的水资源总量分别为：丰水年(P=20%)731.22 亿 m³，平水年(P=50%)618.58 亿 m³，偏枯年(P=75%)539.92 亿 m³，枯水年(P=95%)441.75 亿 m³。

2013 年青海省水资源总量为 645.61 亿 m³，属偏丰年份，比多年均值偏大 2.6%。地表水资源量为 629.54 亿 m³，比多年均值偏大 3%；地下水资源量与地表水资源量重复计算的水量为 266.46 亿 m³，比多年均值偏小 5.4%。

2.4.1.4　现状年流域供用水

根据青海省统计资料，青海省 2013 年总供水量为 28.55 亿 m³。地表水源供水量为 24.66 亿 m³，其中，蓄水量为 3.56 亿 m³、引水量为 18.29 亿 m³、提水量为 2.81 亿 m³；地下水源供水量为 3.78 亿 m³，均为浅层水；其他水源供水量为 0.11 亿 m³，其中污水处理回用量为 0.06 亿 m³、雨水利用量为 0.05 亿 m³。

青海省 2013 年总用水量为 28.20 亿 m³，其中地下水用水量为 3.78 亿 m³。总用水量中农田灌溉用水量为 16.37 亿 m³，其中水浇地用水量为 14.27 亿 m³、菜田用水量为 2.10 亿 m³；林牧渔畜用水量为 6.40 亿 m³，其中林果灌溉用水量为 4.71 亿 m³、草场灌溉用水量为 0.52 亿 m³、鱼塘补水用水量为 0.01 亿 m³、牲畜用水量为 1.16 亿 m³；工业用水量为 2.93 亿 m³，其中火(核)电循环式用水量为 0.16 亿 m³、国有及规模以上用水量为 2.28 亿 m³、规模以下用水量为 0.49 亿 m³；城镇公共用水量为 1.04 亿 m³，其中建筑业用水量为 0.17 亿 m³、服务业用水量为 0.87 亿 m³；居民生活用水量为 1.24 亿 m³，其中城镇用水量为 0.81 亿 m³、农村用水量为 0.43 亿 m³；生态环境用水量为 0.22 亿 m³，均为城镇环境用水量。

2.4.2　湟水流域水资源开发利用现状

2.4.2.1　地表水资源量

湟水流域多年平均地表水资源量 50.99 亿 m³，折合径流深 155.2 mm。其中湟水干流 21.99 亿 m³，折合径流深 123.89 mm；大通河 29.0 亿 m³，折合径流深 192.0 mm。

湟水流域地表水资源量的年内分配不均匀，湟水流域 5~9 月地表水量最多，5 个月的地表水量占全年的 57.9%~73.6%。最大径流量多出现在 8 月，占全年径流量的 14.2%~18.9%；最小径流量多出现在 1 月，仅占全年径流量的 1.9%~4.3%；连续最大 4 个月径流量占年径流量的 49.3%~65.0%。

河川径流主要集中于 6~9 月，4 个月的径流量占全年径流量的 55% 左右，3~6 月为湟水的灌溉季节,由于大量引水灌溉,历年实测的最小流量多出现在这几个月,有些支流甚至呈现断流的状态,干流也有断流现象。

2.4.2.2　地下水资源量

湟水流域地下水资源量(矿化度小于 2 g/L)1980 ~ 2000 年平均为 23.64 亿 m^3,其中山丘区 21.36 亿 m^3、平原区 3.30 亿 m^3,山丘区与平原区重复计算量 1.02 亿 m^3。地下水与地表水资源之间的重复计算量 22.51 亿 m^3。

地下水资源分布特征主要受各地的水利工程、灌溉方式、开发利用程度、水文地质条件的制约。总地来说,平原区地下水资源模数在地区分布上变化较大,三个水资源三级区地下水资源模数都较大。小峡—民和北岸地下水资源模数最大,为 77.09 万 $m^3/(km^2 \cdot 年)$;其次为北川河,为 72.15 万 $m^3/(km^2 \cdot 年)$;石崖庄—小峡最小,仍高达 43.80 万 $m^3/(km^2 \cdot 年)$。地下水资源模数较大的地区主要集中在城市周围和山前平原区。城市周围主要分布着灌区,河道渗漏补给量、渠系渗漏补给量和渠灌田间入渗补给量较大,使该地区地下水资源较丰富;山前平原区主要是降水入渗补给量、山前侧向补给量和河道渗漏补给量较大,使其地下水资源模数亦较大。

2.4.2.3　水资源总量

湟水流域多年平均水资源总量 52.11 亿 m^3,其中地表水资源量 50.99 亿 m^3、不重复地下水资源量 1.12 亿 m^3。

湟水流域 1956 ~ 2009 年平均降水量 161.7 亿 m^3(折合降水深 492.1 mm),有约 32% 形成流域水资源量即 52.11 亿 m^3,有 68% 消耗于地表水体、植被和土壤的蒸散发以及潜水蒸发。降水量的 31% 形成了地表径流量即 50.99 亿 m^3(折合径流深 155.2 mm),有 14% 的降水量即 21.74 亿 m^3(折合降水深 66.1 mm)作为降水入渗补给量补给浅层地下水,其中有 20.62 亿 m^3 以地下径流形式补给河道(河川基流量),与地表径流组成河川径流量(地表水资源量)。湟水流域面积占黄河流域总面积的 3.95%;地表水资源量占黄河流域的 8.58%,年人均径流量 1 435 m^3/人,为黄河流域(年人均径流量 544 m^3/人)的 2.64 倍;亩均径流量 284 m^3/亩,高出黄河流域(亩均径流量 244 m^3/亩)14.1%;水资源总量占黄河流域的 7.37%;人均水资源量 1 467 m^3/人,高出黄河流域 2.08 倍。亩均水资源量 290 m^3/亩,低于黄河流域(亩均水资源量 294 m^3/亩)。

2.4.2.4　现状年流域供用水

根据统计资料,湟水流域 2013 年总供水量为 9.17 亿 m^3。地表水源供水量为 7.22 亿 m^3,其中引水量为 6.10 亿 m^3、提水量为 1.12 亿 m^3;地下水源供水量为 1.92 亿 m^3,均为浅层水;其他水源供水量为 0.03 亿 m^3,主要是雨水利用。

湟水流域 2013 年总用水量为 9.22 亿 m^3,其中地下水为 1.92 亿 m^3。总用水量中农田灌溉用水量为 5.35 亿 m^3,其中水浇地为 4.12 亿 m^3、菜田 1.23 亿 m^3;林牧渔畜用水量为 0.82 亿 m^3,其中林果灌溉用水量为 0.56 亿 m^3、牲畜用水量为 0.26 亿 m^3;工业用水量为 1.36 亿 m^3,其中火(核)电循环式用水量为 0.12 亿 m^3、国有及规模以上用水量为 0.92 亿 m^3、规模以下用水量为 0.32 亿 m^3;城镇公共用水量为 0.80 亿 m^3,其中建筑业用水量为 0.15 亿 m^3、服务业用水量为 0.65 亿 m^3;居民生活用水量为 0.75 亿 m^3,其中城镇用水量为 0.53 亿 m^3、农村用水量为 0.22 亿 m^3;生态环境用水量为 0.14 亿 m^3,均为城镇环境用水量。

2.4.3 黄河干流谷地水资源开发利用现状

2.4.3.1 地表水资源量

根据 1956～2000 年天然年径流量,黄河干流谷地多年平均地表水资源量 137.12 亿 m³。不同频率的地表水资源量分别为:丰水年($P = 20\%$)163.06 亿 m³,平水年($P = 50\%$)133.20 亿 m³,偏枯年($P = 75\%$)113.34 亿 m³,枯水年($P = 95\%$)90.52 亿 m³。

从年际变化来看,黄河干流自上游至下游,变化幅度逐渐加大。如河源至玛曲,C_v 值仅 0.24,玛曲至龙羊峡区间上升到 0.29,龙羊峡至兰州达到 0.38。

2.4.3.2 地下水资源量

黄河干流谷地 1980～2000 年多年平均地下水资源总量为 59.44 亿 m³。地下水资源量与地表水资源量间重复计算量 59.09 亿 m³。

2.4.3.3 水资源总量

黄河干流谷地多年平均水资源总量 137.58 亿 m³,其中山丘区水资源量 134.62 亿 m³、平原区水资源量 2.96 亿 m³。产水模数 13.1 万 m³/(km²·年)。

不同频率的水资源总量分别为:丰水年($P = 20\%$)166.16 亿 m³,平水年($P = 50\%$)132.69 亿 m³,偏枯年($P = 75\%$)110.91 亿 m³,枯水年($P = 95\%$)86.74 亿 m³。

2013 年黄河干流谷地水资源总量为 149.57 亿 m³,属偏丰年份,比多年均值偏大 8.7%;地表水资源量为 149.19 亿 m³,比多年均值偏大 8.8%;黄河干流谷地多年平均地下水资源总量 63.51 亿 m³,比多年均值偏大 6.8%。

2.4.3.4 现状年流域供用水

根据青海省统计资料,黄河干流谷地 2013 年总供水量为 5.56 亿 m³。地表水源供水量为 5.41 亿 m³,其中蓄水量为 1.03 亿 m³、引水量为 3.44 亿 m³、提水量为 0.94 亿 m³;地下水源供水量为 0.13 亿 m³,均为浅层水;其他水源供水量为 0.02 亿 m³,均为雨水利用。

青海省黄河干流谷地 2013 年总用水量为 5.17 亿 m³,其中地下水为 0.13 亿 m³。总用水量中农田灌溉用水量为 3.74 亿 m³,其中水浇地用水量为 3.14 亿 m³、菜田用水量为 0.60 亿 m³;林牧渔畜用水量为 0.97 亿 m³,其中林果灌溉用水量为 0.39 亿 m³、草场灌溉用水量为 0.1 亿 m³、鱼塘补水用水量为 0.01 亿 m³、牲畜用水量为 0.47 亿 m³;工业用水量为 0.09 亿 m³,其中国有及规模以上用水量为 0.07 亿 m³、规模以下用水量为 0.02 亿 m³;城镇公共用水量为 0.09 亿 m³,其中建筑业用水量为 0.01 亿 m³、服务业用水量为 0.08 亿 m³;居民生活用水量为 0.26 亿 m³,其中城镇用水量为 0.12 亿 m³、农村用水量为 0.14 亿 m³;生态环境用水量为 0.02 亿 m³,均为城镇环境用水量。

2.4.4 柴达木盆地水资源开发利用现状

2.4.4.1 地表水资源量

根据 1956～2000 年天然年径流量,柴达木盆地地表水资源量多年平均值为 44.40 亿 m³。不同频率的地表水资源总量分别为:丰水年($P = 20\%$)51.30 亿 m³,平水年($P = 50\%$)43.87 亿 m³,偏枯年($P = 75\%$)38.45 亿 m³,枯水年($P = 95\%$)31.49 亿 m³。柴达木盆地径流系数为 0.13,西北诸河中最小的。柴达木盆地入境水量为 2.87 亿 m^3,无出境水量。

2.4.4.2　地下水资源量

根据 1980 ~ 2000 年统计资料,柴达木盆地多年平均地下水资源总量为 37.2 亿 m^3,地下水资源量与地表水资源量间重复计算量 28.8 亿 m^3。

2.4.4.3　水资源总量

柴达木盆地水资源总量 52.70 亿 m^3,其中山丘区水资源总量为 49.94 亿 m^3、平原区水资源总量为 2.76 亿 m^3,产水模数为 2.0 万 $m^3/(km^2 \cdot 年)$。不同频率的水资源量分别为:丰水年(P = 20%)61.14 亿 m^3,平水年(P = 50%)52.03 亿 m^3,偏枯年(P = 75%)45.40 亿 m^3,枯水年(P = 95%)36.92 亿 m^3。

2013 年柴达木盆地水资源总量为 50.08 亿 m^3,属偏枯年份,比多年均值偏小 5%;地表水资源量为 42.54 亿 m^3,比多年均值偏小 4.2%;柴达木盆地多年平均地下水资源总量 38.01 亿 m^3,比多年均值偏大 2.2%。

2.4.4.4　现状年流域供用水

根据统计资料,柴达木盆地 2013 年总供水量为 11.08 亿 m^3。地表水源供水量为 9.35 亿 m^3,其中蓄水量为 2.43 亿 m^3、引水量为 6.62 亿 m^3、提水量为 0.30 亿 m^3;地下水源供水量为 1.67 亿 m^3,均为浅层水;其他水源供水量为 0.06 亿 m^3,为污水处理回用。

柴达木盆地 2013 年总用水量为 11.08 亿 m^3,其中地下水用水量为 1.67 亿 m^3。总用水量中农田灌溉用水量为 5.9 亿 m^3,其中水浇地用水量为 5.63 亿 m^3、菜田用水量为 0.27 亿 m^3;林牧渔畜用水量 3.41 亿 m^3,其中林果灌溉用水量为 3.11 亿 m^3、草场灌溉用水量为 0.24 亿 m^3、鱼塘补水用水量为 0.01 亿 m^3、牲畜用水量为 0.05 亿 m^3;工业用水量为 1.46 亿 m^3,其中火(核)电循环式用水量为 0.03 亿 m^3、国有及规模以上用水量为 1.29 亿 m^3、规模以下用水量为 0.14 亿 m^3;城镇公共用水量为 0.12 亿 m^3,其中建筑业用水量为 0.01 亿 m^3、服务业用水量为 0.11 亿 m^3;居民生活用水量为 0.14 亿 m^3,其中城镇用水量为 0.12 亿 m^3、农村用水量为 0.02 亿 m^3;生态环境用水量为 0.05 亿 m^3,均为城镇环境用水量。

综上所述,青海省在地理位置、气候环境、水资源分布状况、土壤特性、土壤覆盖变迁、地表水与地下水相互转化、水资源开发利用以及社会经济状况等方面均具有明显的特点和代表性。其中湟水流域、黄河干流谷地、柴达木盆地三大灌区都属于典型的大陆性气候,降雨量稀少、蒸发强烈;土地资源丰富、雨热同期、光照条件充足,适宜发展农业;灌区内特殊的农业灌溉条件和灌溉模式决定了区域农业灌溉耗水量及耗水系数具有明显的特点和代表性,具有重要的研究价值和指导意义。

第3章　灌区农业耗水系数现场试验方法与模拟原理

耗水量指在输水、用水过程中,消耗掉而不能回归到地表水体或地下含水层的水量,不仅受降水、灌溉、渗漏、地下水等因素的影响,而且区域水文地质、土壤物理特性和农业种植结构、种植制度、用水管理、渠系工程等自然和人为因素,也极大地影响着耗水量的测算。通过对各种方法的适用范围、研究尺度、平衡要素和数据获得难易程度等因素的对比分析和综合研判,本书从流域水资源管理角度出发,采用引排差法、点面结合、观测与调查相结合、典型研究与综合分析相结合的方法,从土体、地块和灌区等三个尺度上开展农田灌溉"消耗"和"非消耗"水观测试验、耗水系数计算。同时,将采用 SWAT 模型和 VSMB 模型开展典型灌区和典型地块的水循环模拟,并通过蒸渗仪物理模型开展灌溉水下渗模拟试验。

3.1　耗水量基本概念

近年来众多学者在不同时空尺度、水分循环过程、耗水结构和对象水源等方面进行了研究,从不同角度对耗水量概念的内涵进行了界定。研究的空间尺度有流域、行政区、工业用水区、灌区和地块等,对包括降水、地表水、地下水、土壤水和再生水等不同水源在取用水过程中的损失途径、消耗驱动因素及空间异质性对耗水量的影响等问题进行了研究,但在流域尺度上对水量消耗的理解尚未取得统一认识。

《黄河水资源公报》(2013 年)提出地表水耗水量是指地表水取水量扣除其回归到黄河干、支流河道后的水量;《水资源公报编制规程》(GB/T 23598—2009)明确用水消耗量指在输水、用水过程中,通过蒸腾蒸发、土壤吸收、产品吸附、居民和牲畜饮用等多种途径消耗掉,而不能回归至地表水体和地下饱和含水层的水量;国际水管理研究院(IWMI)提出的消耗水量指研究区域内的水被使用或排出后不可再利用或不适宜再利用的水量。上述三种提法的主要区别是灌溉水深层渗漏及排入河道不可利用的废污水是否计入消耗。

从流域水资源管理和流域水循环的角度,朱发昇等、肖素君等、贾仰文等、井涌提出了与 GB/T 23598—2009 相似的概念,各研究间的差异:一是水资源循环要素和耗水对象;二是回归水重复利用量;三是地表滞水量;四是灌溉入渗水通过地下潜流回归河道水量。从灌区需耗水机制及水循环角度,蔡明科等、秦大庸等、丛振涛等、赵凤伟等提出了与 GB/T 23598—2009 相似的概念,各研究间的差异:一是输用水过程中对损失和消耗的界定;二是对耗用水性质的划分;三是潜水蒸发因素。董斌等介绍了国际水管理研究院水量平衡理论的耗水量概念,邢大伟等提出了与 GB/T 23598—2009 和国际水管理研究院水量平衡理论相似的概念,研究差异表现为水平衡要素不同。

根据加强流域水资源管理、落实最严格水资源管理制度的要求,流域耗水量的含义为:在特定的社会经济单元,因经济、生态、环境和社会发展需要,水资源在取水—输水—用水—排水—回归等循环过程中,消耗掉而不能回归河道,或回归后不能或不宜再利用的水量。

3.2 流域耗水评价体系及模型构建

3.2.1 流域耗水评价体系

流域耗水评价体系构建原则:一是从流域水资源管理的角度,将用水总量、用水效率和入河湖排污总量作为整体纳入评价体系,并通过指标分层揭示流域水资源利用、消耗和配置情况;二是根据重要性原则,选择流域水资源消耗的关键要素构建指标体系,排除次要因素和特征;三是依据指标间的关联进行分级,确保上层指标组合的合理性。根据上述原则,流域耗水评价体系分为流域耗水指数、流域耗水系数和细化指标层三层。

第一层为流域耗水指数,是反映全流域水资源利用效率的综合指标。它包括流域内耗水量、流域外调水量、河道生态环境与输沙入海水量、入河湖排污量4项。2013年,黄河总耗水量为426.75亿 m³,其中地表水耗水量331.87亿 m³,占总耗水量的77.8%;地下水耗水量94.88亿 m³,占总耗水量的22.2%。总耗水量中流域内耗水319.11亿 m³,占总耗水量的74.8%;流域外耗水107.64亿 m³,占总耗水量的25.2%。2013年黄河入海水量232.10亿 m³,全流域废污水排放量为43.75亿 t。流域耗水指数评价指标中,流域外调水量、河道生态环境与输沙入海水量、入河湖排污量三项从流域角度可视为全耗。随着用水管理不断加强,入河湖排污量所占权重趋于零,河道生态环境与输沙入海水量权重将得到合理修正。

第二层为流域耗水系数,是反映流域内水资源有效利用程度的指标。它主要包括用水利用系数、渗漏系数、退水系数、蓄水量变系数、废污水排放率和回归水重复利用率6项。国务院批准的"八七"黄河分水方案、流域各省水资源管理"三条红线"细化分解方案、黄河水量年度调度方案控制指标、批准的取水许可指标等作为相关参数计算的约束条件。

第二层可进一步分解为细化指标层。用水利用系数分解为灌溉定额、降水入渗补给系数、给水度、潜水蒸发系数、水面蒸发强度、作物系数等;渗漏系数分解为渠道渗漏系数、田间渗漏系数和输配水损失率等,又可分解为渗漏补给深层地下水系数和渗漏水排泄补给河川径流系数;退水系数包括因工程设计因素导致的退水系数和用水管理因素导致的退水系数;蓄水量变系数分解为土壤水、地下水和地表水蓄水量变系数等。

3.2.2 流域耗水系数模型构建

2013年,黄河流域内农业灌溉、工业、林牧渔畜、居民生活、生态环境和城镇公共耗水所占比例分别为67.8%、12.4%、6.9%、6.4%、4.1%、2.4%。根据流域耗水系数评价指标体系,结合各行业水资源利用特点,建立流域耗水系数计算模型,表达式为

$$K = \frac{\sum_{i=1}^{n}\sum_{j=1}^{m} W_{wr}}{\sum_{i=1}^{n}\sum_{j=1}^{m} W_{cw}} \tag{3-1}$$

式中:K 为流域耗水系数;W_{wr} 为各行业或各省(区)总耗水量;W_{cw} 为各行业或各省(区)总取水量。

总耗水量按行业分类,可按下述公式计算:

$$W_{wr} = W_{ag} + W_{fa} + W_{in} + W_{up} + W_{lr} + W_{en} \tag{3-2}$$

式中:W_{ag} 为农业灌溉耗水量;W_{fa} 为林牧渔畜耗水量;W_{in} 为工业耗水量;W_{up} 为城镇公共耗水量;W_{lr} 为居民生活耗水量;W_{en} 为生态环境耗水量。

3.2.2.1 农业灌溉耗水

影响农业灌溉耗水的因素主要有气象条件、土壤质地、地下水埋深、灌区类型、灌水技术、灌区地理位置、灌区规模、灌溉工程状况、耗水对象结构、拦截和调出水量以及用水水平等。

水量均衡方程表示在一定时段内,来水量等于耗水量、排水量和蓄水变量三者之和,表达式为

$$W_i = W_{ag} + W_d \pm \Delta W_p \tag{3-3}$$

式中:W_i 为来水量;W_d 为排水量;ΔW_p 为蓄水变量。

该方程为研究区水量平衡的理论基础,由于各参数间的内在关联,因此水均衡计算是一个循环迭代的过程。下面对方程中包含的四项进行分解计算。

1. 来水量

作为社会水循环的始端,研究时段来水量为降水量、地表水和地下水资源量(流入、自产和调入)之和,表达式为

$$W_i = P_r + W_a + W_e + W_f \tag{3-4}$$

式中:P_r 为降水量;W_a 为总入境水量,包括流入研究区的地表水和地下水资源量;W_e 为研究区当地自产水资源总量,包括地表水和地下水资源量;W_f 为研究区外调入区内的地表水和地下水资源量。

2. 耗水量

研究时段耗水量包括植物蒸腾量、产品吸附带走水量、蒸发量、浸润损失量、地表截流量、深层渗漏量、受污染水量和蓄水变量等项,表达式为

$$W_{ag} = EF_c + W_{pa} + E_w + V_c + W_{fs} + W_{fc} + W_{vs} \tag{3-5}$$

式中:EF_c 为植物蒸腾耗水量;W_{pa} 为产品吸附带走水量;E_w 为渠系和田间水面蒸发量;V_c 为渠道土壤浸润损失量;W_{fs} 为湖塘窖井地表截流量;W_{fc} 为渠系和田间深层渗漏补给地下水量;W_{vs} 为回归河道的受污染水量。

植物蒸腾耗水量 EF_c 的表达式为

$$EF_c = ET_{oc} - P_c - EG_c + \Delta W_s \tag{3-6}$$

式中:ET_{oc} 为 c 种作物耗水量;P_c 为 c 种作物生育期有效降水量;EG_c 为 c 种作物生育期地下水利用量;ΔW_s 为土壤水蓄变量。

c 种作物生育期地下水利用量 EG_c 可通过浅层地下水平衡模型计算,表达式为

$$EG_c = P_r + W_{fc} - W_{pd} - E_g - \mu A_i \Delta Z + \Delta F_x + \Delta V_r \qquad (3-7)$$

式中:W_{pd} 为地下水开采量;E_g 为潜水蒸发量;μ 为给水度;A_i 为计算区域面积;ΔZ 为地下水位变化量;ΔF_x 为侧向入渗补给地下水量;ΔV_r 为河道与地下水补排量。

潜水蒸发量 E_g 的表达式为

$$E_g = k_d E_o A_d \qquad (3-8)$$

式中:k_d 为潜水蒸发系数;E_o 为水面蒸发强度;A_d 为潜水埋深小于潜水蒸发极限深度的面积。

渠系和田间水面蒸发量 E_w 的表达式为

$$E_w = E_p T k_p A_e \qquad (3-9)$$

式中:E_p 为蒸发皿蒸发强度;T 为通水时间;k_p 为蒸发皿蒸发强度换算系数;A_e 为计算面积。

渠系和田间深层渗漏补给地下水量 W_{fc} 的表达式为

$$W_{fc} = \beta_g W_h \qquad (3-10)$$

式中:β_g 为渠系和田间深层渗漏补给地下水系数;W_h 为灌溉水量。

渠道土壤浸润损失量 V_c 的表达式为

$$V_c = \left[(1 - \eta_c) W_{cd} - E_{cw} \right] - (\beta_c + \beta_f) W_v \qquad (3-11)$$

式中:η_c 为渠系水利用系数;W_{cd} 为渠道引水总量;E_{cw} 为渠道蒸发;β_c 为渗漏补给地下水系数;β_f 为渗漏补给河川径流系数;W_v 为渠道渗漏量。

3. 排水量

研究时段内排水量包括退水量、渗漏水回归河道水量、调出水量等,表达式为

$$W_d = W_{bv} + W_{ff} + W_{bf} + W_{to} + W_{si} \qquad (3-12)$$

式中:W_{bv} 为渠系和田间退水回归河道水量;W_{ff} 为渠系和田间渗漏水回归河道水量;W_{bf} 为渠道排洪水量;W_{to} 为调出水量;W_{si} 为河道生态环境用水量。

4. 蓄水变量

研究时段内蓄水变量为土壤水、地表水和地下水蓄水变量之和,表达式为

$$\Delta W_p = \Delta W_s + \Delta W_f + \Delta W_d \qquad (3-13)$$

式中:ΔW_f 为地表水蓄水变量;ΔW_d 为地下水蓄水变量。

3.2.2.2 林牧渔畜耗水

林果地和草场灌溉耗水量与农业耗水量计算方法相同,牲畜耗水量按用水定额和调查确定的耗水率计算,渔业耗水量按鱼塘补水面积和单位面积补水定额计算。

3.2.2.3 工业、城镇公共和居民生活耗水

工业、城镇公共和居民生活 3 项耗水计算方法相同。其耗水量指输水、生产过程中损耗、产品带走、厂区环境和生活等消耗的水量,为生产生活耗水量、未处理废污水排放量和输水损失量三者之和。

3.2.2.4 生态环境耗水

生态环境耗水主要包括湖泊、沼泽、湿地补水和清洁洒水、绿化灌溉等。湖泊、沼泽、湿地耗水量按蒸发和降水差额计算;城镇清洁洒水按用水总量计算;绿化灌溉用水量等于

耗水量,按绿化面积和灌溉定额计算。

3.3　引排差法在农业灌溉耗水系数中的应用原理

3.3.1　农田耗水量基本性质

农田耗水量是指灌区水资源循环过程中的流失量,主要包括植株蒸腾量、株间蒸发量和田间渗漏量。植株蒸腾量和株间蒸发量取决于气象条件、作物特性、土壤性质和农业技术措施等因素,田间渗漏量与土壤性质、水文地质条件等因素有关。田间蒸发蒸腾量可用下列水量平衡方程表示:

$$ET = (M + P + M_d + M_q) - (W_p + W_d) \pm \Delta W_{dd} \tag{3-14}$$

式中:ET 为蒸发蒸腾量;M 为灌区渠道引水量;P 为降水量;M_d 为地下水侧向补给量;M_q 为灌区外地表水进入量;W_p 为地表排水量;W_d 为地下水排泄/补给量;ΔW_{dd} 为时段内土壤含水量变化量。

在上述参数中,植株蒸腾量和株间蒸发量用 ET 表示,通常也称为作物需水量。以上各值用 mm 或 m^3/亩计。图 3-1 为灌区土壤水分均衡示意图。

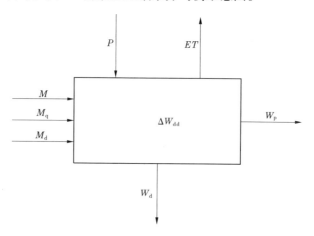

图 3-1　灌区土壤水分均衡示意图

3.3.2　流域耗水量基本方程

以流域水资源管理为目标的"流域耗水量"基本理念为河道水面以外(不包括河道内水库的蓄水变量)的还原水量,即河道"无回归水"。运用水量平衡原理,统计灌区引水量,以及灌溉引水排入河道水量,包括通过地表明渠和地下含水层排入河道的水量。

流域耗水量的计算方法主要有引排差法、河段差法和最大蒸发量法等,因湟水河道控制断面构造比较复杂,区间未控支流较多,加上城镇、工业和生态等用水,河段差法测量误差不易控制,故本书试验研究拟采用《黄河流域水资源公报》中的引排差法计算农业灌溉耗水量。

考虑区域水文地质条件和农田灌溉用水管理特点,在水量平衡方程基础上,引排差法耗水量可用下列水量平衡方程表示:

$$ET_1 = (M + M_q) - (W_p + W_d) \tag{3-15}$$

式中:ET_1 为流域耗水量,m^3;M 为灌区渠道引水量,m^3;M_q 为灌区外地表水进入量,m^3;W_p 为地表排水量,m^3;W_d 为地下水排泄/补给量,m^3。

3.3.3　引排差法基本原理

根据《中国水资源公报编制技术大纲》要求,农业灌溉耗水量为毛用水量与回归水量(含地表退水和下渗补给地下水)之差,即"引排差"。本书利用不同尺度上的灌溉试验及相关参数等有关资料分析确定退水率,间接推求耗水量,来计算农田灌溉耗水系数:

$$K = \frac{M_z - W_z}{M_z} \tag{3-16}$$

式中:K 为耗水系数;M_z 为总引水量,m^3;W_z 为总排水量,m^3。

（1）引水量按下式计算:

$$M_z = M_s + \sum_{i=1}^{n} M_{qi} \tag{3-17}$$

式中:M_s 为渠首引水量,m^3;M_{qi}为区间补水量,m^3。

（2）退水量按下式计算:

$$W_z = W_p + W_d \tag{3-18}$$

式中:W_z 为总排水量,m^3;W_p 为地表排水量,m^3;W_d 为地下水排泄/补给量,m^3。

（3）地表退水量按下式计算:

$$W_p = \sum_{i=1}^{n} W_{pi} = \sum_{i=1}^{n} W_{pgi} + \sum_{j=1}^{m} W_{pmj} \tag{3-19}$$

式中:W_{pi}为退水口退水量,m^3;W_{pgi}为干支渠退水口退水量,m^3;W_{pmj}为斗农渠退水口退水量,m^3。

（4）地下退水量按下式计算:

$$W_d = \sum_{i=1}^{n} W_{di} = \sum_{i=1}^{n} W_{dqi} + \sum_{j=1}^{m} W_{ddj} \tag{3-20}$$

式中:W_{di}为地下退水量,m^3;W_{dqi}为渠床渗漏回归损失量,m^3;W_{ddj}为地块渗漏回归损失量,m^3。

3.3.4　耗水系数应用方程

耗水系数分典型地块、典型灌区和青海省黄河流域灌区三个层次进行分析计算。从符合农业灌区耗水系数研究需求出发,本书中典型灌区耗水系数计算节点确定时考虑水资源优化配置、高效利用和有效管理因素,灌溉定额为排除干渠退水因素的斗口毛灌溉定额。

（1）典型地块耗水系数按下式计算:

$$K_{d} = \frac{\sum_{i=1}^{n} M_{sti} - \sum_{j=1}^{m} W_{pmj} - \sum_{j=1}^{n} W_{ddj}}{\sum_{i=1}^{n} M_{sti}} \qquad (3-21)$$

式中:K_d 为典型地块耗水系数;M_{sti} 为典型地块引水量,m^3。

（2）典型灌区耗水系数按下式计算:

$$K_{g} = \frac{[(1 - \eta) \times (1 - k_{dji})] \times M_{z} + (M_{z} - W_{p})K_{d}\delta}{M_{z}} \qquad (3-22)$$

式中:K_g 为典型灌区耗水系数;M_z 为渠首引水量,m^3;k_{dji} 为渠床渗漏回归调整系数;δ 为灌溉方式调整系数,其取值与节水灌溉面积占灌溉总面积的比例有关。

根据第一次全国水利普查资料统计,青海省黄河流域灌区采用高效节水灌溉方式的灌溉面积占总灌溉面积的 2.2%。经调查研究,采用高效节水灌溉方式的地区经过科学合理地制订配用水计划和严格执行灌溉定额,灌溉水进入田间后,基本无地表和地下渗漏退水。

（3）青海省黄河流域农业灌溉耗水系数按下式计算:

$$K_{qh} = \frac{\frac{\sum_{i=1}^{n} K_{gi}}{n}A_{z}(1 - \delta) + \frac{\sum_{j=1}^{m} K_{gj}}{n}A_{g}(1 - \delta) + A_{h}K_{jg}\delta}{A_{h}} \qquad (3-23)$$

式中:K_{qh} 为青海省黄河流域耗水系数;K_{gi} 为自流灌区耗水系数;A_z 为自流灌溉面积;K_{gj} 为高抽引水灌区耗水系数;A_g 为高抽引水灌溉面积;K_{jg} 为节水灌溉耗水系数;A_h 为青海省黄河流域农业灌溉面积;δ 为调整系数。

（4）青海省农业灌溉耗水系数按下式计算:

$$K_{q} = \frac{K_{qh}A_{h} + K_{c}A_{c}}{A_{q}} \qquad (3-24)$$

式中:K_q 为青海省农业灌溉耗水系数;K_c 为柴达木盆地农业灌溉耗水系数;A_c 为柴达木盆地农业灌溉面积;A_q 为青海省农业灌溉面积。

3.4 蒸渗仪法在农业灌溉耗水系数中的应用原理

灌区地下水位变化不仅受农田灌溉渗漏影响,而且受降水入渗和河水位变化等影响,由于观测井试验在汛期可能受河水位变化影响较大,且年内无法在同样边界条件下开展重复试验,本书在礼让渠灌区、大峡渠灌区、官亭泵站灌区三个典型灌区采集土样,采用非称重式无地下水面的自由排水式蒸渗仪,建立物理模型,研究灌溉水蒸渗规律。

蒸渗仪土壤入渗主要包括三个阶段:第一阶段是土表湿润阶段,直到土表的入渗率等于降雨或供水强度,达到通量控制阶段;第二阶段是土表饱和阶段,入渗率随时间增加而减小;第三阶段为剖面控制阶段,入渗率趋于稳定,由土壤性质决定。在均一质地的土壤剖面上,含水量由上到下可分为饱和区、有明显降落的过渡区、变化不大的传导区和迅速减小至初始值的湿润区等四个区。蒸渗仪试验的水量平衡公式为

$$P + M_e \pm P_d = ET + W_d + \sum_{i=1}^{n} \Delta W_i \tag{3-25}$$

式中：M_e 为蒸渗仪灌水量；ΔW_i 为在给定时段内，容器内一定深度土壤含水量盈亏值；P_d 为地表径流。

为防止蒸渗仪内部水流出或外部水流入，设备边缘高于地面，即 $P_d = 0$。蒸渗仪底部设有用来量测渗漏水量的装置。根据水量平衡方程，降水和灌溉水进入试验土体后，土体腾发量、容器内保留在土壤中的吸湿水和毛管水为灌溉消耗水量。水平衡方程中的灌溉耗水量可由下式求出：

$$M_e - W_{dw} - W_{dn} = ET - P + \Delta W \tag{3-26}$$

式中：W_{dw} 为蒸渗仪贴壁渗流量；W_{dn} 为蒸渗仪底部内环灌溉渗流量；ΔW 为土壤含水量的盈亏值。

蒸渗仪试验观测中，严格执行代表灌区主要作物的灌溉制度，根据主要作物灌溉时期的灌水定额，确定次灌溉水量。

用参考作物蒸发蒸腾量彭曼－蒙蒂斯（Penman-Monteith）公式（简称彭曼公式）综合法中的 FAO56－PM 计算作物蒸发蒸腾量（最大蒸发量法），具体计算公式如下：

$$ET_0 = \frac{0.408\Delta(R_n - G) + \gamma \dfrac{900}{T + 273} u_2 (e_a - e_d)}{\Delta + \gamma(1 + 0.34 u_2)} \tag{3-27}$$

式中：ET_0 为参考作物蒸发蒸腾量，mm/d；Δ 为温度—饱和水汽压关系曲线在 T 处的切线斜率，kPa/℃；R_n 为净辐射量，MJ/（m² · d）；G 为土壤热通量，℃；γ 为湿度表常数，kPa/℃；T 为平均气温，℃；u_2 为 2 m 高处风速，m/s；e_a 为饱和水汽压，kPa；e_d 为实际水汽压，kPa。

$$\Delta = \frac{4\,098 e_a}{(T + 237.3)^2} \tag{3-28}$$

$$e_a = 0.611\exp\left(\frac{17.27T}{T + 237.3}\right) \tag{3-29}$$

$$R_n = R_{ns} - R_{nl} \tag{3-30}$$

式中：R_{ns} 为净短波辐射，MJ/（m² · d）；R_{nl} 为净长波辐射，MJ/（m² · d）。

$$R_{ns} = 0.77 \times (0.25 + 0.5 n/N) R_a \tag{3-31}$$

式中：n 为实际日照时数，h；N 为最大可能日照时数，h；R_a 为大气边缘太阳辐射，MJ/（m² · d）。

$$N = 7.64 W_s \tag{3-32}$$

式中：W_s 为日照时数角，rad。

$$W_s = \arccos(-\tan\psi\tan\delta) \tag{3-33}$$

式中：ψ 为地理纬度，rad；δ 为日倾角，rad。

$$\delta = 0.409\sin(0.017\,2J - 1.39) \tag{3-34}$$

式中：J 为日序数（1 月 1 日为 1，逐日累加）。

$$R_a = 37.6 d_r (W_s\sin\psi\sin\delta + \cos\psi\cos\delta\sin W_s) \tag{3-35}$$

式中:d_r 为日地相对距离的倒数。

$$d_r = 1 + 0.033\cos\left(\frac{2\pi}{365}J\right) \tag{3-36}$$

$$R_{nl} = 2.45 \times 10^{-9} \times (0.9n/N + 0.1) \times (0.34 - 0.14\sqrt{e_d}) \times (T_{ks}^4 + T_{kn}^4) \tag{3-37}$$

式中:T_{ks} 为最高绝对温度,K;T_{kn} 为最低绝对温度,K。

$$e_d = RH_{mean}\bigg/\left[\frac{50}{e_a(T_{min})} + \frac{50}{e_a(T_{max})}\right] \tag{3-38}$$

式中:RH_{mean} 为平均相对湿度(%)。

$$RH_{mean} = \frac{RH_{max} + RH_{min}}{2} \tag{3-39}$$

在最低气温等于或十分接近露点温度时,也可采用下式计算 e_d,即

$$e_d = 0.611\exp\left(\frac{17.27T_{min}}{T_{min} + 237.3}\right) \tag{3-40}$$

$$T_{ks} = T_{max} + 273 \tag{3-41}$$

$$T_{kn} = T_{min} + 273 \tag{3-42}$$

对于逐日估算 ET_0,则第 d 日土壤热通量为

$$G = 0.38 \times (T_d - T_{d-1}) \tag{3-43}$$

式中:T_d 为第 d 日气温,℃;T_{d-1} 为第 $d-1$ 日气温,℃。

$$\gamma = 0.00163P/\lambda \tag{3-44}$$

式中:P 为降雨量,mm;λ 为潜热,MJ/kg。

$$P = 101.3 \times \left(\frac{293 - 0.0065Z}{293}\right)^{5.26} \tag{3-45}$$

式中:Z 为计算地点海拔,m。

$$\lambda = 2.051 - (2.361 \times 10^{-3})T \tag{3-46}$$

$$u_2 = 4.87u_h/\ln(67.8h - 5.42) \tag{3-47}$$

式中:u_h 为风标高度处的实际风速,m/s;h 为风标高度,m。

在求出参考作物蒸发蒸腾量的基础上,可以推求基于最大蒸发量法的耗水系数,计算公式如下:

$$K_d = \frac{ET_0}{M_z - W_p + P} \tag{3-48}$$

式中:K_d 为蒸渗仪试验耗水系数;M_z 为蒸渗仪灌水量,mm;W_p 为蒸渗仪退水量,m³。

3.5　SWAT 模型在农业灌溉耗水系数中的模拟原理

应用 SWAT2000 模型,根据灌区的土地利用情况,采用水文响应单元(HRU)反映其土地利用与土壤属性的空间变异性;在植被与作物生长模拟方面,采用 SWAT 模型中自带的作物生长模块,对其参数进行修定以使其符合研究区现状;土壤蒸发、作物蒸腾蒸发采用彭曼公式法计算。在土壤水模拟方面,应用土壤水平衡公式,同时考虑土壤水的再

分配。

3.5.1　SWAT 模型简介

1994 年,Jeff Arnold 为美国农业部(USDA)农业研究中心(ARS)开发了 SWAT(Soil and Water Assessment Tool)模型。SWAT 模型是一个具有很强物理机制的、长时段的流域水文模型,在加拿大和北美寒区被广泛应用。它能够利用 GIS 和 RS 提供的空间信息,模拟复杂大流域中多种不同的水文物理过程,包括水、沙和化学物质的输移与转化过程。模型可采用多种方法将流域离散化(一般基于栅格 DEM),能够响应降水、蒸发等气候因素和下垫面因素的空间变化以及人类活动对流域水文循环的影响。

SWAT 模型可以模拟流域内多种不同的物理过程。由于流域下垫面和气候因素具有时空变异性,为了便于模拟,SWAT 模型将流域细分为若干个子流域。目前有自然子流域(Subbasin)、山坡(Hillslop)和网格(Grid)等三种划分方法。在结构上,每个子流域至少包括 1 个水文响应单元 HRU、1 个支流河道(用于计算子流域汇流时间)、1 个主河道(或河段),池塘(或湿地)为可选项。

SWAT 模型将每个子流域的输入信息归为 5 类:气象(包括降水量、最高温度、最低温度、风速、相对湿度、日照时数等)、水文响应单元 HRU(包括土壤性质、植被类型、农药化肥的使用、管理措施等)、池塘(或湿地)、地下水和主河道(或河段)等。

模型将子流域的陆面部分划分为不同的水文响应单元,水文响应单元是包括子流域内具有相同植被覆盖、土壤类型和管理条件的陆面面积的集总,HRU 之间不考虑交互作用;流域内的蒸发量随植被覆盖和土壤的不同而变化,通过水文响应单元 HRU 的划分能够反映出这种变化;流域总径流量是通过计算每个 HRU 单独径流量,然后演算得到的。这样做不但可以提高计算的精度,还可以对水量平衡的原理进行更确切的物理描述。

SWAT 模型模拟流域水文过程主要分为陆面模拟和水面模拟两部分,陆面模拟指产流和坡面汇流部分,主要包括地表径流、渗漏、土壤水再分配、地下水、作物的生长过程的模拟等;水面模拟则主要指河道汇流部分。

本书主要采用 SWAT 模型进行流域水文模块模拟。

3.5.2　SWAT 模型计算原理

3.5.2.1　土壤水平衡公式

图 3-2 为 SWAT2000 模型的结构示意图。

SWAT2000 模型的土壤水平衡的基本公式可以写为

$$SW_t = SW_0 + \sum_{i=1}^{t} (R_{day} - Q_{surf} - E_a - w_{seep} - L_{at} - T_{ile}) \tag{3-49}$$

式中:SW_t 为末时段土壤含水量,mm;SW_0 为第 i 天初始土壤含水量,mm;t 为计算时间,d;R_{day} 为第 i 天的降水量,mm;Q_{surf} 为第 i 天的地表径流量,mm;E_a 为第 i 天的蒸发量,mm;w_{seep} 为第 i 天的渗漏量,mm;L_{at} 为第 i 天的壤中流,mm;T_{ile} 为第 i 天的暗管排水量,mm。

从式(3-49)可以看出,土壤水的主要输入项为降水,主要输出项为蒸散发、地表径流、

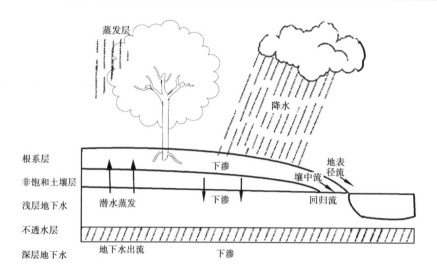

图 3-2　SWAT2000 模型的结构示意图

渗漏量、壤中流、暗管排水以及基流等。SWAT2000 模型最重要的一个特点就是在模型中引入了灌溉水模块,并且对于灌区这种特殊的农业流域来讲,灌溉水更是土壤水的一项主要的输入项。从图 3-2 可以看出,潜水蒸发对土壤水也有一定的补给作用,但在式(3-49)中却没有考虑到这一点,因此土壤水的输入项除降水外,还应该有灌溉水和潜水蒸发。由此将土壤水平衡公式改为

$$SW_t = SW_0 + \sum_{i=1}^{t} \left(R_{\text{day}} + I_{\text{rr}} + R_{\text{evap}} - Q_{\text{surf}} - E_{\text{a}} - w_{\text{seep}} - L_{\text{at}} - T_{\text{ile}} \right) \qquad (3\text{-}50)$$

式中: I_{rr} 为第 i 天的灌溉水量,mm; R_{evap} 为第 i 天的潜水蒸发量,mm。

从灌区的特点出发,由于农田并没有设置暗管,因此暗管排水为 0。此外,农田以垄的形式进行分割,加之当地灌溉方式决定了不会产生地表径流,因此地表径流也为 0。因此,针对研究区的特点,土壤水平衡方式可进一步改写为

$$SW_t = SW_0 + \sum_{i=1}^{t} \left(R_{\text{day}} + I_{\text{rr}} + R_{\text{evap}} - E_{\text{a}} - w_{\text{seep}} - L_{\text{at}} \right) \qquad (3\text{-}51)$$

3.5.2.2　灌溉特点

模型本身的灌溉渗漏处理是超过田间持水量的部分向下渗漏,当进行灌溉时,灌溉水将土壤剖面含水量补充到田间持水量。灌区目前的灌溉模式仍然为大水漫灌,在漫灌情况下,当水量充足时,会灌到接近饱和的水平,田间持水量以上的部分会以重力排水的形式向下渗漏。显然,模型目前的灌溉渗漏处理不符合灌区的实际情况。所以,在灌溉时认为土壤达到饱和含水量后土壤剖面会发生渗漏。

3.5.2.3　蒸散发计算模型

SWAT 模型采用三种方法来计算作物的潜在蒸发蒸腾量,本书采用其中的彭曼公式来计算作物的蒸腾蒸发量。其中,彭曼公式所需要的参数主要包括辐射、日最高最低气温、相对湿度和风速。中国气象科学数据共享服务网提供了日最高最低气温、相对湿度、风速和日照时数等参数。

　　SWAT 模型中的蒸散发量指所有地表水的蒸散发量,包括了水面、裸地、土壤和植被的蒸散发量,即实际蒸散发过程,它受植被、地形和土壤特性等因素的影响较大。分别计算土壤蒸发量和植被蒸腾量。SWAT 模型先计算潜在蒸散发量,主要有 Hargreaves 法、Priestley-Taylor 法和彭曼公式法等 3 种。本书采用目前广泛使用的彭曼公式法,该方法将蒸发所需的热能、水及水蒸气运动的动能以及接触层的蒸散发阻力等因素均考虑在内,具体公式如下:

$$\lambda E = \frac{M}{\gamma + \Delta \cdot M}\Big[(R_n - G)\Delta + \frac{\rho C_p (e_s - e)}{r_{atm}} \Big] \tag{3-52}$$

式中:λE 为进入大气的潜在通量,W/m^2;λ 为蒸发潜热,J/kg;E 为水汽质量通量,$kg/(s \cdot m)$;γ 为空气湿度常数,Pa/K;Δ 为饱和水汽压梯度,Pa/K;$e_s - e$ 为蒸气压差,Pa;ρ 为空气密度,kg/m^3;C_p 为恒压下的比热容,$J/(kg \cdot K)$;M 为可供水汽量,kg;r_{atm} 为蒸散发阻力,s/m;$R_n - G$ 为净辐射与地面辐射之差,W/m^2。

　　在潜在蒸散发量计算的基础上,从植被冠层截留的水分蒸发开始依次计算植被蒸散发量和土壤水分蒸散发量。植被蒸散发量是潜在蒸散发量、土壤根区深度和植被叶面积指数的函数,而土壤水分蒸散发量则是土壤深度、土壤水分含量和潜在蒸散发的函数。

　　首先,计算大气上界太阳辐射,公式如下:

$$R_a = \frac{24 \times 60}{\pi} G_{sc} d_r \big[\omega_s \sin\varphi \sin\delta + \cos\varphi \cos\delta \sin\omega_s \big] \tag{3-53}$$

式中:R_a 为大气上界太阳辐射,$MJ/(m^2 \cdot d)$;G_{sc} 为太阳常数,取 0.082 0 $MJ/(m^2 \cdot min)$;d_r 为大气上界相对日地距离,$d_r = 1 + 0.033\cos\big(\frac{2\pi}{365}J\big)$,$J$ 为日序,变化范围为 1~365;ω_s 为太阳时角,以弧度制表示,$\omega_s = \arccos\big[-\tan\varphi\tan\delta \big]$;$\varphi$ 为气象站点的地理纬度,以弧度制表示;δ 为太阳赤纬,也与日序有关,$\delta = 0.409\sin\big(\frac{2\pi}{365}J - 1.39\big)$。

　　地表太阳辐射,即实际太阳辐射,可通过对大气上界太阳辐射进行修正得到,常用的修正系数为 $c = a_s + b_s \frac{n}{N}$,其中,$n$ 为实际日照时数;N 为最大日照时数,$N = \frac{24}{\pi}\omega_s$;$\frac{n}{N}$ 为日照百分率;a_s 和 b_s 为经验系数。本书采用左大康等根据我国不同类型地区实测太阳辐射量和日照百分率的月平均值以及晴天状态下月辐射量的资料计算得到的经验值,并结合研究区的具体情况,a_s 取为 0.23,b_s 取为 0.68。

　　据此,实际太阳辐射值按下式计算:

$$R_s = \Big(0.248 + 0.752 \times \frac{n}{N} \Big) R_a \tag{3-54}$$

3.5.2.4　土壤水计算公式

　　从地表下渗到土壤中的水分,可以被植被吸收、通过土壤表层或植被蒸散发、下渗补给地下水,还有一部分在一定条件下会发生水平运动形成壤中流(Leteral Flow)。SWAT 模型中采用动力储水方法计算壤中流,该方法是根据块体连续方程,在倾斜山坡的二维横截面上进行计算的(见图 3-3),具体计算公式为

$$Q_{lat} = 0.024 \times \left(\frac{2SW_{ly,excess}K_{sat} \cdot slp}{\varphi_d L_{hill}} \right) \tag{3-55}$$

式中:$SW_{ly,excess}$ 为土壤饱和区内的可流出水量,mm;K_{sat} 为土壤饱和导水率,mm/h;slp 为坡度;φ_d 为土壤层总空隙度,即 φ_{soil} 与土壤层水分含量达到田间持水量的空隙度 φ_{fc} 之差;L_{hill} 为山坡坡长,m。

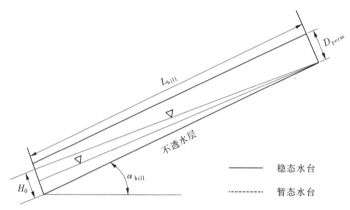

图 3-3　壤中流计算示意图

3.5.2.5　地下径流计算公式

地下径流以河流基流的形式存在,可由地下水蓄量和枯水季持续径流量推出。SWAT 模型中采用的流域地下径流计算公式如下:

$$Q_{gw,i} = Q_{gw,i-1}\exp(-\alpha_{gw}\Delta t) + \omega_{rchrg}[1 - \exp(-\alpha_{gw}\Delta t)] \tag{3-56}$$

式中:$Q_{gw,i}$ 为第 i 天进入河道的地下水补给量,mm;$Q_{gw,i-1}$ 为第 $i-1$ 天进入河道的地下水补给量,mm;α_{gw} 为基流的退水系数;Δt 为时间步长,d;$W_{rchrg,i}$ 为补给量,mm。

其中,第 i 天蓄水层的补给量的计算公式如下:

$$W_{rchrg,i} = [1 - \exp(-1/\delta_{gw})]W_{seep} + \exp(-1/\delta_{gw})W_{rchrg,i-1} \tag{3-57}$$

式中:$W_{rchrg,i}$ 为第 i 天蓄水层的补给量,mm;δ_{gw} 为补给滞后时间,d;W_{seep} 为第 i 天进入地下含水层的水分通量,mm/d。

3.6　VSMB 模型在农业灌溉耗水系数中的模拟原理

通用土壤水分平衡模型(VSMB 模型)由加拿大的 Baier 和 Robertson 于 1966 年首次提出,作为土壤水分预测的概念模型,其特点是将土壤分为多层,采用日常气象数据和土壤参数模拟土壤各层的水分动态分布,特别适用于灌溉入渗过程中土壤水分的剖面分布和地下水位模拟。VSMB 模型已发展到成熟的第 4 个版本(VSMB2000)。

VSMB 模型将包含土壤根系的土壤剖面分为若干层(一般为 4~6 层,层数和厚度可根据植被的根系分布变化,通常最深一层对应最大根系深度),每一层均有独立的根系密度分布和田间持水量特性。后又引入了永久凋萎系数和饱和含水量,以确定土壤水分对作物生长的有效性,从而为灌溉制度的调整提供依据。图 3-4 为 VSMB 模型的原理示意图。

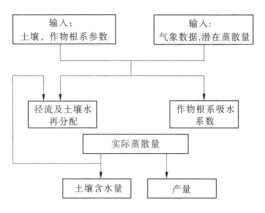

图 3-4　VSMB 模型的原理示意图

VSMB2000 模型为模块式结构,以各物理量的模拟计算构成子模块,子模块之间相对独立,并且以参数或物理量的传递构成其衔接,完成模型的整体功能。凭借有关土壤的物理参数,利用作物的根系参数、气象资料数据以及潜在蒸散量,建立控制文件、输出文件和日气象文件,在 VSMB2000 模型程序运行界面输入各文件名,模拟田间土壤各层次水分动态变化。输出结果包括各层次土壤含水量、实际蒸散量、下渗量、径流量、地下水埋深等。

3.6.1　VSMB 概念基础

根据根系密度分布和田间持水量不同,VSMB 模型将包含根部在内的土壤剖面划分为若干个土层。这个区域被分成两个排水层,计算土表超额灌水至下渗到地下水条件下,并延迟一天的最小排水量。其流程见图 3-5。

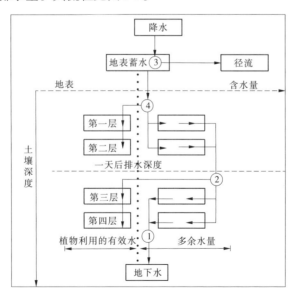

图 3-5　下渗水通过根部土壤的架设路径

VSMB2000 模型底层(第三层)专门用来模拟潜水位。第三个排水层主要是关于潜水位管理的,受最大潜水深度的限制,也称为储水库。模型根据水分的动力学运动来管理土层内的水分,包括蒸散、渗滤、渗透、径流、排水位、侧向排水和毛细上升等。土壤剖面的水分来自降水或灌溉,通过蒸散、径流、渗透或侧向排水而失去水分。土壤剖面中发生的下渗、潜水位变化和毛细上升等运动,都需要在各个排水层中的每个土层进行预算。

3.6.2　土壤中的水分运动

3.6.2.1　土壤下渗水量变化

土层内的下渗水量及其速率变化取决于该土层所属的排水层,第一个排水层的下渗水量是前一天地表水量和当天降水量之和,它确定了地表水在一天内可以下渗的最大深度;第一个排水层到第二个排水层的最大下渗水量是第一个排水层中各土层的多余水量之和;流入储水库最大是上部排水层的各土层多余的水量的总和。如果没有潜水位函数,这个数会被简单地当作渗滤水(或地下水)。排水层中的下渗水量先会使该层中各土层的可利用水量达到最大,仍然将剩下的多余水量在各土层中按各个土层所能容纳的最大多余水量的比例进行分配。

3.6.2.2　潜水位变化

储水库通过管状孔隙或者土壤坡面以下的侧向排水而被排空。侧向排水随着管状孔隙上下土壤的水力传导系数、管状孔隙的空间分布及其等效深度的变化而变化。侧向流量是潜水位高程、坡度和饱和导水率的函数。当潜水位位于储水库层时,它的高度取决于储水库层的孔隙度和校正因子,这个因子考虑了土壤各向异性的特性。潜水位的高度值与停止上升的土层内多余水量成正比。垂直渗透系数随深度的增加而增加。这个因子也考虑了基于结构上的黏土的收缩和膨胀的影响。

3.6.2.3　毛细上升

毛细上升现象主要发生在控制地下水位的土层内,但必须满足一些条件:地下水位必须在第三个排水层以上的土层,会产生毛细上升现象的土层内多余的水分所占比例必须小于它下部的土层。张朝新、胡和平、薛明霞和齐仁贵等对潜水蒸发量的计算和影响因素等进行了分析研究。

3.6.2.4　渗流

渗流是水分沿土壤剖面垂直方向的运动,来自土壤表面的多余水分,穿过各个土层下渗到底部。表 3-1 给出了当土壤接近饱和状态时一些土壤渗流值。

表 3-1　不同土壤类型接近饱和状态时的入渗速率和导水率

土壤类型	入渗速率(cm/10 min)	土壤体积含水量为36%时的导水率(cm/h)	土壤体积含水量为46%时的导水率(cm/h)
砂砾	1 216	20.96	20.96
壤土	205	0.17	1.00
沙黏土	36	0.07	0.30
黏土	17	0.000 8	0.03

3.6.2.5　径流

如果土壤表面的水分超过第一个排水层的下渗量,且第一个土层有多余的水分,那么下渗后就会产生地表径流(超渗产流)。

3.6.2.6　侧向排水

侧向排水是由潜水位函数派生来的,通过这种方式,储水库被排空。这是排水和坡度共同影响的结果。

3.6.3　土壤物理参数测定

采用环刀浸透法测定土壤干密度、孔隙度(总孔隙度、毛管孔隙度、非毛管孔隙度)、饱和含水量、毛管含水量、田间持水量、土壤含水量等指标。其计算公式为

$$\gamma = (m_5 - m_6)/100 \tag{3-58}$$

式中:γ 为土壤干密度,g/cm^3;m_5、m_6 分别为烘干后土样质量、带滤纸环土样质量,g。

$$P = [(m_2 - m_5)/V] \times 100\% \tag{3-59}$$

式中:P 为土壤总孔隙度(%);V 为环刀体积,cm^3;m_2 为土样浸泡后质量,g。

$$P_1 = [(m_3 - m_5)/V] \times 100\% \tag{3-60}$$

式中:P_1 为土壤毛管孔隙度(%);m_3 为干砂渗透后土样质量,g。

$$P_2 = P - P_1 \tag{3-61}$$

式中:P_2 为土壤非毛管孔隙度(%)。

$$P_3 = [(m_2 - m_5)/(m_5 - m_6)] \times 100\% \tag{3-62}$$

式中:P_3 为最大持水量(%)。

$$P_4 = [(m_3 - m_5)/(m_5 - m_6)] \times 100\% \tag{3-63}$$

式中:P_4 为最小持水量(%)。

$$P_5 = [(m_4 - m_5)/(m_5 - m_6)] \times 100\% \tag{3-64}$$

式中:P_5 为田间持水量(%);m_4 为滤纸渗透后土样质量,g。

$$P_6 = [(m_1 - m_5)/(m_5 - m_6)] \times 100\% \tag{3-65}$$

式中:P_6 为土壤自然含水量(%);m_1 为环刀湿土质量,g。

3.6.4　土壤水分蒸发蒸腾损失量

蒸散就是各个土层($AETZ_i$)每日实际蒸散量(AET),是土层中土壤蒸发和植物蒸腾作用的总和。VSMB 模型中用下面的方程来表述:

$$AETZ_i = PET \cdot Zsol_i \cdot Cofkz_{ip} \tag{3-66}$$

$$Zsol_i = Zval_i \cdot Contz_i / Capacz_i \tag{3-67}$$

式中:$AETZ_i$ 为第 i 层土壤的实际蒸散量,mm/d;PET 为潜在蒸散量,mm/d,以彭曼公式计算;$Zsol_i$ 为第 i 层土壤的持水系数,mm;$Zval_i$ 为第 i 层土壤干燥曲线的修正系数;$Contz_i$ 为第 i 层土壤的有效水分含量,mm;$Capacz_i$ 为第 i 层土壤的最大有效水分含量(田间持水量与永久凋萎系数之差),mm;$Cofkz_{ip}$ 为取决于作物根系吸水特性的作物吸水参数,下标 i 表示第 i 层土壤,p 表示作物第 p 发育期(确定根系分布)。

每日的 AET 是各个土层的实际蒸散量的总和,其中 m 是土层的总数量。

$$AET = \sum_{i=1}^{m} AETZ_i \tag{3-68}$$

在水分充足的条件下,蒸腾速率可能超过 PET,在生长期末当叶面积指数很高时,所有土层 $Cofkz$ 的综合值可能超过 1.0,这恰恰能反映这种情况。

本书采用均方根误差 $RMSE$ 作为模拟效果的评价指标,其表达式为

$$RMSE = \sqrt{\frac{\sum_{i=1}^{n}(y_i - x_i)^2}{n}} \tag{3-69}$$

式中:x_i 为实测剖面土壤含水量均值或地下水埋深均值;y_i 为用 VSMB 模型模拟的同一天土壤含水量或地下水埋深;n 为观测值个数。

3.6.4.1 土壤表面蒸发

下渗后土壤表面或者接近土壤表面处还存有多余水分,或者潜水位在土壤表面,一些自由水分就将从土壤表面蒸发。

$$\left.\begin{array}{ll} Evap = PET - AET & (SW > PET - AET) \\ Evap = SW + Xcesz_i\left(\dfrac{Xcesz_i}{Xcapz_i}\right)^E & (SW < PET - AET) \end{array}\right\} \tag{3-70}$$

式中:$Evap$ 为水分蒸发量,mm,在 0 到 $(PET - AET)$ 之间变化;SW 为表面水分,mm;$Xcesz_i$ 为土层 i 内的多余水分,mm;$Xcapz_i$ 为土层 i 内的最大多余水分,mm;E 为控制文件中设置的系数,默认值为 1,E 的最佳值是 1/3 的立方根。

3.6.4.2 土壤持水性

土壤持水系数 $Zsol$,考虑了土壤对根部水分吸取的阻抗作用。VSMB2000 模型里每个土层可以设置一条 $Zsol$ 曲线。对一个土层而言,可以确定两条曲线的最大值:一个是休耕条件下,另一个是收割期。

3.6.4.3 作物系数

考虑到土壤的结构和纹理、根的发育、植物的蒸腾作用,植物的生长周期划分为不同时期,每个时期开始于一组 $Cofkz$ 系数。

当一个土层内的多余水量大于等于 50% 的最大饱和度值时,由于氧气减少,$Cofkz$ 系数会随着系数 FR 而下降。其公式为

$$\left.\begin{array}{l} Cofkz_iS_i = Cofkz_i \cdot FR \\ 0 \leqslant FR \cdot SW = 2 \times \left(1.0 - \dfrac{Xcesz_i}{Xcapz_i}\right) \leqslant 1 \end{array}\right\} \tag{3-71}$$

式中:S_i 为第 i 层内的水分,mm。

根据青海省农业灌区特点,充分考虑地形地貌、土壤、地质、灌区规模、灌溉水源、农业结构和试验条件等因素,结合农业灌溉相关要素和过程采用引排差法进行原型观测,应用于不同尺度的水均衡模型;通过采用蒸渗仪模拟土壤水分蒸渗规律、区域灌溉水下渗试验构建物理模型;构建模拟流域和区域水文循环过程的 SWAT 等分布水文模型、模拟典型

地块的灌溉水循环机制的 VSMB 模型的数值模拟方法来模拟和预测水循环过程,以期对青海省黄河流域、黄河干流谷地和柴达木盆地的典型灌区、典型地块进行深入的模拟和研究。结合黄河流域取耗水实际情况和流域水资源管理要求,提出流域耗水系数的评价概念及内涵,分析其影响因素,拟定流域耗水系数评价理论方法,揭示农业灌区水循环机制和演变规律,构建流域耗水系数评价指标体系。

第4章　典型灌区选取原则与测点布设方法

由于青海省黄河流域和柴达木盆地灌区数量较多,本书综合考虑了灌区水源条件、灌溉方式、种植结构、作物种类、地形地貌、土壤性质、观测条件和用水管理水平等因素,在青海省黄河流域、黄河干流谷地和柴达木盆地灌区选择具有较强代表性的典型灌区进行耗水试验研究。

(1)选择青海省黄河流域、黄河干流谷地和柴达木盆地灌区相对集中且灌溉规模较大的灌区。

(2)选择地形地貌具有较强代表性且灌溉比例较高的灌区。

(3)选择河湖引水闸取水和重力灌溉方式所占比例高的灌区。

(4)选择种植结构和品种、耕作土壤具有区域代表性的典型灌区和典型地块。

(5)选择试验条件比较成熟、灌溉渠道系统相对完善、用水计量基础条件较好、具备水量监测系统的灌区。

(6)选择能够得到地方水管部门积极支持的灌区。

(7)选择距离水文站较近的灌区,便于开展试验观测。

4.1　典型灌区确定原则

根据灌区选择原则,对青海省黄河流域典型灌区、黄河干流谷地和柴达木盆地主要灌区进行了现场查勘,收集分析了第一次全国水利普查成果、青海省及相关市县区国民经济统计资料、农业综合区划、区域水文地质普查成果、土壤志等资料,从灌区集中度、灌区灌溉水源、主要灌溉方式、区域典型地形地貌、耕作区代表性土壤特性、农业种植结构、主要农作物品种、灌区规模、灌区条件和试验条件等10个方面进行了综合分析,选择确定了典型试验灌区。

4.1.1　灌区集中度

青海省总灌溉面积389.1万亩,其中黄河流域总灌溉面积233.2万亩,占全省总灌溉面积的59.9%。湟水流域为全省农业灌溉最集中的区域,总耕地灌溉面积为122.6万亩,占湟水流域总灌溉面积的84.4%;黄河干流谷地总耕地灌溉面积为60.3万亩,占黄河干流谷地总灌溉面积的68.8%;柴达木盆地总耕地灌溉面积为47.2万亩,占柴达木盆地总灌溉面积的44.5%,见表4-1。青海省灌区面积分布图见附图7,青海省灌区数量分布图见附图8。

表 4-1　青海省农业灌区灌溉面积统计　　　　　　（单位:万亩）

项　目	总灌溉面积	其中耕地	节水灌溉面积	其中耕地
青海省	389.1	273.6	11.9	6.6
青海省黄河流域灌溉面积	233.2	182.9	4.9	2.3
百分比(%)	100.0	78.4	2.1	1.0
湟水流域灌溉面积	145.2	122.6	2.3	2.3
百分比(%)	100.0	84.4	1.6	1.6
黄河干流谷地灌溉面积	87.7	60.3	2.6	0
百分比(%)	100.0	68.8	3.0	0
柴达木盆地灌溉面积	106	47.2	5.6	3.9
百分比(%)	100.0	44.5	5.3	3.7

4.1.2　灌区灌溉水源

从灌溉水源来看,青海省黄河流域总灌溉面积中,由水库、塘坝、河湖引水闸、河湖泵站、机电井、井渠结合灌溉及其他引水灌溉的面积分别为 45.0 万亩、4.4 万亩、150.7 万亩、23.6 万亩、5.2 万亩、1.7 万亩、2.6 万亩,分别占总灌溉面积的 19.3%、1.9%、64.6%、10.2%、2.2%、0.7%、1.1%。

湟水流域总灌溉面积中,由水库、塘坝、河湖引水闸、河湖泵站、机电井、井渠结合灌溉及其他引水灌溉的面积分别为 31.7 万亩、1.1 万亩、103.3 万亩、4.5 万亩、3.0 万亩、1.5 万亩、0.1 万亩,分别占总灌溉面积的 21.8%、0.8%、71.1%、3.1%、2.1%、1.0%、0.1%。

黄河干流谷地总灌溉面积中,由水库、塘坝、河湖引水闸、河湖泵站、机电井、井渠结合灌溉及其他引水灌溉的面积分别为 13.3 万亩、3.3 万亩、47.3 万亩、19.0 万亩、2.1 万亩、0.2 万亩、2.5 万亩,分别占总灌溉面积的 15.2%、3.8%、53.9%、21.7%、2.4%、0.2%、2.8%。

柴达木盆地总灌溉面积中,由水库、塘坝、河湖引水闸、河湖泵站、机电井、井渠结合灌溉及其他引水灌溉的面积分别为 28.9 万亩、0.1 万亩、61.8 万亩、0.7 万亩、7.4 万亩、6.4 万亩、0.7 万亩,分别占总灌溉面积的 27.2%、0.1%、58.3%、0.7%、7.0%、6.0%、0.7%。

表 4-2 为青海省黄河流域、柴达木盆地不同水源灌溉面积统计。根据灌溉水源和取水方式分析,典型灌区应选择所占比例较高的河湖引水闸自流灌溉灌区和黄河干流提水灌区。

表4-2   青海省黄河流域、柴达木盆地不同水源灌溉面积统计

项目		青海省黄河流域灌溉面积（万亩）	百分比（%）	湟水流域灌溉面积（万亩）	百分比（%）	黄河干流谷地灌溉面积（万亩）	百分比（%）	柴达木盆地灌溉面积（万亩）	百分比（%）
总灌溉面积		233.2	100	145.2	100	87.7	100	106	100
水库		45.0	19.3	31.7	21.8	13.3	15.2	28.9	27.2
塘坝		4.4	1.9	1.1	0.8	3.3	3.8	0.1	0.1
河湖引水闸		150.7	64.6	103.3	71.1	47.3	53.9	61.8	58.3
河湖泵站	小计	23.6	10.2	4.5	3.1	19.0	21.7	0.7	0.7
	固定	23.5	10.1	4.4	3.1	19.0	21.7	0.7	0.7
	流动	0.1	0.1	0.1	0.1	0.0	0.0	0.0	0.0
机电井		5.2	2.2	3.0	2.1	2.1	2.4	7.4	7.0
井渠结合灌溉面积		1.7	0.7	1.5	1.0	0.2	0.2	6.4	6.0
其他		2.6	1.1	0.1	0.1	2.5	2.8	0.7	0.7

4.1.3   主要灌溉方式

青海省黄河流域灌溉面积中,97.8%的灌溉面积采用重力灌水法,根据不同作物耕作灌溉需要,分别采用畦灌、沟灌和漫灌等地面灌溉方式。采用渗灌、滴灌和喷灌等高效节水的灌溉面积仅4.9万亩,占总灌溉面积的2.1%(见表4-1)。湟水流域98.4%的灌溉面积为地面灌溉,高效节水灌溉面积占总面积的1.6%;黄河干流谷地97.0%的灌溉面积为地面灌溉,高效节水灌溉面积占总面积的3.0%;柴达木盆地94.7%的灌溉面积为地面灌溉,高效节水灌溉面积占总面积的5.3%。

根据灌溉方式分析,典型灌区和典型地块应选择所占比例高、耗水量大的以地面灌溉为主的灌区和地块。

4.1.4   区域典型地形地貌

青海省东部地区地形地貌主要类型包括河谷冲积平原区、河漫滩区、浅山丘陵区和脑山丘陵区四种。农业灌区主要分布于河谷冲积平原区和浅山丘陵区,典型灌区应在上述两个区域选择。

黄河谷地地形以川地与峡谷为主,为构造断陷谷地。地势北高东低,平均海拔为1 800 m,地貌类型主要为侵蚀性构造高山、堆积侵蚀性构造中低山、堆积阶地、准平原、黄河现代河床。农业灌区主要分布于峡谷河滩阶地,典型灌区应在上述区域选择。

柴达木盆地为我国四大盆地之一,是我国海拔最高的封闭型内陆盆地,是一个构造陷

落盆地,地貌复杂多样,垂直分异明显。从盆地四周边缘到盆地中心依次为高山、戈壁、固定半固定沙丘和风蚀丘陵、细土平原带、沼泽、盐沼、湖泊等地貌类型。盆地南部为山前洪积平原,有一条东西漫长的戈壁带,其上有大面积沙丘分布。盆地西部风力强劲,形成以剥蚀作用占优势的丘陵区,"雅丹"地形分布很广。盆地中部和南部为湖积冲积平原,多盐湖和盐水沼泽。农业灌区主要分布于山前洪积平原和湖积冲积平原,典型灌区应在上述两个区域选择。

4.1.5　耕作区代表性土壤特性

由于母质、气候、地形等因素影响,湟水流域土壤分布有明显的垂直差异,主要有灰钙土、栗钙土、灌淤土、黑钙土、灰褐土、山地草甸土和高山草甸土等。耕作土壤以栗钙土、灰钙土、灌淤土等为主,成土母质有冲积物、洪积物和次生黄土等,土质松散,底部多为砂砾石层。

黄河干流谷地区内有12个土类26个亚类19个土种。土壤有灰钙土、栗钙土、黑钙土、灰褐土、山地草甸土、高山草甸土。其中多以栗钙土为主,为青海省主要农业基地;低山地区多为红、灰栗钙土;高山地区多为草原土和草甸土;部分台地、坡地和河谷沟谷地,土壤质地多为砂质壤土;河滩地土层较薄,富含砂砾石,部分为撂荒地,土壤熟化程度较高,土壤养分含量普遍低下。

柴达木盆地主要土类为盐化荒漠土和石膏荒漠土。后者主要分布于盆地西部,草甸土、沼泽土一般均有盐渍化现象。土壤在垂直分布上表现为:东北部为祁连山最西段,其土壤垂直分布以哈拉湖为基带,哈拉湖北沿湖低地为沼泽土—高山荒漠草原土(海拔4 130~4 250 m)—高山草甸土(海拔4 250~4 500 m)—高山寒漠土(海拔>4 500 m);哈拉湖南向湖滨为高山荒漠草原土(海拔4 096~4 550 m);以德令哈的棕钙土(海拔2 900~3 600 m)的耕种土壤上线3 200 m为基带,往北至宗务隆山的土壤垂直分布为棕钙土—石灰性灰褐土(海拔3 700~4 050 m)—山地草原草甸土(海拔3 600~3 900 m)—高山草原土(海拔3 900~4 500 m)—高山寒漠土(海拔>4 500 m);柴达木盆地西部约在东经92°,土壤垂直分布为湖积平原盐壳和石膏盐盘为灰棕漠土(海拔2 720~3 200 m)—粗骨土(海拔3 200~3 800 m)—高山漠土(海拔3 800~4 200 m)。

典型灌区典型地块应选择以主要耕作土类为主的区域。

4.1.6　农业种植结构

青海省黄河流域灌溉面积中,耕地182.9万亩,占总灌溉面积的78.4%;园林草地等灌溉面积50.3万亩,占总灌溉面积的21.6%。湟水流域耕地灌溉面积122.6万亩,占总灌溉面积的84.4%;黄河干流谷地耕地灌溉面积60.3万亩,占总灌溉面积的68.8%;柴达木盆地耕地灌溉面积47.2万亩,占总灌溉面积的44.5%。

根据农业种植结构分析,典型灌区应选择以耕地为主的灌区。

4.1.7　主要农作物品种

根据青海省及湟水流域农作物播种面积统计分析,粮食作物占农作物种植面积的比例为57.6%,油料作物占农作物种植面积的比例为34.3%,两者合计所占比例高达91.9%;其中西宁市小麦种植面积占粮食作物面积的比重最高,达48%,而油类作物种植面积中油菜种植面积高达99.8%。乐都区为区域蔬菜主要种植基地,蔬菜种植面积占农作物种植面积的比例高达25.0%,小麦和油菜所占比例仅为9.0%和13.2%。

黄河干流谷地粮食作物占农作物种植面积的比例为58.4%,经济作物占农作物种植面积的比例为30.7%(其中油料占农作物种植面积的比例为30.4%),蔬菜占农作物种植面积的比例为10.9%。

柴达木盆地种植业结构较为单一,20世纪50年代至80年代以粮食生产为主,粮食作物播种面积占农作物播种面积的80%以上,1995年以后逐步形成了"粮食—油料"二元种植结构。1998年农作物播种3.156万hm²,其中粮食作物种植面积为2.15万hm²,占68.1%;油料作物0.93万hm²,占29.5%;蔬菜及其他作物760 hm²,占2.4%。粮食作物以春小麦为主,年产量6 840万kg,占粮食总产量的75.65%;青稞、豌豆、蚕豆等年总产量2 000万kg,占22.10%;油料年产量为1 460万kg;蔬菜年产量为2 110万kg。

青海省围绕提高农牧业综合生产能力和发展生态农牧业的目标,建设东部农业区麦类、豆类、油菜、马铃薯、果蔬产业带。按照农产品种植结构现状及规划分析,典型灌区农作物主要选择播种面积大的小麦、油料和蔬菜品种。

4.1.8　灌区规模

目前,青海省各类规模灌区共3 020处。根据水利普查资料分县统计,青海全省大于2 000亩的灌区有248个。湟水流域大于2 000亩的灌区有89个,其中总灌溉面积超过2万亩的灌区有13个,总灌溉面积超过3万亩的灌区有4个。柴达木盆地大于2 000亩的灌区有45个,其中总灌溉面积超过2万亩的灌区有13个,总灌溉面积超过3万亩的灌区有11个。

根据灌区规模分析,选择中型灌区作为典型灌区。

青海省不同灌溉规模灌区统计见表4-3。

表4-3　青海省不同灌溉规模灌区统计　　　　（单位:个）

区域	≥10万亩	≥5万亩	≥3万亩	≥2万亩	≥1万亩	≥0.2万亩
青海省	2	14	29	41	82	248
湟水流域	0	2	4	13	39	89
柴达木盆地	1	6	11	13	16	45

4.1.9　灌区条件

典型灌区应选择灌溉渠道系统相对完善、灌溉取用水管理水平较高、用水计划编制和执行记录完整、前期灌排试验有工作基础、交通便利等条件的灌区。

4.1.10　试验条件

应具备相关试验设施配套完整、观测试验技术人员水平较高、人员数量满足观测要求、交通安全等有保障、水行政主管部门和灌区主管单位支持等条件。

可以看出,以青海省黄河流域灌溉为对象进行耗水系数研究,从现场监测人员配备、工作经费、观测试验精度要求等各方面都较难实现,况且大部分灌区在水文气象、地质地貌、灌溉方式和农业种植结构等方面较为相似。因此,以气候、土地利用、地学、地下水影响和灌溉方式等灌溉耗水影响因子来进行分类,选择典型灌区为代表,通过对典型灌区的研究来分析青海省黄河流域灌区耗水系数的方法是切实可行的。同时,在典型灌区选择典型地块重点研究农田灌溉排水和渗漏问题,在典型地块上对土体尺度灌溉下渗问题进行深入研究,对地块尺度试验成果进行验证,以提高研究的精度和合理性。

各典型灌区的基本情况和分布见表 4-4 ~ 表 4-6 和附图 9。

表 4-4　湟水流域典型灌区基本情况

项目	礼让渠灌区	大峡渠灌区	官亭泵站灌区
地理位置	湟中县多巴镇	乐都县高店镇	黄河干流民和县段
主要土壤类型	轻中壤	轻中壤	轻中壤
地形地貌	河谷冲积平原	河谷冲积平原	浅山丘陵沟壑区
灌溉方式	渠灌	渠灌	提灌
灌溉水源	西川河、西纳川河	湟水	黄河
设计灌溉面积(万亩)	2.24	4.5	5.84
实际灌溉面积(万亩)	1.7	4	1.6
干渠长度(km)	25	57	12.9
年供水量(万 m³)	1 510	6 700	1 730
渠首设计流量(m³/s)	1.6	3.5	14
现引水流量(m³/s)	0.8	2.9	
渠系建筑物(座)	156	298	
斗门(座)	56	137	150
进、退水闸(座)	9	17	0
渡槽(座)	2	36	7
涵洞(座)	2	17	3

表 4-5　黄河干流谷地典型灌区基本情况

项目	西河渠灌区	黄丰渠灌区
地理位置	贵德县河西镇	循化撒拉族自治县 街子镇和查汗都斯乡
主要土壤类型	中壤	沙壤土
地形地貌	构造断陷谷地	构造断陷谷地
灌溉方式	渠灌 + 提灌	渠灌 + 提灌
灌溉水源	西河水系、黄河干流	黄河干流
设计灌溉面积(万亩)	3.70	2.96
实际灌溉面积(万亩)	1.78	2.96
干渠长度(km)	12.5	15.7
年供水量(万 m³)	—	1 198.01
渠首设计流量(m³/s)	2.5	10
渠系建筑物(座)	498	39
过车桥梁(座)		9
进、退水闸(座)		2
排洪槽(座)		1
渡槽(座)		1
涵洞(座)		1
电灌站(座)	6	10
管理房(座)	10	
跌水(座)	105	
分水口(座)	21	

　　根据灌区选择原则进行综合分析,湟水流域选取的典型灌区研究对象为西宁市礼让渠灌区、乐都县大峡渠灌区和民和县官亭泵站灌区,这三个灌区灌溉面积总和占青海省黄河流域灌溉面积的 5.6%;黄河干流谷地选取的典型灌区研究对象为贵德县西河灌区、循化撒拉族自治县黄丰渠灌区,这两个灌区灌溉面积总和占青海省黄河流域灌溉面积的 2.5%;柴达木盆地选取的典型灌区研究对象为格尔木市农场灌区、香日德河谷灌区、德令哈灌区,这三个灌区灌溉面积总和占青海省柴达木盆地灌溉面积的 23.7%。八个灌区灌溉面积总和为青海省黄河流域灌区总面积和柴达木盆地灌区总面积之和的 12.7%。

表 4-6 柴达木盆地典型灌区基本情况

项目	格尔木市农场灌区	香日德河谷灌区	德令哈灌区
地理位置	格尔木市	都兰县香日德镇	德令哈市
主要土壤类型	壤土	中粉质壤土	沙壤土
地形地貌	构造陷落盆地	构造陷落盆地	构造陷落盆地
灌溉方式	渠灌	渠灌	渠灌
灌溉水源	格尔木河	香日德河	巴音河、黑石山水库
设计灌溉面积(万亩)	4.14	4.00	13.64
实际灌溉面积(万亩)	8.81	4.63	11.60
干渠长度(km)	东干39/西干41/中干7.36	7.69	33.1
年供水量(万 m³)	16 000	—	12 238
渠首设计流量(m³/s)	东干5.6/西干7.2/中干4.0	6.0	12
渠系建筑物(座)		659	
进、退水闸(座)		1	
分水闸(座)	西干26	6	4
渡槽(座)	东干2		9
涵洞(座)	东干4	2	
跌水(座)	东干41/西干8	33	
节制闸(座)	东干11/西干24		
排沙闸(座)	东干4/西干2		
排洪桥(座)	东干2/西干4		
公路桥(座)	西干4		
溢流坝(座)	1		
引水口(座)	1		
农桥(座)	5	31	
闸门(座)		7	

从表4-4～表4-6可以看出,典型灌区在灌溉规模、地形地貌、土壤性质、灌溉水源、灌溉方式、主要作物品种等方面具有青海省黄河流域引黄灌区的典型特征,因此开展农业灌溉耗水系数研究具有较强的代表性和可行性。

4.2 监测指标及监测方法

根据原型试验和模型模拟试验所需数据,以及灌区的农业结构、试验条件,需要对以下指标进行监测：

（1）水位。指渠道（河道）水体的自由水面相对于某一基面的高程。采用直立式水尺、悬垂式和倾斜式水尺等，严格按照《水位观测标准》（GB/T 50138—2010）规定开展监测。

（2）流量。指单位时间内通过河渠或管道某一过水断面的水体体积。采用便携直读式流速仪、流速断面法、量水堰及水文调查等监测；方法及技术要求遵守《河流流量测验规范》（GB 50179—2015）、《水工建筑物与堰槽测流规范》（SL 537—2011）、《水文调查规范》（SL 196—2015）、《水文巡测规范》（SL 195—2015）、《灌溉试验规范》（SL 13—2015）和《灌溉与排水工程设计规范》（GB 50288—99）的规定。

（3）地下水位。指地下水自由水面相对于某一基面的高程，单位以 m 计。采用悬垂式水位观读法、激光测距仪法等进行监测。监测技术要求遵守《地下水监测规范》（SL 183—2005）的规定。

（4）临时水准点。设置方法及技术要求遵守《水文普通测量规范》（SL 58—2014）的规定。

（5）土壤含水量。采用土壤水分探测仪进行观测。监测技术要求遵守《土壤墒情监测规范》（SL 364—2015）的规定。

4.3 监测试验与资料整编质量控制

4.3.1 水文监测试验质量控制

4.3.1.1 水位监测

为保证水位监测质量，采用以下方法进行控制：对测量仪器进行检验校正，水准仪测量前进行 i 角检验，水准尺进行弯曲度检验。水尺零点高程测量严格按照《水文测量规范》（SL 58—2014）中的相关要求执行，进行黑红面往返测量。水位多次观读，取其平均值，确保水位观测精度满足《水位观测标准》（GB/T 50138—2010）要求。

4.3.1.2 流量监测

1. 流量测验合理性检查

测流过程中坚持随测、随算、随分析、随整理的"四随"工作，同时加强单次流量的分析。加强测点流速、垂线流速、水深和起点距测量记录的检查分析，在现场针对每一垂线测量和计算结果，结合渠道断面情况现场点绘垂线流速分布曲线图，检查分析其分布的合理性，当发现有异常现象时，检查原因，有明显的测量错误时及时进行复测；采用固定垂线测速，及时开展实测成果对照检查。保证测验成果真实、准确、完整和可靠。

2. 流量测验误差来源及控制

流量测验产生的误差来源主要为流速和面积测验误差，为了减小流量测验误差，从以下几个方面进行误差控制：

（1）流速测验误差。流速仪使用经专业技术部门鉴定后的仪器，使用前进行清洗，检查流速仪转子是否灵活；秒表在使用前按照国家标准《河流流量测验规范》（GB 50179—

2015),以每日误差小于 0.5 min 带秒针的钟表为标准计时,与秒表同时走动 10 min,误差不超过 ±3 s 时,继续使用。认真记录流速信号,对信号数有疑问时重新计数,流速测点位置放置准确,在最大流速处布置垂线。为了减小流速脉动带来的误差,每个测点的测流历时都在 100 s 以上。

(2)面积测验误差。根据断面变化,在河槽最大水深和转折处布设垂线,使测量断面面积接近断面实际面积,降低布设垂线产生的误差。当两次测得的水深不超过 2 cm 时取其平均值作为测量水深,否则重新测量水深。

(3)地下水位监测。采用激光测距仪结合悬垂式电子感应器人工观测,每次监测地下水位应测量两次,间隔时间大于 1 min,取两次水位的平均值,两次测量允许误差为±0.02 m。当两次测量偏差超过 ±0.02 m 时,需重复进行测量。每次测量成果现场核查,及时点绘各地下水位过程线,发现异常及时补测,保证监测资料真实、准确、完整、可靠。

(4)土壤含水量监测质量控制。土壤含水量监测严格按照《土壤墒情监测规范》(SL 364—2015)的要求进行:

①测点选择垂向四点法或五点法布设,依据各灌区土壤岩性沿垂向的分布情况,测点深度分别选用 10 cm、30 cm、50 cm、70 cm、100 cm 五种深度或 10 cm、30 cm、50 cm、70 cm 四种深度进行采样。采样前应记录土壤质地、土层深度、作物种植种类、灌溉条件等。

②在代表性地块监测时,每个测点的同一平面深度应同时在四个点采样,土壤含水量采用同一平面深度四点的均值,采样点之间保持一定距离。

③每个灌区监测方法和监测仪器应保持相对稳定,不能随意改变监测方法和监测仪器。及时对监测数据检查分析,保证监测数据的科学合理、真实可靠。

4.3.2　监测资料整编质量控制

资料整编包括对原始资料进行审核,编制实测水位成果表、实测流量成果表、土壤含水量监测成果表,整编逐日平均流量表和洪水要素摘录表,绘制逐时平均流量过程线,进行单站合理性检查。其中主要的两个环节是定线与推流,并对所定的水位—流量关系进行符号检验、适线检验、偏离数值检验和置信水平为 95% 的相对随机不确定度计算。资料整编成果计算采用"南方片水文资料整编软件"编制的成果表。要求整编项目完整、图表齐全、考证清楚、定线合理、资料可靠、方法正确、说明完备、规格统一、数字准确、符号无误。

4.3.2.1　工作要求

各种监测试验资料的整编,应按下列要求完成:

(1)原始资料必须做到一作两校,即初作、一校、二校。

(2)对试验时段内的各种水文观测要素按照水文资料整编规范的规定整编,水位、流量、资料按照规范规定的定线方法进行定线。要求高水位部分不应超过当年实测流量所占水位变幅的 30%,低水位部分延长不应超过 10%。如超过此限,至少用两种方法比较,定线时应与历年线进行对照检查。

(3)水位—流量关系曲线定线精度检验:按照《水文资料整编规范》(SL 247—2012)规定,测点超过 10 个时,应开展符号检验、适线检验、偏离数值检验,以检验所定水位—流量关系曲线两侧点数分配是否均衡合理,定线有无明显系统偏离,检验测点偏离关系曲线的平均偏离值是否在合理范围内。

参照《水文资料整编规范》(SL 247—2012)表2.3.2-2中水位—流量关系定线精度指标,按三类精度站的指标,系统误差不超过 ±2%、标准差小于5.5%时,定线合格。流量很小时测点偏离曲线不超过 ±15%时参加定线。

(4)对考证、定线、数据整理、综合图表类等必须做齐三道工序,对测验情况全面了解,深入分析,力求推算方法正确,符合测站特性。同时应对整编成果进行合理性检查,以分析研究各水文因素的变化规律,使成果合理可靠。

(5)资料整编做到项目完整、图表齐全、考证清楚、定线合理、方法正确、说明清楚、规格统一、数字准确、符号无误,数字的有效位数和各种整编符号应按《水文资料整编规范》(SL 247—2012)执行。

(6)地下水与墒情资料整编应严格按照相关规范进行。

(7)如遇有疑难问题,由专业技术人员进行指导解决。

4.3.2.2 资料整编主要事项

(1)对试验时段校测内的各支水尺的起点距位置、首测日期和首测高程应考证清楚;水准点的位置说明要具体,首测日期和首测高程应考证清楚。

(2)各种图的点绘要符合有关规定。图纸的大小按《水文资料整编规范》(SL 247—2012)的要求进行制作,水位—流量关系图图幅为 50 cm×75 cm,大断面图图幅为 25 cm×35 cm,绘图的比例必须按1、2、5 倍数点绘。尽量不要变比例绘图。

(3)图表中各要素所用的坐标名称用文字标明,一律采用工程字体;单位一律使用国际标准单位符号。要求各种图表必须有三道工序。

(4)在整编中对监测试验情况必须全面了解,深入分析,推算方法要正确,且符合测站特性。附注说明严格按照《青海省水文资料整编规范补充规定》中的统一格式执行,不得随意更改。

(5)要求提交的资料成果表面整洁、内容齐全、规格统一,错误率应符合《水文资料整编规范》(SL 247—2012)要求。

监测成果包括水准点考证表、逐日平均水位表、实测流量成果表、逐日平均流量表、洪水要素摘录表、地下水监测表、土壤含水量监测成果表、蒸渗仪下渗模型试验成果等,根据各典型灌区具体的监测试验要素,提供相应的成果表。

第 5 章　典型灌区引退水试验方案
设计与监测结果

为满足引退水规律研究需要,在确定监测时段时,充分考虑典型灌区和典型试验区主要作物生长周期、耗水规律、灌溉制度、灌区气象条件等因素。本书在典型灌区选择时,通过对青海省黄河流域及柴达木盆地农作物种植面积所占比例进行统计,并对选择的主要作物及生长周期需水规律进行分析,据此确定试验观测时段。

根据典型灌区主要作物品种生长周期和耗水规律、主要农作物灌溉制度、灌区气象条件等因素综合分析,本书确定黄河流域典型灌区、黄河干流谷地灌区和柴达木盆地灌区观测时段为整个灌溉期。

监测断面的选择主要考虑以下因素:

(1)监测渠段顺直、床质坚固、平滑、稳定,且具有足够长度,形状尽量对称。

(2)监测渠段水流平稳集中,且无岔流、分流、壅水、回水等现象。

(3)监测渠段在满足监测要求的前提下,尽量设在交通便利、便于设备架设测验的渠段,且通视条件好。

(4)监测断面设置数量以满足引退水量计算为宜。

5.1　礼让渠灌区方案实施与试验监测

5.1.1　礼让渠灌区概况

5.1.1.1　地理位置

礼让渠灌区位于湟水左岸,始建于 1948 年,1964 年改为四清渠灌区,1982 年改为礼让渠灌区。该工程西起湟中县多巴镇黑嘴村,东至城北区马坊办事处三其村,跨越城北区、湟中县两个行政区。礼让渠灌区以湟水和西纳川为灌溉水源。

5.1.1.2　地形地貌

西宁市位于西宁盆地的腹部,地貌类型基本包括低中山丘陵区、河谷冲积平原区和河漫滩区三种。礼让渠灌区属湟水河谷冲积平原区,以壤土为主,下部为砂砾石层,土体较薄。地貌景观呈明显四级阶梯状。

5.1.1.3　气象水文

礼让渠灌区区域属半干旱气候区,降水量小而集中,年降水量为 330 ~ 450 mm,年降水量的 44% 集中在 7 ~ 8 月,85% 集中在 5 ~ 9 月,作物生长期 3 ~ 10 月内缺水 20% ~ 90%,对农业生产极为不利;蒸发量大,年平均气温 3 ~ 6 ℃,主要气象灾害有干旱、霜冻等,根据历史统计资料,春旱占干旱年份的58%;年平均风速 1.6 ~ 1.9 m/s,川水地区在 11 月初上冻,解冻期一般为 3 月下旬至 4 月上旬,冻土层深在 134 cm 以内。

云谷川、北川河、南川河和沙塘河四条支流在市内相继汇入湟水穿境而过,其中云谷川穿过礼让渠灌区,并根据灌区来水情况及灌溉需要向干渠补退水,而灌区部分农田退水退入云谷川。河流均属于大气降水补给型河流,地表水和地下水年际变化和年内变化与降水周期规律基本一致。受地质构造影响地下水埋藏深度不一,滩区地下水埋深一般为 1.2 ~ 2.5 m,Ⅰ级阶地地下水埋深 5 ~ 8 m,Ⅱ级阶地地下水埋深 8 ~ 16 m,过境水量约 18 亿 m³,其开发利用为农业发展提供了有利条件。

5.1.1.4　土壤类型

区域土壤共有 6 个土类 13 个亚类,主要地带性土壤类型有栗钙土、灌淤土和潮土,占总土地面积的 97.1%。土壤成土母质系坡积、冲洪积黄土和第三系红土,呈灰黄或淡黄色。整体来看,土壤质地均一、土性绵散,有明显的钙积层,耕作土以栗钙土和灌淤土为主,70.3% 的耕作土分布在川水地区,土体薄,质地为轻壤—中壤土,土壤结构呈团粒状,耕性好。

5.1.1.5　灌区基本情况

礼让渠灌区干渠自西向东至城北区马坊办事处三其村,跨越城北区、湟中县两个行政区。灌区取水水源为湟水(西川河)和西纳川,为有坝式引水。根据渠首来水和灌区需水情况,湟水支流云谷川择机向干渠补水或干渠向云谷川退水。干渠全长 25 km,年均供水总量 1 510 万 m³,渠道设计流量 1.60 m³/s,现引水流量 0.8 m³/s,该渠设计灌溉面积 2.24 万亩,实际灌溉面积 1.7 万亩。沿渠有各类渠系建筑物 156 座,其中斗门 56 座,进、退水闸 9 座,输水渡槽 2 座,车桥 30 座,跌水 27 座,沿渠巡渠养护点 10 个,电灌站 6 座,输水涵洞 2.6 km(其中西钢 1.6 km、转运站 1 km)等,有渠道防护林 1.6 万株。干渠已全部采用混凝土 U 形渠衬砌完成,斗农渠衬砌率达 85%,其中 50 cm 宽 U 形槽衬砌 35%,混凝土衬砌 65%。经过多年运行,老化失修率约 20%。灌溉斗门开闭由灌区管理人员控制。

经实地查勘,礼让渠灌区与其上游以西纳川作为水源的团结渠灌区有水量交换,团结渠灌区部分退水进入礼让渠干渠。礼让渠干渠有多处直排退水闸,部分退水重复利用,渠系复杂,田间引水无计量。

灌区管理机构为青海省西宁市礼让渠管理所,为财政全额拨款事业单位,现有管理人员 30 人,其中正式职工 12 人、聘用巡渠养护工 18 人,主要负责灌区供水、建筑物维护、监测、渠道运行及沿渠的绿化、垃圾外运、清淤等工作及管理。灌区管理所建立了一系列的工程管理、用水管理、组织管理和经营管理制度。管理人员分工明确,严格实施驻点实地管护和轮灌制度,随时观测渠道引水流量,进行合理配水,严把斗门关、退水关,杜绝浪费水的现象。

礼让渠灌区主要作物种类为小麦、油料和蔬菜,由于农户承包,种植结构随市场需求变化,主要作物种植结构为小麦、油料等大田作物和蔬菜各占 50%。

根据《青海省用水定额》(青政办〔2009〕62 号),在中水年,礼让渠灌区小麦灌溉定额为 4 275 m^3/hm^2,灌水 5 次;油料作物灌溉定额为 3 525 m^3/hm^2,灌水 4 次;蔬菜灌溉定额为 7 500 m^3/hm^2,灌水 10 次。在干旱年,小麦灌溉定额为 5 025 m^3/hm^2,灌水 6 次;油料作物灌溉定额为 4 275 m^3/hm^2,灌水 5 次;蔬菜灌溉定额为 7 500 m^3/hm^2,灌水 11 次。

5.1.2　礼让渠灌区引退水试验监测断面选取

根据本方案确定的监测目标任务,通过现场查勘,确定在礼让渠灌区进行干渠引、退水量监测。礼让渠灌区引、退水口监测断面共计 7 个,包括引水监测断面 3 个,其中干渠渠首 1 个(湟水引水口)、云谷川补水断面 2 个;选取 4 个退水口断面进行退水监测,分别为黑嘴村退水口、吴仲村退水口、陶北村退水口及宋家寨退水口。

礼让渠灌区引退水监测断面位置、地理坐标、断面形状和断面顶部宽度等见表 5-1,礼让渠灌区引退水监测断面平面布置图详见图 5-1。

表 5-1　礼让渠灌区引退水监测断面情况

名称	位置	纬度	经度	断面形状	断面顶部宽度(m)
LR – JS1	黑嘴村	36°39′12. 9″	101°33′0. 8″	U 形	2. 2
LR – JS2	朱北村	36°40′19. 2″	101°36′58″	U 形	1. 7
LR – JS3	朱北村	36°40′19. 2″	101°36′58″	U 形	1. 7
LR – TS1	黑嘴村	36°39′7. 9″	101°33′24. 1″	天然	2. 0
LR – TS2	吴仲村	36°39′42. 1″	101°35′53. 6″	天然	1. 3
LR – TS3	陶北村	36°39′6. 1″	101°37′56. 1″	天然	0. 4
LR – TS4	宋家寨村	36°40′24. 1″	101°39′14. 3″	矩形	1. 0

礼让渠灌区典型地块引退水量监测断面有引水口断面 1 个、退水口断面 2 个,共计 3 个监测断面,详见图 5-2。

5.1.3　礼让渠灌区引退水试验监测设计

5.1.3.1　灌区水位流量监测设计

选取干渠渠首进水口断面 1 个,云谷川补水口上、下断面 2 个(补水前断面、补水后断面),退水口断面 4 个,共 7 个断面对礼让渠灌区干渠引退水量进行监测。

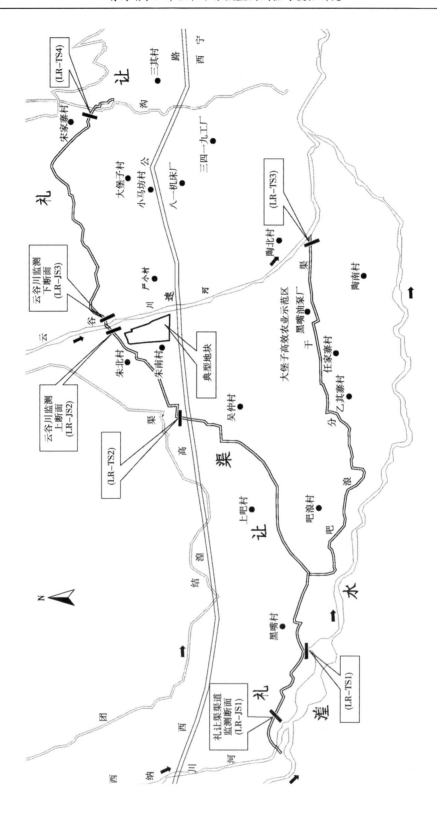

图 5-1 礼让渠灌区引退水监测断面平面布置图

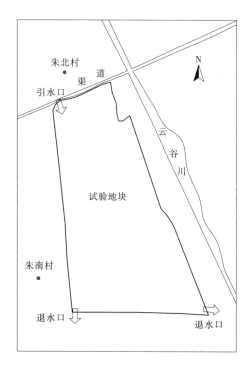

图 5-2　礼让渠灌区典型地块引退水量监测断面布置图

礼让渠干渠从云谷川河床下方穿河而过,在云谷川左岸交汇处建有调节闸门,当干渠水量不能满足灌溉用水时,打开云谷川补水口向干渠补水;当干渠水量过多时,则通过水量调节闸门向云谷川退水。本书在干渠与云谷川穿越处设上、下两个监测断面,来推算云谷川和礼让渠干渠之间的补(退)水量。

1. 水位监测设计

根据灌区的实际情况及调查研究,礼让渠灌区渠首引水口及云谷川补水口上、下干渠断面引水口,由于人为因素的影响,干渠水位变化较频繁,壅水严重,不具代表性,水位、流量关系存在不确定性,监测水位达不到推求流量的目的,因此不监测水位。干渠黑嘴村退水口、吴仲村退水口、吧浪支渠退水口、宋家寨村退水口断面由于退水渠没有正规渠道,断面不规整,且退水时间不固定,退水量小,设立水尺观测水位难度大,亦不监测水位。

2. 流量监测设计

引退水监测断面均采用流速断面法和量水建筑物法进行流量监测。流量监测采用观测来水时间和专业人员巡测的方式。以满足推求引退水量需要为原则,根据了解和掌握的引退水情况布设测量频次。对于流量较小的退水口断面,当流速仪无法施测时,采用量水建筑物法测流。干渠及典型地块监测断面均采用实测流量过程线法推流。流量测验采用悬杆测深,测深垂线数 5 条,测速垂线数 3 条,流速测点上的测速历时不少于 100 s。垂线的流速测点分布的位置采用相对水深 0.5、0.6,位置满足 GB 50179—2015 中规定。岸边流速系数采用 GB 50179—2015 中规定数据。水深达到要求时,垂线平均流速采用两点法施测,测速垂线布设和水道断面测深垂线的布设符合 GB 50179—2015 要求。单次流量测验允许误差符合 GB 50179—2015 中规定。

两点法垂线平均流速公式为

$$v_\mathrm{m} = \frac{v_{0.2} + v_{0.8}}{2} \tag{5-1}$$

式中 $v_{0.2}$ 为相对水深 0.2 处测点流速; $v_{0.8}$ 为相对水深 0.8 处测点流速。

LR – JS1(渠首)、LR – JS2(云谷川上)、LR – JS3(云谷川下)断面垂线测点流速主要采用 LS25 – 1 型和 LS10 型流速仪施测。LR – TS1(黑嘴)、LR – TS2(吴仲)、LR – TS3(陶北)、LR – TS4(宋家寨上)、LR – TS4(宋家寨)、LR – TS4(宋家寨下)、团结渠退水(云谷川右岸)断面主要采用 LS10 型流速仪施测。LS25 – 1 型流速仪仪器型号 920153, $v = 0.253\,9n/s + 0.006\,0$($n$ 为信号总数, s 为测速历时)。流速使用范围 $0.142\,7 \sim 5.00$ m/s。低速部分($0.050\,3 \sim 0.142\,7$ m/s)从低速 $v \sim n$ 曲线图查读。LS10 型流速仪仪器型号 000005, $v = 0.102\,5n/s + 0.054\,2$。流速使用范围 $0.100 \sim 4.00$ m/s。

水位监测方案调整情况:从各站点水位监测工作中发现,礼让渠灌区由于干渠上各斗渠进水口底部高于干渠底部,在渠水位较低时不能自流灌溉,沿途村民根据需要随时将挡水板插入干渠中使水壅堵抬高水位后,将干渠水引入斗渠进行灌溉,水位变化较频繁,且不能代表流量变化,故不对监测断面进行水位监测。采用其他方式推算其退水量(闸门上游宋家寨上临时断面 LR – TS4 所测流量减去退水闸门下游宋家寨下临时断面 LR – TS4 所测流量之差为宋家寨退水口退水量)。同时监测过程中加强与灌区区段管理人员的联系,及时了解和掌握引退水情况,并据此布设流量测次,以满足推求引退水过程的流量需要为原则。礼让渠灌区引退水口断面水文监测方案见表 5-2。

5.1.3.2　灌区典型地块监测设计

礼让渠灌区典型地块引水口门单一,灌区内渠系系统完整,退水口门 2 处,且直接排入云谷川河道,便于监测,能完整控制该典型地块引退水变化过程。

对礼让渠灌区典型地块监测时,水位有变化时每日 9 时、17 时观测,水位稳定时每日 9 时观测 1 次,水位采用委托观测的方式进行测量。通过灌区区段管理人员,及时了解和掌握闸门开启情况,根据闸门开启和水位变化情况,酌情增加水位观测次数。灌区典型地块退水断面由于退水渠没有正规渠道,断面不规整,且退水时间不固定,退水量小,设立水尺观测水位难度大,故不监测水位。

采用悬杆流速断面法以及量水建筑物法进行流量测验,监测方式为委托观测来水时间和专业人员巡测流量相结合。典型地块退水口断面采用流量过程线法推流。

从灌区干渠引水、区间补水和退水口门计量,采用流速仪或设置量水设施进行流量测验,率定水位—流量关系曲线或实测流量过程线法推流。灌区农田退水在灌溉期要进行巡测。

表 5-2 礼让渠灌区引退水口断面水文监测方案

序号	断面名称及代号	位置	水位监测方式	水位监测频次	流量监测方式	流量监测频次	测流方式	垂线布设	测速历时	测深
1	LR-JS1(渠首)	黑嘴村			巡测	根据水量变化过程布置测次。当水量稳定时每周1次	流速断面法	3条	不少于100 s	悬杆
2	LR-TS1(黑嘴)	黑嘴村			巡测	根据流量变化过程布置测次	根据退水量大小分别采用LS10型流速建筑物法、量水建筑物法	2~3条	不少于100 s	悬杆
3	LR-TS2(吴仲)	吴仲村			巡测	根据流量变化过程布置测次	根据退水量大小分别采用LS10型流速建筑物法、量水建筑物法	2~3条	不少于100 s	悬杆
4	LR-JS2(云谷川上)	朱北村			巡测	根据流量变化过程布置测次。当水量稳定时每周1次	流速断面法	3条	不少于100 s	悬杆
5	LR-JS3(云谷川下)	朱北村			巡测	根据水量变化过程布置测次。当水量稳定时每周1次，不补水时停测	流速断面法	3条	不少于100 s	悬杆
6	LR-TS3(陶北)	陶北村	委托观测	每日1~2次	巡测	实地查勘，根据退水变化过程布置测次，根据退水时每周1次，以满足推求退水量为原则	根据退水量大小分别采用LS10型流速建筑物法、量水建筑物法	2~3条	不少于100 s	悬杆
7	LR-TS4(宋家寨上)	宋家寨村	委托观测	每日1次	巡测	根据流量变化过程布置测次	流速断面法	3条	不少于100 s	悬杆
8	LR-TS4(宋家寨)	宋家寨村	委托观测	每日1次	巡测	根据流量变化过程布置测次	流速断面法	3条	不少于100 s	悬杆
9	LR-TS4(宋家寨下)	宋家寨村	委托观测	每日1次	巡测	根据流量变化过程布置测次	流速断面法	3条	不少于100 s	悬杆

礼让渠灌区典型地块引退水口断面水文监测方案见表5-3。

表 5-3　礼让渠灌区典型地块引退水口断面水文监测方案

序号	断面名称及代号	位置	监测方式	频次	测流方式	垂线布设	测速历时	测深
1	典型地块进水口（LR – JS4）	朱北村	巡测	根据水位变化过程和满足推算引入水量布置测次	根据水量大小分别采用 LS10 型流速断面法、量水建筑物法	2～3条	不少于100 s	悬杆
2	典型地块退水口2处（LR – TS6、LR – TS7）	朱北村	巡测	春、冬、苗灌期间，根据流量变化过程和满足推求退水量过程随时布置测次	量水建筑物法			

5.1.4　礼让渠灌区引退水试验监测结果

5.1.4.1　灌区引退水

礼让渠灌区于 2013 年 3 月 10 日开始引水,3 月 10 日至 3 月 16 日为冲渠期,引退水监测自 3 月 17 日春灌开始,截至 9 月 5 日渠道停水,阶段观测结束。另外,从 10 月 23 日渠道开闸引水,冲刷渠道内垃圾结束后开始监测,于 11 月 19 日渠道停水,监测工作结束。两段监测期各断面监测引退水共 279 次。灌区采用轮灌配水,从干渠下游段开始,到干渠上游段结束,吧浪支干渠同时引水灌溉。礼让干渠各监测点流量监测情况见表5-4。

表 5-4　礼让干渠各监测点流量监测情况

站　名	测深垂线数（条）	测速垂线数	测速垂线测点	测速历时（s）	测流次数	左岸边系数	右岸边系数
渠首（LR – JS1）	5	3	2	≥100	31	0.75	0.75
黑嘴（LR – TS1）	5	3	1	≥100	25	0.8	0.8
吴仲（LR – TS2）	5	3	1	≥100	22	0.8	0.8
云谷川上（LR – JS2）	5	3	2	≥100	31	0.75	0.75
云谷川下（LR – JS3）	5	3	2	≥100	20	0.75	0.75
陶北（LR – TS3）	4	2	1	≥100	24	0.9	0.9
宋家寨上（LR – TS4）	5	3	1	≥100	31	0.75	0.75
宋家寨（LR – TS4）	5	3	1	≥100	4	0.7	0.7
宋家寨下（LR – TS4）	5	3	1	≥100	14	0.9	0.9

根据礼让渠灌区灌溉制度,3 月中旬至 4 月中旬大田作物春灌,4 月中旬至 4 月底主要为蔬菜灌溉,5 月初至 5 月下旬为大田作物苗灌,5 月下旬至 6 月中旬为蔬菜灌溉,6 月中旬至 6 月下旬为大田作物第三次灌溉,7 月为大田作物灌浆灌溉,8 月为蔬菜灌溉,9~11 月灌区引水量较小,主要为温室大棚灌溉,11 月中旬渠道停止输水。灌区约 350 亩温室大棚用水来自蓄水池和其他水源,其中采用滴灌等节水灌溉的约 100 亩。

截至 11 月 19 日,干渠渠首(LR – JS1)总引水量 1 518.0 万 m³,干渠总退水量 736.6 万 m³。其中:云谷川上断面(LR – JS2)监测水量为 717.3 万 m³,云谷川下断面(LR – JS3)监测水量为 605.3 万 m³,干渠向云谷川退水量 112.0 m³。根据巡测和典型调查推算,团结渠向礼让渠退水量约为 0.647 3 万 m³。灌区无灌溉压碱用水,无冬灌,年内亦无播前灌溉。礼让渠灌区干渠引退水量统计见表 5-5。

表 5-5 礼让渠灌区干渠引退水量统计 （单位:万 m³)

断面名称	引水量	退水量
渠首(LR – JS1)	1 518.0	
黑嘴(LR – TS1)		259.5
吴仲(LR – TS2)		117.6
云谷川补水口(LR – JS2、LR – JS3)		112.0
陶北(LR – TS3)		41.7
宋家寨(LR – TS4)		205.2
团结渠退水		0.647 3
合计	1 518.0	736.6

由于灌溉高峰期供水紧张,为使灌区配水公平均等,灌区实施轮灌供水计划,各村轮灌时间和顺序见图 5-3。

干渠轮灌顺序依次为三其村、宋家寨、小马坊、大堡子村、朱北村、陶北村、朱南村、严小村、吴仲村、吧浪村,吧浪支渠灌溉顺序依次为陶南村、汪家寨村、一其寨村、吴仲村、吧浪村。轮灌顺序遵循及时满足灌区作物用水要求及节约用水原则,按照先灌远处下游,后灌近处上游进行安排,以确保全灌区均衡灌水。

礼让渠灌区灌溉于 3 月 17 日开始,至 11 月 18 日结束,共 247 d。渠首、黑嘴、吴仲、云谷川补水口、陶北和宋家寨 6 个干渠退水口输水天数、停止输退水天数、最大流量及出现日期、输退水起止时间见表 5-6。

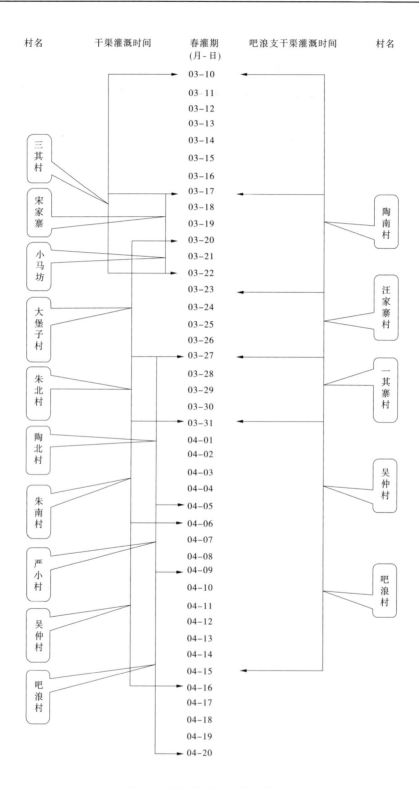

图 5-3　礼让渠灌区春灌水轮图

表 5-6　礼让渠灌区各断面输水情况统计表

断面名称	输水天数（d）	停止输退水天数（d）	最大流量（m³/s）	最大流量出现日期	输退水起止时间（月-日）
渠首（LR – JS1）	197	50	1.42	7 月 5 日	03-17 ~ 11-18
黑嘴（LR – TS1）	158	82	1.05	3 月 26 日	03-22 ~ 11-16
吴仲（LR – TS2）	135	20	0.394	4 月 20 日	03-19 ~ 08-20
云谷川补水口（LR – JS2、LR – JS3）	197	50	0.829	3 月 30 日	03-17 ~ 11-18
陶北（LR – TS3）	176	71	0.051	4 月 1 日	03-17 ~ 11-18
宋家寨（LR – TS4）	179	68	0.448	8 月 23 日	03-17 ~ 11-18

礼让渠灌区渠首监测断面（LR – JS1）引水流量情况见图 5-4 和表 5-7，监测期内，渠首最大引水流量为 1.42 m³/s，总引水量为 1 518 万 m³。其中 7 月 26 ~ 28 日、9 月 6 日至 11 月 18 日共 50 d 停止输水，引水流量大小根据河道来水和灌溉需水量进行调节。

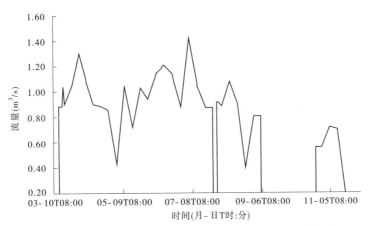

图 5-4　礼让渠灌区渠首监测断面（LR – JS1）引水流量过程线

表 5-7　礼让渠灌区渠首引水流量统计

月份	最大流量（m³/s）	断面面积（m²）	最大流速（m/s）	水面宽（m）	最大水深（m）
3	1.05	0.75	1.56	1.60	0.58
4	1.30	0.83	1.71	1.66	0.61
5	1.04	1.10	1.25	1.75	0.81
6	1.14	1.47	0.98	1.82	1.02
7	1.42	1.47	1.19	1.80	1.00
8	1.08	1.21	1.12	1.75	0.86
10	0.557	0.95	0.84	1.70	0.73
11	0.717	1.01	1.00	1.80	0.75

　　湟水支流云谷川从朱北村东侧自北向南穿过礼让渠灌区,根据干渠输水量和下游灌溉需水情况,通过布设于云谷川左岸的调节闸门,择机向干渠补水或向云谷川退水。从补退水监测断面 LR－JS2(上断面)和 LR－JS3(下断面)输水流量情况可以看出(见图 5-5 和图 5-6),4 月上旬和 7 月下旬,上断面流量大于下断面流量,即干渠向云谷川退水;5 月初上断面流量小于下断面流量,即云谷川向干渠补水。监测期 3 月 17 日至 11 月 19 日,扣除云谷川补水,干渠向云谷川退水量达 112.0 万 m³。

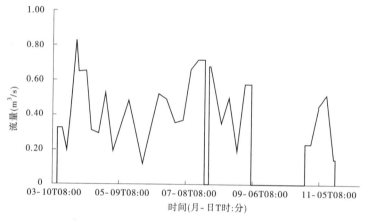

图 5-5　云谷川上断面流量过程线

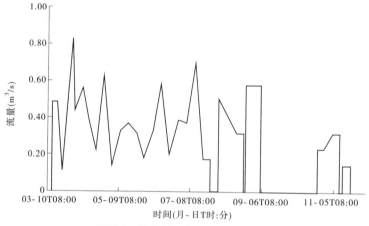

图 5-6　云谷川下断面流量过程线

　　礼让渠干渠退水监测断面共有 4 个,其中干渠退水 3 处,吧浪支渠退水 1 处。干渠黑嘴断面(LR－TS1)直接退入湟水,吴仲断面(LR－TS2)通过沟谷退入云谷川,宋家寨断面(LR－TS4)退入海子沟;吧浪支渠陶北断面(LR－TS3)直接退入云谷川。

　　礼让渠灌区监测期内干渠退水量达 736.0 万 m³,其中黑嘴(LR－TS1)、吴仲(LR－TS2)、陶北(LR－TS3)、宋家寨(LR－TS4)4 个干渠退水口退水量分别为 259.5 万 m³、117.6 万 m³、41.73 万 m³、205.2 万 m³。礼让渠灌区各断面退水流量过程线见图 5-7 ~ 图 5-10。

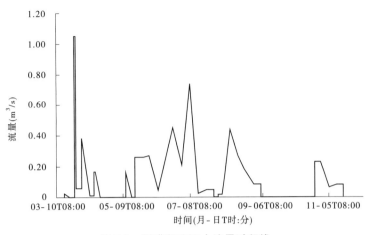

图 5-7　黑嘴断面退水流量过程线

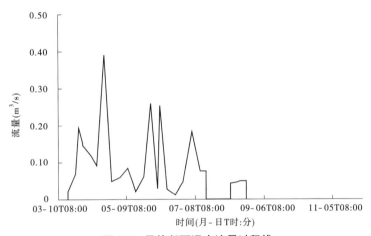

图 5-8　吴仲断面退水流量过程线

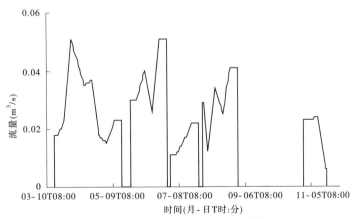

图 5-9　陶北断面退水流量过程线

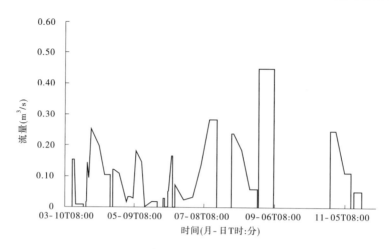

图 5-10　宋家寨断面退水流量过程线

5.1.4.2　典型地块引退水

礼让渠灌区典型地块有 1 个引水口监测断面(LR‒JS4),有 2 个退水口监测断面(LR‒TS6、LR‒TS7),退水进入云谷川后流入湟水。

典型地块灌溉为每天上午开始,下午结束。每天灌溉开始和结束前各监测一次,3 月 19 日至 6 月 25 日,共监测流量 65 次。流量监测情况见表 5-8。

表 5-8　礼让渠灌区典型地块引退水口流量监测情况

站　　名	测深垂线数(条)	测速垂线数(条)	测速垂线测点	测速历时(s)	测流次数	左岸边系数	右岸边系数	最大流量(m³/s)
引水口(LR‒JS4)	4	2	1	≥100	44	0.9,临时断面 0.75	0.9,临时断面 0.75	0.113
退水口 1(LR‒TS6)	4	2	1	≥100	6	0.9	0.9	0.016
退水口 2(LR‒TS7)	4	2	1	≥100	15	0.8	0.8	0.022

礼让渠灌区典型地块监测期 LR‒JS4 引水量为 6.281 万 m³,退水量为 0.976 3 万 m³,其中 LR‒TS6(朱北)退水量为 0.129 6 万 m³,LR‒TS7(朱北)退水量为 0.846 7 万 m³。礼让渠灌区典型地块监测期引退水量统计见表 5-9。

表 5-9　礼让渠灌区典型地块监测期引退水量统计　　（单位:万 m³）

灌溉时期	引水量	LR – TS6 退水量	LR – TS7 退水量	退水量合计
春灌	1.987	0.034 6	0.095 0	0.129 6
苗灌	4.294	0.095 0	0.751 7	0.846 7
合计	6.281	0.129 6	0.846 7	0.976 3

5.1.4.3　土壤含水量

礼让渠灌区土壤含水量监测点位于朱北村典型地块内,土质为沙壤土,种植油料。3月27~30日开展了春灌期监测,6月4~19日开展了苗灌期监测。礼让渠灌区典型地块土壤含水量监测点基本情况见表 5-10。

表 5-10　礼让渠灌区典型地块土壤含水量监测点基本情况

序号	名称	位置	纬度	经度	作物种类
1	LR – TR	朱北村	36°40′5.78″	101°36′57.16″	油料

根据监测数据分析,由图 5-11 和图 5-12 可知,3 月 27~30 日的春灌期,顶部土层与70 cm 的底部土层含水量较小,中部土层含水量较大,灌溉开始前期顶部土层的含水量最先达到最大值;中部土层由于前期含水量较大,所以变化较为缓慢;而 70 cm 的底部土层由于前期含水量较小,灌溉水量先使中上部土层的含水量达到田间持水量的要求以后,才向下部运动,所以变化明显滞后,各土层含水量的变化过程较为合理。

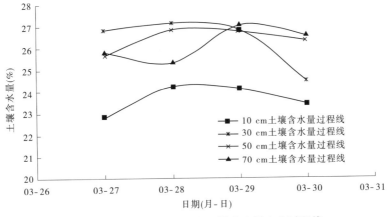

图 5-11　礼让渠灌区春灌期土壤含水量变化过程线

6 月 4~19 日的苗灌期前经过一次春灌,土壤含水量起始值较为接近,顶层土壤含水量仍然是最先达到最大值,各土层含水量变化反映了一次灌溉过程,与灌期一致,最大值滞后于灌期,基本上反映了灌区灌溉水量下渗过程。

根据典型灌区土壤含水量监测成果,逐层计算土壤含水量与田间持水量的差值,积分计算得到灌溉水下渗水量。可以看出,每次灌溉结束后,土壤含水量随深度呈先增大后减小的趋势。礼让渠灌区灌溉水入渗监测情况见表 5-11。

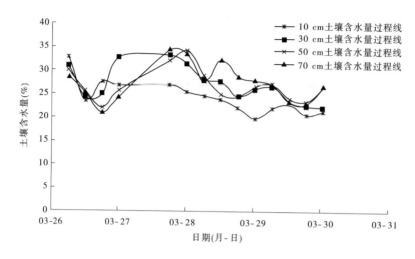

图 5-12　礼让渠灌区苗灌期土壤含水量变化过程线

表 5-11　礼让渠灌区灌溉水入渗监测情况　　　　　　（单位:cm）

灌溉时期	土层				合计
	10 cm	30 cm	50 cm	70 cm	
春灌	0.16	0.42	0.30	0.10	0.98
苗灌	0.179	0.62	0.38	0.492	1.671

5.2　大峡渠灌区方案实施与试验监测

5.2.1　大峡渠灌区概况

5.2.1.1　地理位置

　　大峡渠灌区位于湟水左岸的高店镇河滩寨村,水源引自湟水,下游有引胜沟等湟水一级支流作为补充水源。灌区贯穿于湟水左岸的高店、雨润、共和、碾伯、高庙 5 个乡(镇)的 43 个行政村和单位,工程始建于 1948 年,灌区的大部分工程是 20 世纪 50 年代和 70 年代修建的。

5.2.1.2　地形地貌

　　根据地形和海拔,该区域地貌类型包括河谷冲积平原、黄土浅山丘陵区和石质高山脑山区三种。大峡渠灌区位于河谷平原川水区,该区沿湟水干流及其一级支流呈带状分布,由河滩和Ⅰ~Ⅴ级阶地坡洪积扇组成,土体构型较好,质地松,是全县的主要产粮区。

5.2.1.3　气象水文

　　区域地形复杂,海拔高差大,各地降水量不尽一致,山区一般大于川区,脑山大于浅山,川水地区年降水量为 320 ~ 340 mm。蒸发量川区大于山区,川区年蒸发量达 843 mm。

降水年际变化大,季节性分布不均,年内 3 ~ 5 月农业春灌、苗灌时期降水量仅为全年的
18%,汛期降水高度集中,多以高强度暴雨形式出现,不利于农业生产利用。最大冻土深
度为 86 cm。全县人均水资源仅为全省的 11.7%,亩均水资源仅为全省的 11.7%,较全国
的低 61.6%,引胜沟、岗子沟、下水磨沟和上水磨沟的水资源均有较大开发利用价值,其
中引胜沟和下水磨沟是大峡渠灌区的补充水源。水资源时空分布和地域分布极不均匀,
70% ~ 90% 分布在 6 ~ 9 月,且多为暴雨而形成的洪流,不利于开发利用;从地域上看,石
山森林水源涵养区水源较充沛,在河谷上游修建一些水库等蓄水工程和输水工程,对发展
工农业生产极为重要。

5.2.1.4 土壤类型

该区土壤共有 9 个土类 22 个亚类,由于母质、气候、地形等因素影响,各类土壤分布
有明显的垂直差异,由低向高,依次为灰钙土、栗钙土、黑钙土、灰褐土、山地草甸土和高山
草甸土。农业规划根据地貌类型和土壤类型将全县划分为 5 个分区,即湟水河谷灌淤型
灰钙土区、沟岔河谷灌淤型栗钙土区、浅山丘陵沟壑灰钙土栗钙土区、脑山暗栗钙土区和
黑钙土区。大峡渠灌区主要包括前两个土区,成土母质有冲积物、洪积物和次生黄土等,
土质松散,质地均一,可耕性好,结构呈团粒状或粒状。

5.2.1.5 灌区基本情况

大峡渠灌区大部分工程是 20 世纪 50 年代和 70 年代修建的,水源来自于湟水,下游
有引胜沟等湟水一级支流作为补充水源。渠首设计流量 3.5 m³/s,加大流量 3.9 m³/s,年
均引水量约 7 700 万 m³,有效灌溉面积 4.5 万亩,实际灌溉面积 4 万亩。灌渠始建于 1948
年,20 世纪 70 年代扩建一次,扩建后的渠道全长 57 km,灌区贯穿于湟水北岸的高店、雨
润、共和、碾伯、高庙 5 个乡(镇)的 43 个行政村和单位。

渠首引水枢纽位于乐都县高店镇河滩寨村,干渠渠道全长 57 km(于 2005 年立项维
修 27 km)。干渠有各类建筑物 289 座,其中渡槽 36 座,长 1 950 m;隧洞 50 座,长 19 200
m;倒虹吸 1 座,长 384 m;退水闸 17 座;涵洞 17 座。其他建筑物 168 座(完好 117 座),其
中斗门 137 座。农渠退水口多达 198 处。由于水污染加重和径流量年内分配不均匀,每
年 4 ~ 6 月供需矛盾极为突出,严重影响灌溉。

大峡渠灌区引水枢纽经过三四十年运行,渠道老化失修严重,险工段逐年增多。2011
年 12 月乐都县农业综合开发湟水左岸中型灌区节水改造配套项目全面完工,改造大峡渠
15.418 km,其中防渗明渠 2.938 km,维修渡槽 15 座,维修隧洞 23 座,新建渠系建筑物 50
座。该项目投入运行后,改善灌溉面积 2.8 万亩,恢复灌溉面积 0.5 万亩,取得了良好的
经济效益和社会效益。目前,大峡渠灌区干渠尚有 3 km 未衬砌,衬砌部分 80% 为现浇混
凝土,20% 为浆砌石;斗农渠衬砌率为 30%。

灌区管理机构为青海省乐都县大峡渠灌区管理局,隶属乐都县水利局,为财政全额拨
款事业单位,现有管理人员 63 人,其中职工 16 人,合同制工人 7 人,聘用巡渠管理员 40
人。2008 年大峡渠灌区成立农民用水户协会,负责供水和收费、渠道管理维修养护和更
新工作,实施"统一调配、分级管理、均衡受益"的水量调配原则。

大峡渠灌区种植结构复杂,以小麦、蔬菜和苗木为主,灌区已成为青海省主要蔬菜生
产基地。小麦、大棚蔬菜、大蒜、马铃薯、苗木等种植面积占灌区总面积的比例分别为

31%、27%、18%、15% 和 9%。

根据《青海省用水定额》(青政办〔2009〕62 号),在中水年,大峡渠灌区小麦灌溉定额为 4 275 m^3/hm^2,灌水 5 次;油料作物灌溉定额为 3 525 m^3/hm^2,灌水 4 次;大蒜灌溉定额为 6 750 m^3/hm^2,灌水 10 次;蔬菜灌溉定额为 7 500 m^3/hm^2,灌水 10 次;马铃薯灌溉定额为 2 400 m^3/hm^2,灌水 3 次。在干旱年,大峡渠灌区小麦灌溉定额为 5 025 m^3/hm^2,灌水 6 次;油料作物灌溉定额为 4 275 m^3/hm^2,灌水 5 次;大蒜灌溉定额为 7 500 m^3/hm^2,灌水 11 次;蔬菜灌溉定额为 7 500 m^3/hm^2,灌水 11 次;马铃薯灌溉定额为 3 000 m^3/hm^2,灌水 4 次。

5.2.2 大峡渠灌区监测断面选取

大峡渠灌区干渠退水口门 29 处,毛渠退水口多达 198 处,目前难以全面进行监测。鉴于大峡渠灌区引退水断面较多,特别是退水无法控制,因此在大峡渠灌区只开展典型地块引退水量监测,典型地块灌溉面积约 290 亩,该地块引水口断面 2 个、退水口断面 6 个,引退水监测断面设置见表 5-12 和图 5-13。

表 5-12 大峡渠灌区引退水监测断面情况

序号	断面名称	纬度	经度	断面形状	断面顶部宽度(m)
1	斗渠引水口①	36°29′16.4″	102°13′34.8″	U 形	0.70
2	斗渠引水口②	36°29′12.8″	102°13′45.6″	U 形	0.85
3	DX – TS1	36°29′6.4″	102°13′36.30″	不规则	
4	DX – TS2	36°28′58.3″	102°13′35.6″	不规则	
5	DX – TS3	36°29′6.5″	102°13′36.31″	不规则	
6	DX – TS4	36°29′6.6″	102°13′36.32″	不规则	
7	DX – TS5	36°29′6.7″	102°13′36.33″	不规则	
8	DX – TS6	36°29′6.8″	102°13′36.34″	不规则	

5.2.3 大峡渠灌区引退水试验监测设计

5.2.3.1 灌区典型地块监测设计

在大峡渠灌区柳树湾村选取了一个有 2 个引水口、6 个退水口的典型地块进行详细监测,以保证该地块引退水观测成果的精度。

大峡渠灌区典型地块水位采用驻测方式进行观测,每日按 2 段制观测水位,并根据引水口斗门开启变化情况随时增加断面的水位观测次数。同时,加强与灌区区段管理人员联系,及时了解闸门开启情况。大峡渠灌区典型地块退水断面由于退水渠没有正规渠道,断面不规则,且退水时间不固定,退水量小,设立水尺观测水位难度大,故不监测水位。

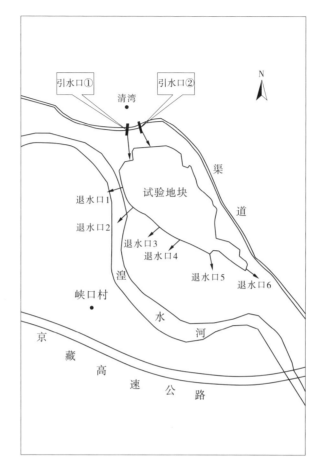

图 5-13　大峡渠灌区典型地块引退水量监测断面布置

采用流速断面法进行流量测验,测验方式为驻测。大峡渠灌区典型地块引水口断面采用率定水位—流量关系曲线法推流。灌区典型地块退水口断面采用流量过程线法推流。灌溉期观测人员应随时与村民沟通,及时掌握和了解灌溉情况,对于有退水的各退水口随时进行监测,以满足推求引退水过程的流量需要为原则。退水口断面流量较小时采用量水建筑物法测流。根据《水工建筑物与堰槽测流规范》(SL 537—2011),对于自由流直角三角堰,流量计算公式为

$$Q = 1.343H^{2.47} \tag{5-2}$$

该式适用范围 $H = 0.06 \sim 0.65$ m。薄壁堰厚度 1.5 mm,堰顶高 0.5 m,顶宽 0.5 m。

大峡渠灌区典型地块斗渠①、斗渠②引水口断面水尺为矮桩式六棱钢筋,长度 1.5 m、入土深度 1.3 m。

大峡渠灌区典型地块引退水口断面水文监测方案见表 5-13。

表 5-13　　大峡渠灌区典型地块引退水口断面水文监测方案

断面	水位监测方式	水位监测频次	流量监测方式	流量监测频次	流量测流方式	垂线布设（条）	测速历时	测深
斗渠① 斗渠②	驻测	每日9时、19时观测	间测	每月不少于1次	流速断面法	3	≥100 s	悬杆
DX－TS1～ DX－TS6			巡测	有退水时随时监测	直角三角形量水堰测流			

5.2.3.2　灌区地下水监测井布设

灌区农田土壤性质、透水性能、地下水埋深以及灌溉定额等因素对田间灌溉渗漏量会产生综合影响。在典型灌区水文地质条件下，因灌溉水渗漏致使地下水位变动，含水层中的重力水体积的变化在叠加降雨入渗因素后，可以近似地作为地下水补给量，亦是灌溉水渗漏回归河道的水量。根据灌区地下水赋存特征，在灌区典型地块凿井，进行地下水动态观测，采用观测井平均地下水位变化幅度、分布面积和变幅及给水度乘积来计算蓄水变化量。

$$W_{dd} = F\mu\Delta h \qquad (5\text{-}3)$$

式中：F 为观测井分布面积，hm^2；μ 为给水度；Δh 为水位变化幅度，mm。

现场查勘时对三个灌区灌溉机井情况等进行了调查了解，礼让渠灌区交通便利，但地下水埋深大于 15 m。官亭泵站三个提水支渠属于高抽灌溉，地下水埋藏较深，灌溉水量短期内不足以对地下水位产生显著影响，不具备打井观测地下水位变化的条件。大峡渠灌区典型地块位于湟水河谷Ⅰ级阶地上，地下水埋深较浅。综合考虑以上因素，拟在大峡渠灌区建设 5 眼地下水观测井，开展农田灌溉水下渗及对地下水动态影响试验研究。

地下水位观测井位置如图 5-14 所示。1、2、3、4、5 号井距河边水尺 P_1 的距离分别为 68.3 m、68.6 m、48.8 m、29.0 m、29.9 m。地块南部，湟水左岸边设立直立式水尺 1 组共 2 支。在观测井附近分别埋设水准点，工作中每月对各水准点进行互校，同时校测河道水尺高程及地下水井口高程。每次灌溉前一天观测 5 眼地下水井水位，灌溉后期每日 9 时、14 时、19 时观测 3 次，地下水位稳定后停止观测。每次观测地下水位时，同步观测河道水位。

地下水位观测采用 PD－26 型便携式激光测距仪结合悬垂式电子感应器人工观测，激光测距仪技术参数为：测量精度 ±2 mm，测量范围 0.2～60 m，激光等级 2 级，工作温度 －10～50 ℃。依照 SL 183—2005 要求，每次监测地下水位应测量两次，间隔时间不应少于 1 min，当两次测量数值之差小于 0.02 m 时，取两次水位的平均值。当两次测量偏差超过 0.02 m 时，应重复测量。在实际观测中，当两次测量偏差在 0.005 m 以内时，采用 2 次平均值，高于规范要求的标准。测量成果当场核查，及时点绘各地下水井的水位过程线，发现反常及时补测，保证监测资料真实、准确、完整、可靠。大峡渠灌区典型地块地下水位

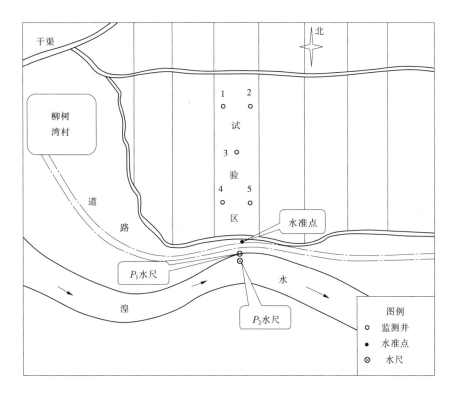

图 5-14　地下水位观测井位置

监测实施方案见表 5-14。

表 5-14　大峡渠灌区典型地块地下水位监测案施方案

序号	名称	纬度	经度	频次	测量用具
1	地下水井 1	36°29′9.1″	102°13′37.9″		
2	地下水井 2	36°29′9.2″	102°13′37.9″	灌溉期每日 9 时、14 时、19 时观测 3 次,水位稳定后每日 9 时观测 1 次	激光测距仪配合悬垂式电子感应器
3	地下水井 3	36°29′8.2″	102°13′37.1″		
4	地下水井 4	36°29′7.8″	102°13′36.7″		
5	地下水井 5	36°29′7.9″	102°13′36.7″		

　　为使地下水位及河道水位在同一个高程系统内反映灌溉用水下渗及河道水位的变化情况,大峡渠灌区典型地块设有 2 个水准点,分别为基 1、基 2 水准点,埋深为 1.5 m。两水准点相距约 124 m,3 月 18 日通过复测判定高程未变。

　　大峡渠灌区典型地块水准点位置见表 5-15。

表 5-15　大峡渠灌区典型地块水准点位置

序号	名称	纬度	经度	高程
1	基 1	36°29′11.36″	102°13′35.8″	100.000 m
2	基 2	36°29′7.42″	102°13′36.0″	97.763 m

5.2.4　大峡渠灌区引退水试验监测结果

大峡渠灌区 3 月 15 日通水,15 日、16 日为冲渠期,3 月 17 日至 11 月 23 日为灌溉期。经监测,干渠渠首平均引水流量 2.41 m³/s,大峡渠灌区干渠总引水量 4 976 万 m³。

大峡渠灌区干渠退水口门 17 座,经调查监测,干渠仅高庙河滩寨村退水口因突发事故和渠道维修,退水 10 d,总退水量包括渠首退水口退水量和干渠蓄水量,合计 252.3 万 m³。干渠退水量占总引水量的 3.76%。

5.2.4.1　引退水量

1. 流量

大峡渠灌区典型地块春灌期监测时间为 3 月 9 ~ 24 日,共 16 d。3 月 19 日、20 日对水尺零高进行测量,测量成果符合规范要求。春灌期每日测流 2 次,21 日通过调节闸门增加测次,完成了斗渠水位—流量关系率定,用水位—流量关系曲线法推求引水量,用实测流量对水位—流量关系曲线进行校核。

4 月 12 ~ 26 日为苗灌期,共监测 15 d,用水位—流量关系曲线推求引水量。4 月 24 日,在斗渠①和斗渠②各测流 1 次,校核水位—流量关系曲线。每日 9 时、14 时、19 时监测典型地块退水量 3 次。间断灌溉期,采用驻点观测,及时监测灌溉退水量及退水时间。

8 月 20 日至 9 月 3 日为秋灌期,共监测 13 d。

大峡渠灌区典型地块引水口流量监测情况见表 5-16,典型地块退水口流量监测情况见表 5-17。

表 5-16　大峡渠灌区典型地块引水口流量监测情况

站名	测深垂线数（条）	测速垂线数（条）	测速垂线测点	测速历时（s）	春灌测次	苗灌测次	秋灌测次	左岸边系数	右岸边系数	最大流量（m³/s）
斗渠①	3	3	1	≥100	18	1	4	0.7	0.7	0.103
斗渠②	3	3	1	≥100	16	1	0	0.7	0.7	0.079

表 5-17 大峡渠灌区典型地块退水口流量监测情况

灌溉期	DX – TS1	DX – TS2	DX – TS3	DX – TS4	DX – TS5	DX – TS6
春灌期观测次数	44	44	44	44	44	44
春灌期有水次数	36	1	10	31	4	20
苗灌期观测次数	72	72	72	72	72	72
苗灌期有水次数	67	0	2	54	0	60
秋灌期观测次数	25	25	25	25	25	25
秋灌期有水次数	17	0	0	16	3	3

典型地块斗渠①、斗渠②水位—流量关系曲线见图 5-15、图 5-16。

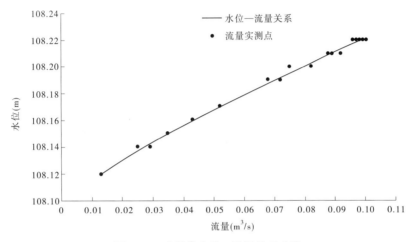

图 5-15 斗渠①水位—流量关系曲线

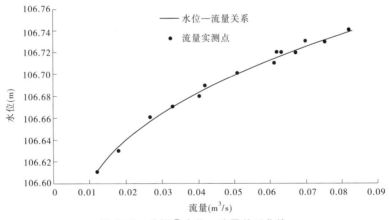

图 5-16 斗渠②水位—流量关系曲线

通过对斗渠①、斗渠②水位—流量关系进行符号检验、适线检验、偏离数值检验,三种检验均满足要求。斗渠①曲线标准差为 4.0%,系统误差为 -0.7%,Q_1 次流量最大偏离曲线 -7.41%。斗渠②曲线标准差为 4.0%,系统误差为 -0.2%,Q_8 次流量最大偏离曲线 6.67%。

大峡渠典型灌区水位—流量关系定线检验成果统计见表5-18。

表5-18　大峡渠典型灌区水位—流量关系定线检验成果统计

名称	样本	正号个数	负号个数	变号个数	符号检验	适线检验	偏离数值检验	系统误差（%）	标准差（%）	检验结果
规范指标允许值					1.15	1.28	1.33	±2	5.5	
斗渠①计算值	21	10	11	15	0.87	免检	0.88	−0.7	4.0	合格
斗渠②计算值	17	9	8	12	0.24	免检	0.23	−0.2	4.0	合格

2. 引退水量

大峡渠灌区典型地块春灌期引水量4.9162万 m³,退水量2.1165万 m³;苗灌期引水量4.1645万 m³,退水量3.2229万 m³;秋灌期引水量1.3558万 m³,退水量0.8470万 m³。监测期总引水量10.4365万 m³,总退水量6.1864万 m³。大峡渠灌区典型地块各时期引退水量统计见表5-19。

表5-19　大峡渠灌区典型地块引退水量统计　　　　　　（单位:万 m³）

灌溉期	斗渠①引水量	斗渠②引水量	引水量小计	退水量
春灌期	3.9226	0.9936	4.9162	2.1165
苗灌期	3.5597	0.6048	4.1645	3.2229
秋灌期	1.3040	0.0518	1.3558	0.8470
合计	8.7863	1.6502	10.4365	6.1864

大峡渠灌区典型地块春灌期引退水量柱状图见图5-17,大峡渠灌区典型地块苗灌期引退水量柱状图见图5-18,大峡渠灌区典型地块秋灌期引退水量柱状图见图5-19。

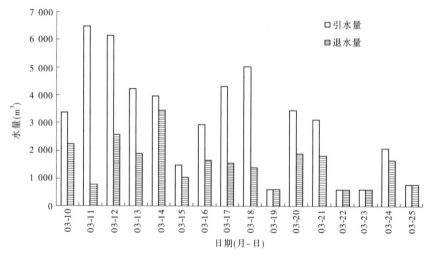

图5-17　大峡渠灌区典型地块春灌期引退水量柱状图

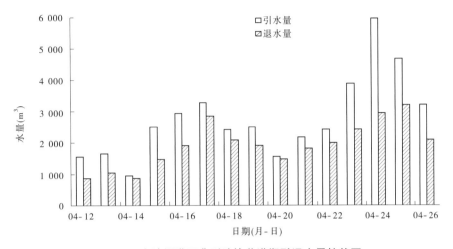

图 5-18　大峡渠灌区典型地块苗灌期引退水量柱状图

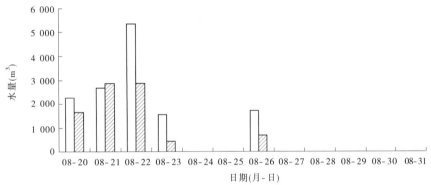

图 5-19　大峡渠灌区典型地块秋灌期引退水量柱状图

大峡渠灌区典型地块春灌期断面引退水流量过程线见图 5-20 ~ 图 5-23。

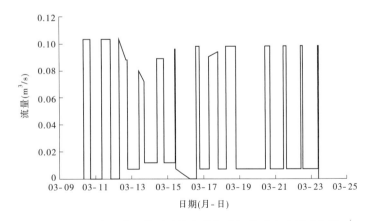

图 5-20　大峡渠灌区典型地块春灌期斗渠①引水流量过程线

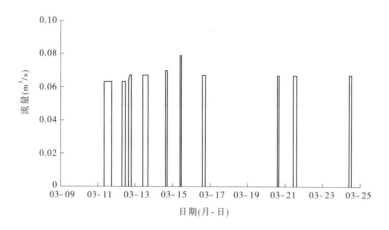

图 5-21　大峡渠灌区典型地块春灌期斗渠②引水流量过程线

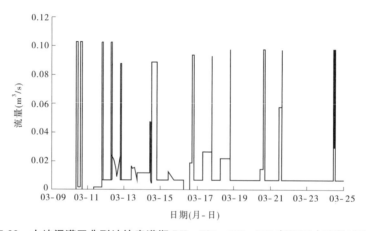

图 5-22　大峡渠灌区典型地块春灌期 DX－TS1～DX－TS5 断面退水流量过程线

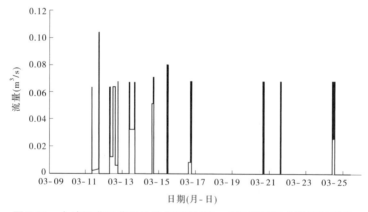

图 5-23　大峡渠灌区典型地块春灌期 DX－TS6 断面退水流量过程线

　　由于闸门关闭不严造成退水或水位有变化时及时加测。灌溉期主要从 DX－TS1、DX－TS4、DX－TS6 三个断面退水，DX－TS3 和 DX－TS5 两个断面退水较少，DX－TS2 断面无退水。灌溉初期退水量较少，后期退水量较多。

大峡渠灌区典型地块苗灌期各监测断面引退水流量过程线见图5-24～图5-27。

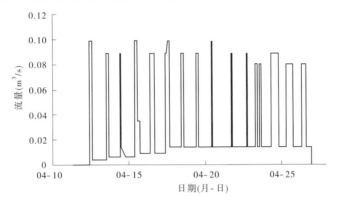

图 5-24　大峡渠灌区典型地块苗灌期斗渠①引水流量过程线

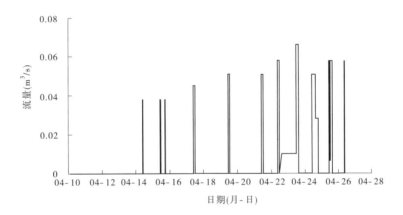

图 5-25　大峡渠灌区典型地块苗灌期斗渠②引水流量过程线

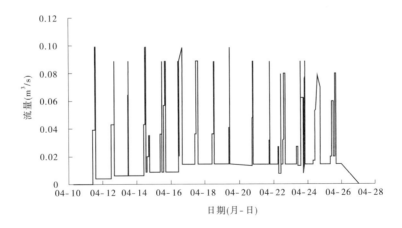

图 5-26　大峡渠灌区典型地块苗灌期 DX－TS1～DX－TS5 断面退水流量过程线

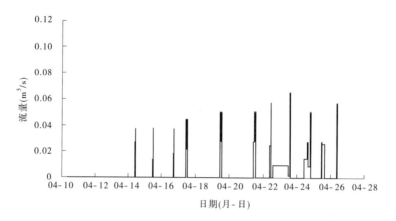

图 5-27　大峡渠灌区典型地块苗灌期 DX – TS6 断面退水流量过程线

　　春灌期、苗灌期和秋灌期 1 号斗门因管理不善或维修不及时,闸门关闭不严,夜间持续漏水,渗漏水量直接排入湟水。经计算,春灌期、苗灌期和秋灌期 1 号斗门漏水量分别为 0.41 万 m^3、1.11 万 m^3 和 0.45 万 m^3。

　　据巡测和调查,除因突发事故和渠道维修退水外,灌溉期间大峡渠灌区干渠无退水。

5.2.4.2　土壤含水量

　　大峡渠灌区设有两个土壤含水量监测点、一个设于 3 号监测井周围,距支渠 40 m,种植大蒜,监测土层均为黏土;另一个监测点设在监测井东北 300 m,种植玉米,监测土层上部 40 cm 为黏土层,以下为沙黏土。大峡渠灌区典型地块土壤含水量监测点统计见表 5-20。

表 5-20　大峡渠灌区典型地块土壤含水量监测点统计

序号	名称	位置	纬度	经度	作物种类
1	DX – TR1	柳树湾一社	36°29′8.2″	102°13′37.10″	大蒜
2	DX – TR2	柳树湾一社	36°29′1.4″	102°13′43.1″	玉米

　　大峡渠灌区监测点土壤含水量变化过程见图 5-28 和图 5-29。大峡渠灌区由于受土壤性质的影响,土壤含水量变化过程较为复杂,灌溉前期主要受浅层黏土的影响,变化相对一致,后期由于深层土壤为沙壤土,渗透性强,土壤含水量变化较快,因此变化过程与其他含水层不一致。

5.2.4.3　地下水

　　1. 地下水观测

　　大峡渠灌区典型地块观测井于 2013 年 3 月 11 日开始观测,同步监测河道水位。监测数据表明,灌溉后各观测井地下水位开始上升,19 日达到最高,之后缓慢下降,趋于平稳。

　　3 月 11 日 19 时 1 号、4 号井周围发生轻微沉陷,灌溉水沿管壁下渗,导致井水位异常抬升,其中:1 号井 19 时地下水位为 95.77 m,4 号井 19 时地下水位为 95.29 m。14 日由

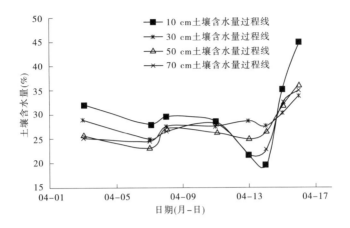

图 5-28　大峡渠灌区 1 号监测点土壤含水量变化过程

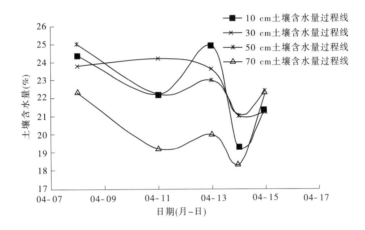

图 5-29　大峡渠灌区 2 号监测点土壤含水量变化过程

于电站放水冲沙,12 时河水位偏高。

4 月 12～26 日为苗灌期,5 眼井地下水位变化过程相似,4 月 12 日河水位有较小的涨幅,地下水位相应增高。15 日灌溉时,2 号井周围轻微塌陷,造成地下水位异常上升。17 日开始河水位稳定不变,地下水位缓慢上升。

从 8 月 20 日至 9 月 3 日为秋灌期,为期 14 d。河水位变化较大,最高 95.99 m,最低 95.03 m,变幅 0.96 m。部分时段河水位高于地下水位,5 号井靠近河边,地下水位最高,变幅 0.62 m。

大峡渠灌区典型地块春灌期、苗灌期和秋灌期地下水位及河道水位过程线见图 5-30、图 5-31。

大峡渠灌区地下水位观测地块剖面图见图 5-32。

从图 5-32 可以看出,苗灌期 4 月 12～26 日观测井水位呈缓慢上升趋势,阶段性变化规律与水文地质普查报告一致。

通过地下水位过程线分析,1 号、2 号井距河道最远,4 号、5 号井距河道最近,1 号、2

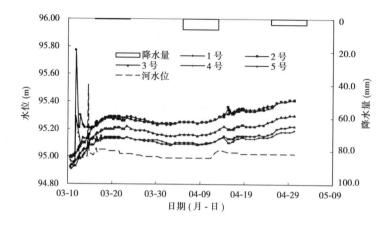

图 5-30　大峡渠灌区典型地块春灌期、苗灌期地下水位及河水位过程线

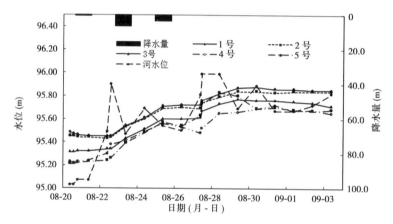

图 5-31　大峡渠灌区典型地块秋灌期地下水位及河水位过程线

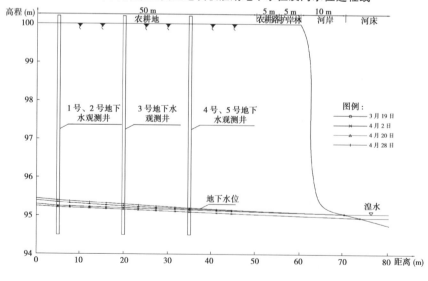

图 5-32　大峡渠灌区地下水位观测地块剖面图

号井水位最高,水位相近,3 号井水位居中,4 号、5 号井水位较低。秋灌期地下水观测井及河水位变化过程表明,其间该典型地块灌溉水渗漏与河水关系密切,地下水观测井水位上升受到河水位变化、降水及灌溉水渗漏等多种因素影响,因此本书仅对春灌期和苗灌期灌溉水渗漏进行分析。

2. 地下水位变化幅度 Δh

本试验地下水位变幅为灌溉前地下水位与灌溉后地下水最高水位之差,计算中剔除水位异常变化影响。大峡渠灌区春灌期和苗灌期 1 号井至 5 号井水位埋深变化统计见表 5-21。春灌期地下水位平均变幅为 0.26 m,苗灌期地下水位平均变幅为 0.14 m。

表 5-21 大峡渠灌区春灌期和苗灌期观测井水位埋深变化统计　　(单位:m)

井编号	春灌期	苗灌期
1	0.29	0.17
2	0.28	0.16
3	0.29	0.14
4	0.18	0.10
5	0.24	0.13
平均	0.26	0.14

根据典型灌区土壤含水量监测成果,逐层计算土壤含水量与田间持水量的差值,积分计算得到灌溉水下渗水量。可以看出,每次灌溉结束后,土壤含水量随深度呈先增大后减小的趋势。大峡渠灌区灌溉水入渗监测情况见表 5-22。

表 5-22 大峡渠灌区灌溉水入渗监测情况　　(单位:cm)

灌溉时期	10 cm	30 cm	50 cm	70 cm	合计
春灌期	0.393	0.343	0.557	0.3	1.593
苗灌期	0.598	0.98	0.1	0.58	2.258

5.3 官亭泵站灌区方案实施与试验监测

5.3.1 官亭泵站灌区概况

5.3.1.1 地理位置

官亭泵站灌区位于民和县城以南约 89 km 的黄河左岸,东邻寺沟峡,西至积石峡,北依公伯山,南与甘肃省积石县隔河相望。灌区水利工程建成于 1969 年 10 月,由动力渠引水至水轮泵站,经水轮泵机组提水至支渠后灌溉农田。旧提灌站建于 1984 年,主要为三支渠提供灌溉。新提灌站于 2012 年建成,主要为一支渠和二支渠提供灌溉。

5.3.1.2 地形地貌

区域地貌类型划分为河谷平原区、浅山丘陵沟壑区、脑山高山区三种。官亭泵站灌区位于浅山丘陵沟壑区,该区介于川水与脑山之间,地形破碎,坡度较大,土壤瘠薄,土壤含水量低,水利是发展本区农业建设的关键。

5.3.1.3　气象水文

民和县具有典型的大陆性气候特点,又具有显著的垂直性差异,农业区存在着川、浅、脑三种不同的气候区。境内降水差异大,浅山区年降水量为 400～500 mm,年内分布不均匀,汛期降水占全年的 60%,而且降水强度大,最大日降水量 142 mm,形成冬春干旱、夏季洪涝的特点。最大冻土深度为 108 cm。湟水从县北穿过,黄河从县南流过。水资源除有濒临灌区南部的黄河水可供取用外,还有较大沟道鲍家沟、吕家沟、岗沟、大马家沟等,虽属黄河一级支流,但都因集水面积不大,源短坡陡,径流很小,属季节性河流,灌溉期间,沟内干涸无水,加上上游节节拦截引用,下游可利用水量不大;另据调查,灌区内地下水源不丰富,且埋藏较深,所以灌区利用地下水灌溉希望不大,黄河水是理想的灌溉水源,新中国成立以来兴修的东垣渠和官亭泵站水利工程,使湟水河和黄河成为县农业灌溉的主要水源。

5.3.1.4　土壤特征

该区地形较为复杂,海拔变化幅度大,土壤沿等高线呈带状分布,从河谷阶地、丘陵、中山到高山依次分布有灰钙土、栗钙土、黑钙土、山地草甸土、灰褐土和高山草甸土。其中灰钙土分布在黄河、湟水河谷及邻近的中低山地带,中川、官亭等分布较广,耕种灰钙土腐殖质不明显,缺少团粒结构,成土母质主要为黄土,质地为粉砂壤土,粉砂粒含量 40%～56%,孔隙度高达 50% 以上,土壤渗透性强,剖面发育微弱,钙积层出现部位高不明显,多为轻壤土至中壤土,土层厚 10～20 m,下部为砂砾石层。

5.3.1.5　灌区基本情况

灌区水利工程建成于 1969 年 10 月,由动力渠引水至水轮泵站,经水轮泵机组提取黄河干渠水至支渠后灌溉农田。灌区供水工艺流程为:渠首控制闸—输水渠(2.07 km,$Q = 32 \ \mathrm{m^3/s}$)—进水、冲砂闸—动力渠(10.79 km,$Q = 16 \ \mathrm{m^3/s}$)—压力前池—水轮泵站—支渠—田间渠系—农田。现工程控制面积为 5.84 万亩,实际灌溉面积为 5.16 万亩,其中动力渠 1.42 万亩、峡口支渠 0.37 万亩,为自流灌溉;一支渠 0.80 万亩、二支渠 1.69 万亩、三支渠 0.88 万亩,为提水灌溉。

官亭泵站灌区一级泵站现有旧提灌站和新建提灌站共 2 处。旧提灌站建于 1984 年,主要为三支渠提供灌溉水量。旧提灌站机房内目前安装有 5 台机组(6.3 kV 高压线路供电),其中 3 台可用,设计扬程 150 m,设计流量为 0.45 $\mathrm{m^3/s}$,1 号机组提灌运行时工作电流在 50～77 A 变化,2 号机组提灌运行时工作电流在 35～40 A 变化,3 号机组提灌运行时工作电流在 45～52 A 变化。新建提灌站于 2012 年建成,共有 5 台机组,主要为一支渠和二支渠提供灌溉水量。新建提灌站内 1 号、2 号机组(10 kV 高压线路供电)扬程 50 m,设计流量为 0.33 $\mathrm{m^3/s}$,电流均在 13～16 A 变化,提灌时一般只开启 1 台机组,另 1 台机组作为备用,提灌水量直接到一支渠,灌溉区域为中川乡灌区。新建提灌站内 3 号、4 号、5 号机组(10 kV 高压线路供电)扬程 100 m,设计流量为 0.79 $\mathrm{m^3/s}$,电流均在 35～40 A 变化,提灌时一般只开启 2 台机组,另 1 台机组作为备用,2 台机组的水量从二支渠出水口汇合,流至渠道某段时水流分为两岔,一岔供应官亭灌区,另一岔进入中川乡灌区。

官亭泵站灌区基本情况见表 5-23。

表 5-23 官亭泵站灌区基本情况

渠道名称	控制面积（万亩）	实际面积（万亩）	扬程（m）	流量（m³/s）	渠长（km）	衬砌长（km）
动力渠	0.680	0.30		16	12.86	4.8
一支渠	0.583	0.44	50	0.33	9.86	6
二支渠	1.382	1.26	95	0.79	12.96	8.98
三支渠	0.629	0.44	141	0.45	9.2	8.7
峡口支渠	0.340	0.17		0.33	5	2
合计	3.614	2.61			49.88	30.48

官亭泵站灌区种植结构简单，春小麦、玉米和冬小麦等主要作物占种植总面积的比例分别为 30%、60% 和 10%。

根据《青海省用水定额》(青政办〔2009〕62 号)，在中水年，官亭泵站灌区小麦灌溉定额为 3 000 m³/hm²，灌水 4 次；在干旱年，小麦灌溉定额为 3 600 m³/hm²，灌水 5 次。

5.3.2 官亭泵站灌区引退水试验监测断面选取

官亭泵站灌区引水水源为黄河。现工程控制面积为 5.84 万亩，实际灌溉面积为 5.16 万亩，其中动力渠 1.42 万亩、峡口支渠 0.37 万亩，为自流灌溉；一支渠 0.80 万亩、二支渠 1.69 万亩、三支渠 0.88 万亩，为提水灌溉。

官亭泵站为灌区的一支渠、二支渠和三支渠提水，属于高抽，其流量较为稳定，灌溉期水量目前难以满足农业灌溉用水，无退水。该灌区引水流量监测断面设置在 3 条支渠渠首，采用泵站记录的水泵电功率与渠道实测流量关系推算总引水量。官亭泵站灌区引水监测断面情况见表 5-24。

表 5-24 官亭泵站灌区引水监测断面情况

序号	断面名称	位置	纬度	经度	断面形状	断面顶部宽度(m)
1	GT-JS1	沙窝	35°53′04.21″	102°52′29.65″	矩形	0.70
2	GT-JS2	鄂家旱台	35°53′09.70″	102°52′39.52″	U形	1.35
3	GT-JS3	鄂家旱台	35°53′10.17″	102°52′40.68″	梯形	1.80

5.3.3 官亭泵站灌区引退水试验监测设计

官亭泵站灌区为提水灌溉灌区，提灌水量由一支渠、二支渠和三支渠输送至灌区，由于提灌引水量不能满足灌溉需水量，无退水，故不监测退水量。引水量监测的 3 个断面分别位于 3 条支渠渠首。

根据实地查勘现场情况,一支渠监测断面(断面名称 GT－JS1)设置在沙窝村鄂家沟一支渠出水口下约 200 m 处,渠宽 0.70 m,高 0.70 m,矩形断面;二支渠监测断面(断面名称 GT－JS2)设置在沙窝村鄂家沟鄂家旱台二支渠渠首、距出水口约 40 m 处,渠顶宽 1.35 m,高 0.90 m,U 形断面;三支渠监测断面(断面名称 GT－JS3)设置在沙窝村鄂家沟鄂家旱台三支渠出水口下约 30 m 处,渠道上宽 1.80 m,下宽 0.50 m,高 0.60 m,梯形断面。

流量监测采用流速断面法,测验方式为巡测,采用流量过程线法推流。流速主要采用 LS25－1 型和 LS25－3A 型流速仪施测。

LS25－1 型流速仪仪器型号 090207,$v = 0.253\ 6n/s + 0.006\ 4$。流速使用范围为 0.049 6 ～ 5.00 m/s。

LS25－3A 型流速仪仪器型号 040013,$v = 0.250\ 2n/s + 0.006\ 6$。流速使用范围为 0.050 2 ～ 10.00 m/s。

引水量推算:依据《水工建筑物与堰槽测流规范》(SL 537—2011),根据提灌水量变化情况,分别测定各支渠电机组不同电功率下相应的实测流量,建立电功率 N 与效率系数 η 之间的相关关系,推算各抽水泵站水量(各支渠测流至少 10 次以上)。电力抽水站通过实测单机流量率定的效率系数 η,以抽水净扬程 h、电功率 N 推求流量。监测频次以满足建立电功率与渠道实测流量相关关系(各支渠测流至少 10 次以上)。

高中扬程抽水站采用效率法,流量采用下式计算:

$$Q = \frac{N}{9.8\eta h} \tag{5-4}$$

式中:Q 为流量,m³/s;η 为效率系数(%);N 为电功率,kW;h 为抽水站净扬程,m。

根据式(5-3),采用泵站记录的机组提灌时的运行电流分别计算其运行电功率(电压稳定)和各支渠实测流量率定出电功率 N 与效率系数 η 之间的相关关系,按照《水文资料整编规范》(SL 247—2012)第 4.5.5 条,推流并计算总引水量。

官亭泵站灌区引水口断面水文监测方案见表 5-25。

表 5-25　官亭泵站灌区引水口断面水文监测方案

序号	断面名称	位置	监测方式	频次	测流方式	垂线布设(条)	测速历时	测深
1	GT－JS1	沙窝	巡测	每月不少于 1 次,率定曲线流量不少于 10 次	流速仪	3	≥100 s	悬杆
2	GT－JS2	鄂家旱台	巡测		流速仪	3～6	≥100 s	悬杆
3	GT－JS3	鄂家旱台	巡测		流速仪	3～5	≥100 s	悬杆

5.3.4　官亭泵站灌区引退水试验监测结果

5.3.4.1　引退水量

1.流量

官亭泵站灌区 3 条支渠于 2013 年 3 月 28 日开始引水,至 7 月 14 日结束,共 109 d;2013 年 11 月 5 日至 2014 年 1 月 10 日为冬灌期,共 67 d。

3条支渠共完成实测流量118次,其中一支渠测流23次、二支渠测流39次、三支渠测流56次。

测流时各支渠均连续施测2~3次,通过结果比对、分析、校正,以确保实测流量测验精度。针对水量变化,在原定监测实施方案的基础上,部分实测流量增加了测深、测速垂线和测点数量,进一步提高了流量测验精度。

一、二支渠的提灌水量由5台机组承担,与三支渠上水控制装置不同,上水控制阀极难调节,若强行调节极有可能引发管道破裂或机组损坏等故障,出于提灌安全考虑,放弃调节水量测流,故流量监测次数与三支渠相比要少。通过调控三支渠提灌泵机水量,测定了不同电功率下的提灌水量,根据实测资料,率定电功率 N 与效率系数 η 之间的相关关系。官亭泵站灌区流量监测情况见表5-26。

表5-26　官亭泵站灌区流量监测情况

站名	测深垂线数（条）	测速垂线数（条）	测速垂线测点	测速历时（s）	生长期测次	冬灌期测次	左岸边系数	右岸边系数	实测最大流量（m³/s）
一支渠	3	3	3	≥100	15	8	0.9	0.9	0.275
二支渠	5~10	3~6	5~10	≥100	31	8	0.9	0.9	0.745
三支渠	3~5	3~5	3~6	≥100	46	10	0.7	0.7	0.220

根据各支渠实测流量点据的分布特征,在不同函数形式中,选取拟合系数值(R^2)较大的作为最终的相关函数形式,以此建立电功率 N 与效率系数 η 之间的相关曲线,并经三种检验(符号检验、适线检验、偏离数值检验)合格之后,据此推算各支渠引水量。

由于水泵工作电流变幅较宽,如二支渠3号、4号和5号等机组电流大多在35 A、40 A、45 A之间跳跃变化,为便于定线,根据测流时的水位观测记录,对跳跃式变化范围内的电流值进行插补。各支渠率定的电功率(N)—效率系数(η)关系曲线见图5-33 ~ 图5-38。各支渠 $N\sim\eta$ 关系曲线三种检验及标准差计算结果见表5-27。

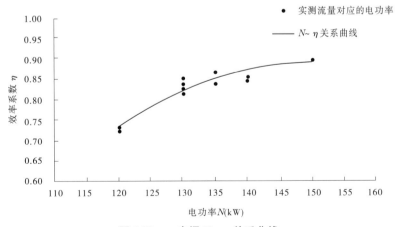

图5-33　一支渠 $N\sim\eta$ 关系曲线

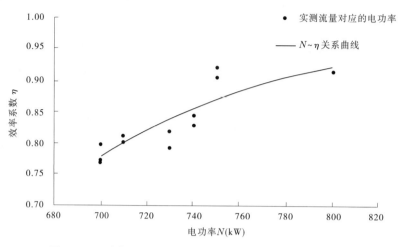

图 5-34　二支渠 $N \sim \eta$ 关系曲线(3 号 + 4 号、4 号 + 5 号机组)

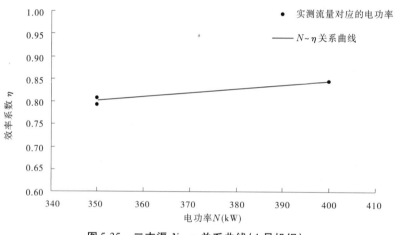

图 5-35　二支渠 $N \sim \eta$ 关系曲线(4 号机组)

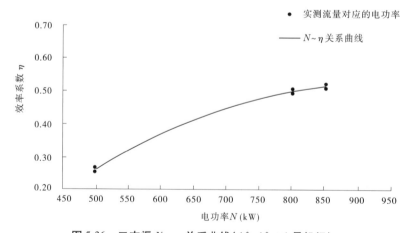

图 5-36　二支渠 $N \sim \eta$ 关系曲线(4$^\#$、4$^\#$ + 4 号机组)

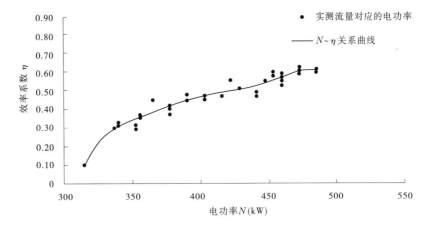

图 5-37　三支渠 $N\sim\eta$ 关系曲线(1 号机组)

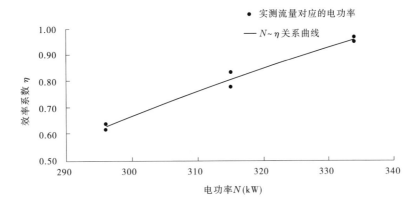

图 5-38　三支渠 $N\sim\eta$ 关系曲线(3 号机组)

表 5-27　官亭泵站灌区各支渠 $N\sim\eta$ 关系曲线三种检验及标准差计算结果

名称	检验总测次数	正号个数	负号个数	变号个数	符号检验	适线检验	平均相对偏离值	偏离数值检验	测点标准差（%）	检验结果
一支渠	15	8	7	5	0	0.80	-0.04	0.08	1.82	合格
二支渠(3 号 +4 号、4 号 +5 号机组)	13	6	7	4	0	0.87	-0.02	0.03	3.15	合格
二支渠(4 号机组)	3	2	1	1	0	-0.71	0.12	0.24	1.26	合格
二支渠(4*、4* +4 号机组)	7	4	3	5	0	-2.04	-0.07	0.16	1.21	合格
三支渠(1 号机组)	40	20	20	18	-0.16	0.32	0.23	0.21	6.98	合格
三支渠(3 号机组)	6	3	3	5	-0.41	-2.77	0	0	2.79	合格

注:4* 为 4 号机组加大电流的状态。

2. 引退水量

2013 年 3 月 28 日至 7 月 14 日作物生长期引水量为 651. 53 万 m³;2013 年 11 月 5 日至 2014 年 1 月 20 日冬灌期引水量为 419. 82 万 m³,无明渠退水。引水量见表 5-28。

表 5-28　官亭泵站灌区引水量统计　　　　　　　　（单位:万 m³）

灌溉期	一支渠	二支渠	三支渠	合计
作物生长期	183. 48	331. 20	136. 85	651. 53
冬灌期	96. 11	233. 94	89. 77	419. 82
合计	279. 59	565. 14	226. 62	1071. 35

各支渠作物生长期流量过程线见图 5-39 ~ 图 5-41。冬灌期流量过程线见图 5-42 ~ 图 5-44。官亭泵站灌区作物生长期引水量柱状图见图 5-45 ~ 图 5-47。冬灌期引水量柱状图见图 5-48 ~ 图 5-50。

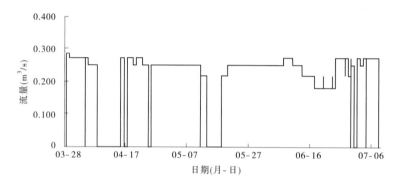

图 5-39　生长期一支渠流量过程线

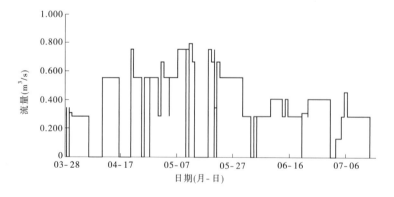

图 5-40　生长期二支渠流量过程线

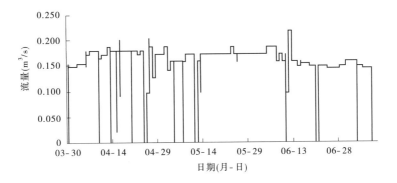

图 5-41　生长期三支渠流量过程线

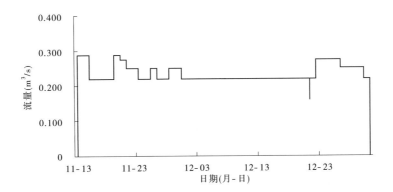

图 5-42　冬灌期一支渠流量过程线

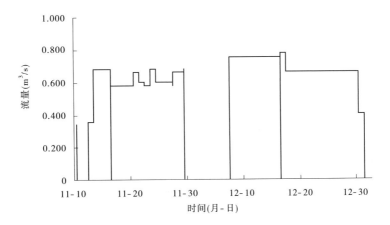

图 5-43　冬灌期二支渠流量过程线

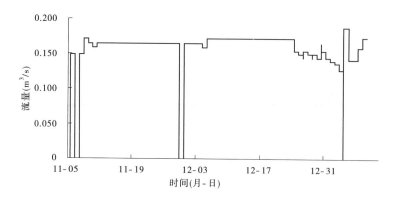

图 5-44　冬灌期三支渠流量过程线

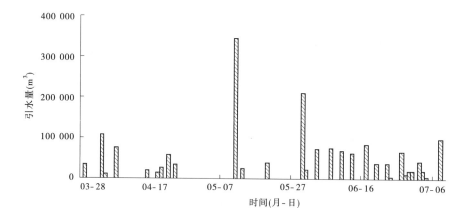

图 5-45　生长期一支渠引水量柱状图

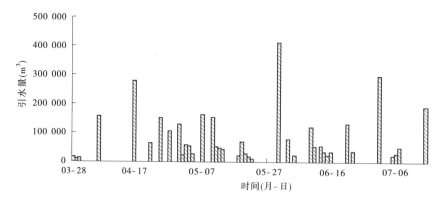

图 5-46　生长期二支渠引水量柱状图

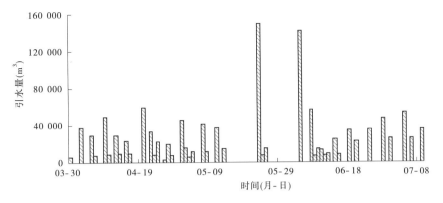

图 5-47　生长期三支渠引水量柱状图

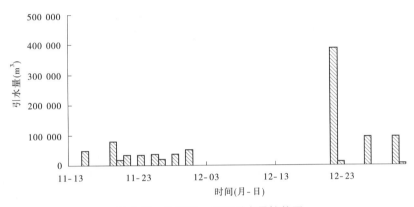

图 5-48　冬灌期一支渠引水量柱状图

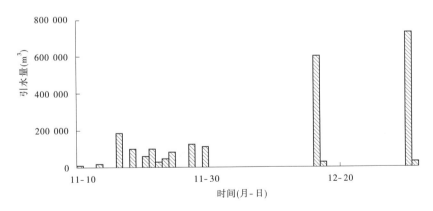

图 5-49　冬灌期二支渠引水量柱状图

5.3.4.2　土壤含水量

官亭泵站灌区布设了两个土壤含水量监测点,位于中川乡美一村,土壤质地为黏土,其一种植作物为玉米,其二种植作物为油菜。官亭泵站灌区土壤含水量监测点基本情况见表 5-29。

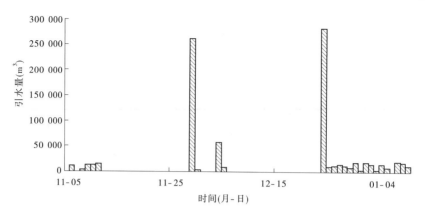

图 5-50   冬灌期三支渠引水量柱状图

表 5-29   官亭泵站灌区土壤含水量监测点基本情况

序号	名称	位置	纬度	经度	作物
1	GT – TR1	美一村一社	35°52′47.31″	102°52′22.79″	玉米
2	GT – TR2	美一村一社	35°53′05.26″	102°52′16.85″	油菜

官亭泵站灌区春灌期、苗灌期土壤含水量变化过程线见图 5-51 和图 5-52。每个观测点灌溉前监测一次,灌溉后每日监测一次,连续监测 15 d 至土壤含水量达到某稳定期。灌期土层含水量由上到下依次减小,土壤含水量过程线反映了灌溉的下渗过程。官亭泵站灌区在灌溉后约 5 d 内,土层含水量便恢复到了稳定的土壤含水量状态,由此可知在无降水的情况下,土壤含水量变化期为 5 d 左右。

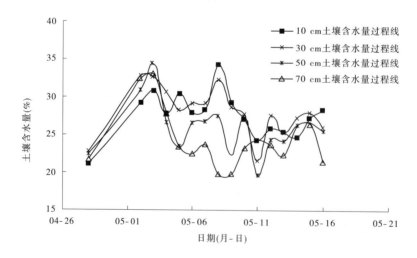

图 5-51   官亭泵站灌区春灌期土壤含水量变化过程线

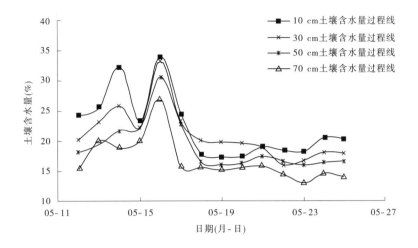

图 5-52 官亭泵站灌区苗灌期土壤含水量变化过程线

根据典型灌区土壤含水量监测成果,逐层计算土壤含水量与田间持水量的差值,积分计算得到灌溉水下渗水量。可以看出,每次灌溉结束后,土壤含水量随深度呈先增大后减小的趋势。官亭泵站灌区灌溉水入渗监测情况见表 5-30。

表 5-30 官亭泵站灌区灌溉水入渗监测情况   (单位:cm)

灌溉时期	10 cm	30 cm	50 cm	70 cm	合计
春灌期	0.4	0.893	0.517	0.8	2.61
苗灌期	0.643	0.986	0.6	0.171	2.4

5.4 西河渠灌区方案实施与试验监测

5.4.1 西河渠灌区概况

西河渠灌区位于青海省贵德县河西镇,工程始建于 1971 年,涉及河西镇下辖的 18 个行政村,约 23 000 人,土地面积 80.0 km²,有效灌溉面积 27 000 亩,实际灌溉面积 17 800 亩,是贵德县国营三大万亩灌区之一。灌区有干渠 1 条,渠道为 U 形衬砌渠和土渠结构,设计流量为 2.5 m³/s,总长度 12.5 km;有支渠 14 条,设计流量为 0.06 ~ 0.56 m³/s,总长度 54.8 km,共有各类水工建筑物 498 座,其中管理房 10 座、跌水 105 座、分水口 21 座,引水水源主要为西河水系;有电灌机房 6 座(扬程 39 m),电灌渠道 26.0 km,经过 9 个村,主要建筑物分水口共有 8 座,引水水源主要为黄河干流。

灌区内设有 2 处供水管道工程,分上、下两片,干管长度 57.1 km,支管长度 89.0 km,可为 14 426 人、7 744 头(只)牲畜供水。共有泵站 6 座,装机 18 台,总装机容量 1 330

kW;变压器 7 台,压力管总长 498 km。有效灌溉面积 5 800 亩,实际灌溉面积 4 200 亩。

灌区内农作物种植以小麦为主,其次为油菜、马铃薯和果园蔬菜等,其中小麦种植面积为 27 173 亩,占灌区内耕地总面积的 78%;油菜、马铃薯种植面积为 3 484 亩,占灌区内耕地总面积的 10%;果园蔬菜种植面积为 2 090 亩,占灌区内耕地总面积的 6%;其余为林地等,占灌区内耕地总面积的 6%。

西河渠灌区管理所是西河灌区的主要管理部门,为贵德县水务局下属的自收自支事业单位,现有职工 9 名,其中助工 6 名、技术员 2 名、普工 1 名。贵德县西河渠灌区地理位置示意图见图 5-53。

图 5-53　贵德县西河渠灌区地理位置示意图

5.4.2　西河渠灌区引退水试验监测断面选取

经过现场查勘,西河渠灌区典型地块选在十四支渠灌溉区内,位于河西镇红岩村,面积 15 亩,主要种植农作物为冬小麦和油菜。典型地块现有引水口、退水口各 1 处。西河渠灌区典型地块监测点布设情况详见表 5-31,西河渠灌区及典型地块平面位置示意图见图 5-54。

表 5-31　西河渠灌区典型地块监测点布设情况

序号	名称	经度	纬度	备注
1	XH – JS	101°24.69′	36°00.52′	种植作物:小麦、油菜
2	XH – TS	101°24.60′	36°00.52′	种植作物:小麦、油菜

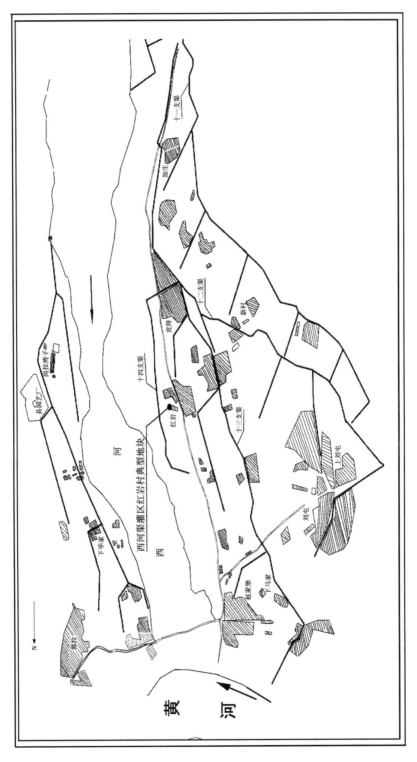

图 5-54 西河渠灌区及典型地块平面位置示意图

5.4.3　西河渠灌区引退水试验监测设计

5.4.3.1　灌区典型地块监测设计

　　经过现场查勘,西河渠灌区典型地块位于贵德县河西镇红岩村,临近西河,形状类似梯形,共 16 块农田。经过实际测量,典型地块面积 14.58 亩,主要种植农作物为小麦和油菜。为了便于开展各项监测工作,在地块内设置了两个基本水准点和一个校准点,水准点位于农田边,校核水准点位于西河河边。西河渠灌区典型地块引退水监测断面布置示意图见图 5-55。

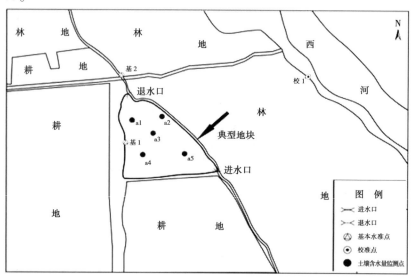

图 5-55　西河渠灌区典型地块引退水监测断面布置示意图

典型地块编号、种植作物及面积详见表 5-32。

表 5-32　西河渠灌区典型地块农作物统计　　　　　　　　（单位:亩）

地块编号	种植作物	小麦	油菜
第一块	小麦	0.65	
第二块	油菜		0.56
第三块	油菜		1.32
第四块	小麦	0.84	
第五块	小麦	1.32	
第六块	小麦	1.22	
第七块	小麦	1.19	
第八块	小麦	1.14	
第九块	小麦	1.02	
第十块	小麦	1.07	

续表 5-32

地块	种植农作物	小麦	油菜
第十一块	小麦	0.87	
第十二块	油菜		0.85
第十三块	小麦	0.37	
第十四块	油菜		1.05
第十五块	油菜		0.48
第十六块	油菜		0.63
合计		9.69	4.89

西河渠灌区典型地块灌溉面积 14.58 亩,设有进水口断面、退水口断面各 1 个。

水位监测:典型地块灌溉时由于人为控制,只有极少量退水,并且没有正规渠道,断面不规整,设立水尺进行水位观测难度大,因此不监测水位。

流量监测:典型地块引退水口断面采用流量过程线法推流。灌溉期间,观测人员随时与村民沟通,及时掌握灌溉情况,在产生退水时将随时进行监测,以满足推求引退水流量过程曲线的需要。

西河渠灌区典型地块引退水口断面水文监测方案见表 5-33。

表 5-33　西河渠灌区典型地块引退水口断面水文监测方案

序号	断面名称	位置	纬度	经度	断面形状	断面顶部宽度(m)	监测方式	频次	测流方式	垂线布设(条)	测速历时	测深
1	XH－JS	红岩村	36°00′31.4″	101°24′31.96″	U形	0.30	驻测	每次灌溉时测流4次	流速仪法	3	≥100 s	悬杆
2	XH－TS	红岩村	36°00′35.45″	101°24′27.68″	U形	0.28	驻测	有退水时随时监测	流速仪法	3	≥100 s	悬杆

采用悬杆流速仪法进行流量测验,测验方式为驻测,采用实测流量过程线法推流。在断面处布设 3 条测速垂线,测速历时不少于 100 s,相对水深位置为 0.6,采用 LS10 型流速仪(型号 81113),使用范围 0.1~4.0 m/s。流速仪公式为

$$v = 0.100\ 4n/s + 0.041\ 1 \tag{5-5}$$

式中:n 为信号总数;s 为测速历时。

5.4.3.2　灌区地下水监测井布设

根据灌区地下水赋存特征,采用灌区典型地块地下水监测井进行地下水动态观测。

1. 地下水监测井位的选取

对西河渠灌区典型地块进行了实地查勘,灌区交通便利,地下水埋深约 6 m,具备打

井观测地下水位变化的条件,可开展灌区地下水监测工作。建造时各监测井井深、水深、地质构造等西河渠灌区典型地块地下水监测井设置情况见表5-34。

表5-34 西河渠灌区典型地块地下水监测井设置情况一览表

名称	经度	纬度	井口至水面距离(m)	总井深(m)	井下水深(m)	井口至地面距离(m)	井口高程(m)	附近地面高程(m)
地下水监测井1	101°24′27.6″	36°00′33.7″	4.16	5.87	1.71	0.70	2 250.18	2 249.48
地下水监测井2	101°24′29.8″	36°00′33.9″	4.53	5.75	1.22	0.45	2 250.02	2 249.57
地下水监测井3	101°24′28.7″	36°00′33.1″	4.50	5.84	1.34	0.50	2 250.49	2 249.99
地下水监测井4	101°24′28.3″	36°00′31.9″	4.50	5.82	1.32	0.51	2 250.50	2 249.99
地下水监测井5	101°24′29.9″	36°00′32.0″	3.95	5.38	1.43	0.26	2 250.77	2 250.51

两河渠灌区典型地块地下水监测井土壤质地统计见表5-35,各地下水井土层立体剖面图见图5-56。

表5-35 西河渠灌区典型地块地下水井土壤质地统计

地下水监测井	地层厚度(m)	地层成分	初见水位(m)
1	0~0.8	黏土	4.10
	0.8~6.0	卵石,粒径13.0 cm	
2	0~0.7	黏土	3.10
	0.7~6.5	卵石,粒径13.0 cm	
3	0~1.1	黏土	4.30
	1.1~6.5	卵石,粒径11.0 cm	
4	0~0.8	黏土	4.50
	0.8~6.5	卵石,粒径12.0 cm	
5	0~0.6	黏土	4.30
	0.6~6.5	卵石,粒径13.0 cm	

在选定西河渠灌区典型地块中监测5眼地下水监测井地下水位的动态变化。地块中心设立3号井,周围设立1号、2号、4号、5号地下水监测井。监测时在观测井附近分别埋设水准点2处,并在选定地块东部,西河左岸边设立直立式水尺1组共2支。

对各水准点进行互校,监测期对河道水尺高程及地下水井口高程每月校测一次。观测时每次灌溉期前一天观测5眼地下水井水位,灌溉后第二日8时、14时、20时观测3次,待受灌溉下渗影响的地下水位稳定后,每5日8时观测一次,每次观测地下水位时同步观测河道水位。

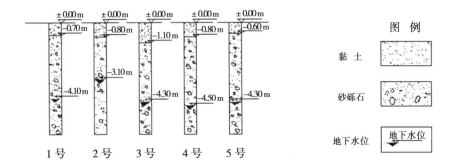

图 5-56 西河渠灌区典型地块地下水井土层立体剖面图

依照《地下水监测规范》(SL 183—2005)要求,每次监测地下水位应测量两次,间隔时间不应少于 1 min,当两次测量数值之差不大于 0.02 m 时,取两次水位的平均值;当两次测量偏差超过 0.02 m 时,应重复测量。地下水位观测采用悬垂式电子感应器人工观测。每次测量成果当场核查,及时点绘各地下水井的水位过程线,发现异常及时补测,保证监测资料真实、准确、完整、可靠。

2.地下水动态观测

灌溉期利用灌区典型地块地下水水井进行地下水动态观测,记录观测地下水埋深和水位变化。

西河渠灌区典型地块 4 月 17 日开始监测。为使地下水位及河道水位在同一个高程系统内反映灌溉用水下渗及河道水位的变化情况,西河渠灌区典型地块埋设基 1、基 2 两个水准点,埋深为 2.0 m。两个水准点相距约 121 m;西河河边埋设校 2 校核水准点,距基 2 水准点约 300 m。4 月 17 日对基本水准点、校核水准点进行测量,5 月 12 日、5 月 16 日进行校核,高程无变动;水尺零高每月进行测量,高程均无变动,测量成果符合规范要求。

西河渠灌区典型地块水准点位置见表 5-36。

表 5-36 西河渠灌区典型地块水准点位置

序号	名称	纬度	经度	高程(m)
1	基 1	36°00′32.7″	101°24′27.6″	2 250.000
2	基 2	36°00′36.2″	101°24′27.1″	2 247.740
3	校 2	36°00′36.0″	101°24′38.1″	2 245.630

3.地下水回归河道水量计算

地下水回归河道水量的计算方法与大峡渠灌区相同。

5.4.4 西河渠灌区引退水试验监测结果

5.4.4.1 灌区引退水量

1.引水量

典型地块春灌期为 3 月中旬,苗灌期为 4 月 17 日、5 月 10 日和 6 月 5 日。冬灌期为

10月4日、11月18日,共两次。

西河渠灌区典型地块引水量采用实测流量过程线法推求,典型地块监测断面引水流量过程线详见图5-57。

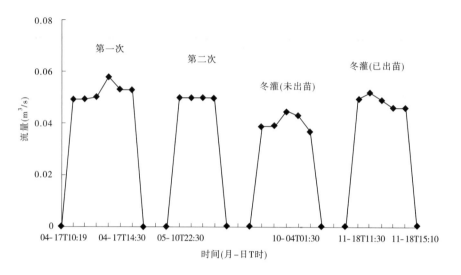

图5-57　西河渠灌区典型地块监测断面引水流量过程线

2.退水量

典型地块在春灌期、苗灌期、冬灌期无退水。西河渠灌区典型地块引退水流量监测情况详见表5-37。

表5-37　西河渠灌区典型地块引退水流量监测情况

监测断面名称	测深垂线数（条）	测速垂线数（条）	测速垂线测点	测速历时（s）	测流次数	左岸边系数	右岸边系数	最大流量（m³/s）	备注
引水口	3	3	1	≥100	13	0.7	0.7	0.057	
退水口									无退水量

3.引退水量计算

西河渠灌区典型地块第一次苗灌5 h,引水量938.05 m³;第二次苗灌4.5 h,引水量844.25 m³。第一次冬灌(未出苗)8.5 h,引水量1 362.6 m³;第二次冬灌(出苗后)4 h,引水量619.8 m³。

西河渠灌区典型地块各时期引退水量统计见表5-38,典型地块苗灌期引退水量柱状图见图5-58,典型地块冬灌期引退水量柱状图见图5-59。

表 5-38　西河渠灌区典型地块各时期引退水量统计

灌溉期	引水量(m³)	退水量(m³)	备注
4 月 17 日	938.05	0	灌溉亩数为 14.6 亩
5 月 10 日	844.25	0	
6 月 5 日	因降雨未实施灌溉		
10 月 3 日	1 362.6		灌溉亩数为 11.9 亩
11 月 18 日	619.8	0	
合计	3 764.7	0	

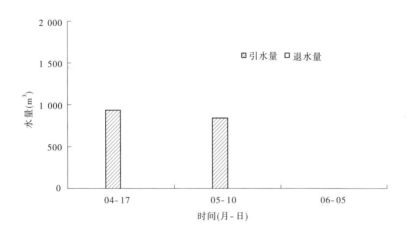

图 5-58　西河渠灌区典型地块苗灌期引退水量柱状图

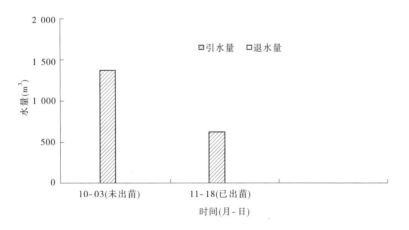

图 5-59　西河渠灌区典型地块冬灌期引退水量柱状图

5.4.4.2　土壤含水量

西河渠灌区土壤含水量墒情监测点位于红岩村典型地块中央农田,土壤为北方红土,种植作物以小麦为主。4月16日开始土壤含水量监测。

西河渠灌区典型地块土壤含水量监测点情况见表5-39。

表5-39　西河渠灌区典型地块土壤含水量监测点情况

序号	名称	位置	纬度	经度	作物种类
1	XH – TR	红岩村	36°00′	101°24′	小麦

监测时间:西河渠灌区典型地块土壤含水量在典型地块灌溉前监测一次,灌溉后每日监测一次,至地下水位稳定期间,每5日观测一次。

监测取样点:测点选择垂向四点法布设,根据钻井资料可知,典型地块土层厚度为0.7~1.0 m,下部为砂砾石。分别选用10 cm、30 cm、50 cm、70 cm四种深度进行测量。

西河渠灌区典型地块土壤含水量变化见图5-60。由图5-60可知,苗灌期:10 cm土壤含水量为20.4%~39.3%,30 cm土壤含水量为18.50%~34.1%,50 cm土壤含水量为19.91%~32.9%,70 cm土壤含水量为19.9%~28.6%。冬灌期:10 cm土壤含水量为28.6%~33.0%,30 cm土壤含水量为23.7%~30.0%,50 cm土壤含水量为25.3%~27.5%,70 cm土壤含水量为22.7%~27.6%。

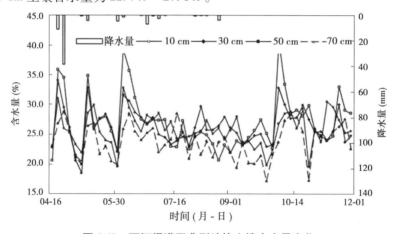

图5-60　西河渠灌区典型地块土壤含水量变化

从不同土层厚度实测值看出,土壤表层含水量最大,随土层厚度增加,含水量逐渐变小;灌溉期或降雨后变化尤其明显,土壤表层10 cm处的含水量与70 cm处的含水量差值最大达到16.9%;非灌溉期降水日各土层厚度土壤含水量变化幅度较小,差值小于5%,并出现互相交叉现象;非降水日深层土壤含水量大于表层土壤含水量。

5.4.4.3　地下水观测井

地下水观测于4月17日开始,12月31日结束。西河渠灌区典型地块地下水监测点位置及监测实施方案见表5-40。

表 5-40 西河渠灌区典型地块地下水监测点位置及监测实施方案

序号	名称	纬度	经度	频次	测量用具	误差控制
1	地下水井 1	36°00′33.7″	101°24′27.6″	灌溉期前一日、灌溉后一日 8 时、14 时、20 时观测三次,水位稳定后每 5 日 8 时观测一次	悬垂式电子感应器	小于 0.005 m
2	地下水井 2	36°00′33.9″	101°24′29.8″			
3	地下水井 3	36°00′33.1″	101°24′28.7″			
4	地下水井 4	36°00′31.9″	101°24′28.3″			
5	地下水井 5	36°00′32.0″	101°24′29.9″			

通过过程线对比分析,各地下水监测井因地面高程不相等,总体上来看,5 眼地下水井的地下水位变化基本一致;灌溉期次日地下水位开始上升,变幅不大;汛期因降水量影响,地下水位逐渐上升,高于非汛期地下水位。河道水位低于地下水位,河道水位与地下水位变化过程相应,符合地下水补给河水的规律。

5 号井在典型地块灌溉时水位与其余 4 眼井变化不一致,其他时间一致,比如 4 月 17 日灌溉后比 4 月 18 日的地下水位高出 0.50 m,6 月 5 日因上游暴雨及部分农田灌溉,地下水位比灌溉前高出 0.70 m。

中小河流建设的红岩村雨量站,距离西河渠灌区典型地块约 1 km,红岩村地下水位观测期间进行观测。

西河渠灌区典型地块苗灌期、冬灌期地下水位、河道水位过程线对照见图 5-61。

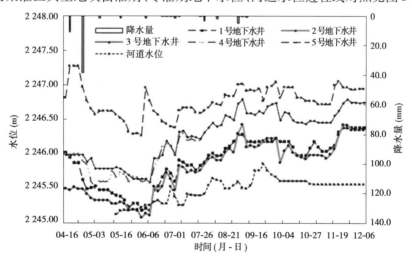

图 5-61 西河渠灌区典型地块苗灌期、冬灌期地下水位、河道水位过程线对照

5.5 黄丰渠灌区方案实施与试验监测

5.5.1 黄丰渠灌区概况

黄丰渠灌区位于循化撒拉族自治县街子镇和查汗都斯乡,工程始建于 1957 年底,主要目的是进一步完善全县的灌溉体系和解决黄河南岸川水地区灌溉用水问题,一期工程于 1958 年 4 月竣工,二期扩建工程于 1967 年 3 月完成。黄丰渠灌区是青海省主要农业灌区之一,是循化县主要的粮食、水果、蔬菜生产基地,共涉及 21 个行政村,人口 21 062人,牲畜 18 306 头(只)。灌区干渠渠道全长 15.7 km,渠道形状为梯形,从渠首向下游逐渐变窄变浅,顶宽 8~18 m,底宽 8~14 m,高 2~3 m。干渠进水口利用苏只电站专用管道直接从水库引水,设计引水流量为 10.0 m³/s。

黄丰渠沿黄河 I 级阶地绕行而下,至街子镇大别列村结束。沿线共有渠系建筑物 39座,其中过车桥梁 9 座、渡槽 1 座、退水建筑物 2 座、排洪槽 1 座、穿河暗涵 1 座;有电灌站10 座,其他渠系建筑物 15 座。

灌区总面积为 26 600 亩(其中自流灌溉 19 900 亩、提灌 6 700 亩),其中小麦种植面积 21 300 亩,占种植总面积的 72%;油料种植面积 8 300 亩,占种植总面积的 28%;复种作物主要为蔬菜,种植面积为 10 600 亩。另外,20 世纪 90 年代耕地中曾栽有大量核桃树。

黄丰渠灌区管理所是黄丰渠灌区的主要管理部门,为循化县水务局下属的自收自支事业单位,现有职工 19 名。黄丰渠灌区地理位置示意图见图 5-62。

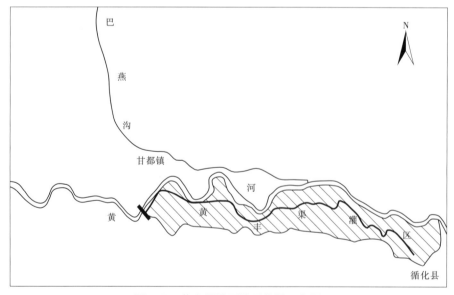

图 5-62 黄丰渠灌区地理位置示意图

5.5.2 黄丰渠灌区监测断面选取

黄丰渠灌区共有引水监测断面 1 个、退水监测断面 3 个,典型地块灌溉面积约 27 亩,共有进水监测断面 1 个、退水监测断面 1 个。黄丰渠灌区断面监测点布设情况见表 5-41。

表 5-41　黄丰渠灌区断面监测点布设情况

序号	名称	经度	纬度	备注
1	HFG – JS	102°20.52′	35°52.25′	
2	HFG – TS1	102°21.14′	35°52.42′	
3	HFG – TS2	102°25.93′	35°52.27′	HFG – TS2 退水口流量直接测量难度较大,采用断面差法间接计算获得

5.5.3　黄丰渠灌区试验监测设计

黄丰渠干渠从黄河干流苏只电站引水,渠内有 2 处退水口,分别位于原青海兴旺集团黄河 999 水电站内和街子镇大别列村。

5.5.3.1　灌区水准点监测设计

在黄河 999 水电站断面渠道右岸埋设基 2 水准点,假定高程为 1 900.000 m;在渠道右侧设立 P_3 直立式水尺,水尺板采用六棱钢筋固定,水泥浇筑,假定高程为 1 897.60 m。

在主渠道断面渠道左岸埋设基 3 水准点,假定高程为 1 890.000 m;在渠道便桥中间设立 P_4 悬垂式水尺,假定高程为 1 889.69 m;在断面上游 15 m 处设立雷达水位计,水位计采用太阳能供电,自动存储传输,探头高程 1 890.000 m。

在黄丰渠小干渠断面右侧埋设基 4 水准点,假定高程为 1 889.231 m,由基 3 水准点引测;在断面右侧设立 P_5 倾斜式水尺,水尺板固定在渠道水泥岸坡上,斜率为 0.655,假定高程为 1 888.22 m;在断面左侧设立雷达水位计,探头高程 1 892.35 m。

在典型地块断面毛渠右侧埋设基 1 水准点,假定高程为 1 910.00 m;在进水口断面设立直立式水尺,水尺直接喷绘在左侧渠道水泥预制板上,假定高程为 1 911.16 m。

基 1、基 2、基 4 水准点为明标,六棱钢筋埋深为 1.5 m;基 3 水准点为水泥座明标,埋深 2 m。黄丰渠灌区水准点位置详见表 5-42。

表 5-42　黄丰渠灌区水准点位置

序号	名称	纬度	经度	高程
1	基 1	35°52′29.4″	102°20′44.6″	1 910.000 m
2	基 2	35°52′24.7″	102°21′06.7″	1 900.000 m
3	基 3	35°52′08.6″	102°25′43.6″	1 890.000 m
4	基 4	35°52′17.0″	102°25′50.0″	1 889.231 m

基 1、基 2、基 3 水准点高程根据地面高度进行假定,基 4 水准点高程由基 3 水准点引

测(采用三等水准测量)。

水尺零点高程每月校测一次。经过校测,水尺在监测期间未发生变动,高程测量成果符合相关规范要求。

5.5.3.2　灌区水位监测设计

黄丰渠灌区干渠水位监测从 4 月 4 日开始至 12 月 31 日结束,黄丰渠干渠和黄丰渠小干渠水位采用超声波水位计观测,按 24 段制观测,观测初期和人工观测数据进行对比观测。

黄河 999 水电站水位采用人工观测,4 月 4 日至 7 月 10 日每日按两段制观测。由于水位日变化不大,7 月 11 日开始每日观测 1 次,并根据下游主渠道水位变化情况,随时增加水位观测次数,水位观测次数以满足引水量推求精度为准。

典型地块进水口和退水口水位观测从 4 月 4 日开始至冬灌过后结束,4 月 4 日至 7 月 10 日每日观测 2 次。经过前期观测,进水口水位日变化不大,改为每日观测 1 次。8 月 26 日由于进水口处被沙子淤塞,停止观测水位;9 月 17 日进水口管道疏通后,对典型地块进行了灌溉。

5.5.3.3　灌区引水量监测设计

黄丰渠干渠渠首位于苏只电站内,由管道直接引水,引水量由超声波流量计计量。干渠引水总量直接引用超声波流量计计量数据。

5.5.3.4　灌区退水量监测设计

退水口 1:监测断面设在电站溢洪道出口处,设立直立式水尺,按两段制观读水位;流量采用流速仪法施测,共布设 5 条垂线,采用 1 点法,测速历时不少于 100 s,流量测次不少于 10 次。根据实测数据,率定出水位—流量关系曲线。

退水口 2:由于大别列村退水口无合适监测断面,所以采用分别监测主渠道来水量和黄丰渠小干渠引水量的方式,计算两者之差即为该退水口的退水量。

黄丰渠干渠监测断面设在退水口闸门上游约 100 m 处,渠道宽约 8 m,水位采用雷达水位计进行观测,观测时段为 24 段制;流量采用流速仪法施测,采用 3 点法,共布设 5 条垂线,测速历时不少于 100 s,流量测次不少于 10 次。根据实测数据,率定出水位—流量关系曲线。

黄丰渠小干渠监测断面设在进水闸下游 20 m 处,渠道宽约 4 m,水位采用雷达水位计进行观测,观测时段为 24 段制。流量采用流速仪法施测,采用 3 点法施测,布设 3 条垂线,测速历时不少于 100 s,流量测次不少于 10 次。根据实测数据,率定出水位—流量关系曲线。

本书中流量测验采用流速面积法,当流量较小不能满足流速仪测流条件时,采用薄壁直角三角堰测流。

1. 流速面积法

采用悬杆悬吊流速仪测速测深,根据渠宽布设测流垂线,测速历时不少于 100 s,相对水深位置为 0.6(一点法)或 0.2、0.4、0.6(三点法),采用 LS10 型流速仪(型号 990223),使用范围 0.1 ~ 4.0 m/s。流速仪公式为

$$v = 0.100\ 4n/s + 0.047 \tag{5-6}$$

2. 量水堰法

典型地块引退水口断面流量较小时,采用薄壁直角三角堰测流。根据《水工建筑物与堰槽测流规范》(SL 537—2011),自由出流的直角三角堰流量计算公式见式(5-2),即

$$Q = 1.343H^{2.47}$$

5.5.3.5　灌区典型地块监测设计

根据黄丰渠灌区典型地块引退水量水文监测要求,确定引水口、渠道退水口监测断面各 1 个,需及时进行流量监测。黄丰渠灌区典型地块监测点布设情况见表 5-43,黄丰渠灌区典型地块监测断面分布情况见图 5-63,黄丰渠灌区典型地块引退水量监测方案见表 5-44。

表 5-43　黄丰渠灌区典型地块监测点布设情况

序号	名称	经度	纬度	备注
1	HFQ – JS	102°20.86′	35°52.46′	种植作物:小麦
2	HFQ – TS	102°20.88′	35°52.60′	种植作物:小麦

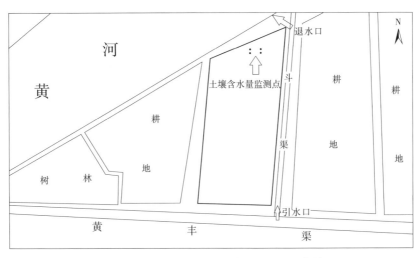

图 5-63　黄丰渠灌区典型地块监测断面分布情况

1. 引水量监测设计

进水口监测断面设在典型地块进水口处斗渠上,断面编号为 HFQ – JS。流量采用流速仪法施测,布设 3 条垂线,渠道中间位置布设 1 条,两侧各布设 1 条,测速历时不小于 100 s,岸边系数采用 0.8,悬杆测深。当流量较小无法使用流速仪测流时,采用三角堰法测量。

2. 退水量监测设计

退水口监测断面设在地块末端斗渠上,断面编号为 HFQ – TS。流量采用流速仪法施测,布设 3 条垂线,渠道中间位置布设 1 条,两侧各布设 1 条,测速历时不小于 100 s,岸边系数采用 0.8,悬杆测深。当流量较小无法用流速仪测流时,采用三角堰法测量。

表5-44 黄丰渠灌区典型地块引退水量监测方案

序号	断面名称	位置	纬度	经度	断面形状	断面顶部宽度(m)	监测方式	频次	测流方式	垂线布设	测速历时(s)	测深
1	黄丰渠(渠首)	苏只村	35°52′15.0″	102°20′34.0″	管道	7	超声波流量计	在线监测				
2	黄河999水电站(退水口)	苏只村	35°52′26.1″	102°21′01.1″	梯形	5	驻测	不少于15次	流速仪法	5条	≥100	悬杆
3	主渠道(退水口)	大别列村	35°52′09.6″	102°25′45.3″	梯形	8	驻测	不少于15次	流速仪法	5条	≥100	悬杆
4	黄丰渠小干渠	大别列村	35°52′17.2″	102°25′51.3″	梯形	4	驻测	不少于15次	流速仪法	3条	≥100	悬杆
5	HFQ-JS	苏只村	35°52′27.5″	102°20′51.0″	U形	0.4	驻测	率定水位—流量关系曲线，不少于10次	流速仪法或三角堰法	3条	≥100	悬杆
6	HFQ-TS	苏只村	35°52′36″	102°20′52.6″	U形	0.4	驻测	率定水位—流量关系曲线，不少于10次	流速仪法或三角堰法	3条	≥100	悬杆

5.5.4　黄丰渠灌区试验监测结果

5.5.4.1　引退水量

黄丰渠干渠引水量：黄丰渠灌区干渠渠首位于苏只电站，采用管道直接引水，引水量由超声波流量计计量，干渠引水总量可直接引用其相关流量数据。

黄丰渠干渠退水量为黄丰渠大别列村退水口和 999 水电站退水口退水量之和。

在黄丰渠大别列村退水口附近的黄丰渠干渠和黄丰渠小干渠上分别进行流量测验，建立黄丰渠干渠测流断面水位—流量关系曲线、黄丰渠小干渠水位—流量关系曲线，对各自的水位—流量关系曲线进行检验，检验合格后采用超声波水位计推求干渠来水量和黄丰渠小干渠水量，两者之差为黄丰渠大别列村退水口退水量。

在 999 水电站退水口进行流量测验，建立水位—流量关系曲线，对其关系曲线进行检验，检验合格后根据人工观测水位推求 999 水电站退水量。

典型地块引水量：在典型地块进水口进行流量测验，用流速仪测流 1 次，量水堰测流 9 次，建立水位—流量关系曲线，对水位—流量关系曲线进行检验，检验合格后根据人工观测水位推求典型地块引水量。

典型地块退水量：在典型地块退水口观测退水时间，由于进水口流量较小，灌溉时进水全部引入地块，渠道和地边没有退水，不灌溉时进水全部从渠尾退水口流入黄河，因此不灌溉时引水量就是典型地块的退水量。

黄丰渠灌区干渠及典型地块引退水流量监测情况见表 5-45。

表 5-45　黄丰渠灌区干渠及典型地块引退水流量监测情况

站名	测深垂线数（条）	测速垂线数（条）	测速垂线测点	测速历时（s）	测流次数	左岸边系数	右岸边系数	最大流量（m³/s）	备注
黄丰渠干渠	7	7	1～3	≥100	15	0.8	0.8	5.04	
黄丰渠小干渠	5	5	1～3	≥100	16	0.8	0.8	0.782	
999 水电站	6～9	6～9	3	≥100	15	0.7	0.7	1.03	岸边水深不为零时岸边系数采用 0.8
典型地块	3	3	1	≥100	11	0.8	0.8	0.035	量水堰测流 10 次

水位—流量关系曲线定线精度检验：按照《水文资料整编规范》（SL 247—2012）规定，测点超过 10 个时，做符号检验、适线检验、偏离数值检验。

（1）符号检验。

进行符号检验时，分别统计测点偏离曲线的正、负号个数，偏离值为零者，作为正、负号测点各半分配。按下式计算 u 值：

$$u = \frac{|\, k - 0.5n \,| - 0.5}{0.5\sqrt{n}} \tag{5-7}$$

式中:u 为统计量;n 为测点总数;k 为正号或负号个数。

（2）适线检验。

按测点水位由低至高排列顺序,从第二点开始统计偏离正、负符号变换,变换符号记1,否则记0。统计记1的次数,按下式计算 u 值:

$$u = \frac{0.5(n-1) - k - 0.5}{0.5\sqrt{n-1}} \tag{5-8}$$

式中:u 为统计量;n 为测点总数;k 为变换符号次数,$k < 0.5(n-1)$ 时做检验,否则不做此检验。

（3）偏离数值检验。

按下式分别计算 t 值和 $s_{\bar{p}}$ 值:

$$t = \frac{\bar{p}}{s_{\bar{p}}} \tag{5-9}$$

$$s_{\bar{p}} = \frac{s}{n} = \sqrt{\frac{\sum (p_i - \bar{p})^2}{n(n-1)}} \tag{5-10}$$

式中:t 为统计量;$\bar{p}$ 为平均相对偏离值;$s_{\bar{p}}$ 为 $\bar{p}$ 的标准差;s 为 p 的标准差;n 为测点总数;p_i 为测点与关系曲线的相对偏离值。

（4）显著水平 α 值的选用与临界值的确定。

临界值根据《水文资料整编规范》（SL 247—2012）表 3.4.1-1 和表 3.4.1-2 选定。

符号检验,α 值采用 0.25,临界值 $u_{1-\alpha/2}$ 采用 1.15。

适线检验,α 值采用 0.10,临界值 $u_{1-\alpha}$ 采用 1.28。

偏离数值检验,α 值采用 0.20,临界值 $t_{1-\alpha/2}$ 采用 1.33。

黄丰渠灌区水位—流量关系定线检验成果统计见表 5-46。

表 5-46　黄丰渠灌区水位—流量关系定线检验成果统计

名称	样本	正号个数	负号个数	变号个数	符号检验	适线检验	偏离数值检验	系统误差（%）	标准差（%）	检验结果
规范指标允许值					1.15	1.28	1.81	±2	5.5	
黄丰渠干渠计算值	15	6	9	8	0.52	免检	0.58	-0.2	1.4	合格
黄丰渠小干渠计算值	16	7.5	8.5	12	0.0	免检	0.09	0.0	1.8	合格
999 水电站计算值	15	8	7	11	0.0	免检	0.60	0.4	3.1	合格
典型地块进水口	11	5	6	9	0.0	免检	0.17	-0.2	5.2	合格

表 5-46 中水位—流量关系定线精度指标参照三类精度站的指标确定,系统误差不超过 ±2% 、标准差小于 5.5% 时,定线合格。流量很小,测点偏离曲线不超过 ±15% 时参与定线。

通过对黄丰渠干渠、黄丰渠小干渠、999 水电站水位—流量关系曲线进行符号检验、适线检验、偏离数值检验,计算确定:黄丰渠干渠曲线标准差为 1.4% ,系统误差为 -0.2% , Q_{11} 次流量最大偏离曲线 3.45% ;黄丰渠小干渠曲线标准差 1.8% ,系统误差为 0.0% , Q_{14} 次流量最大偏离曲线 -3.94% ;999 水电站曲线标准差 3.1% ,系统误差为 0.4% , Q_5 次流量最大偏离曲线 7.32% ;典型地块进水口曲线标准差 5.2% ,系统误差为 -0.2% , Q_1 次流量最大偏离曲线 -7.79% 。

各监测断面水位—流量关系曲线见图 5-64 ~ 图 5-67,各监测断面水位—流量过程线见图 5-68 ~ 图 5-71。

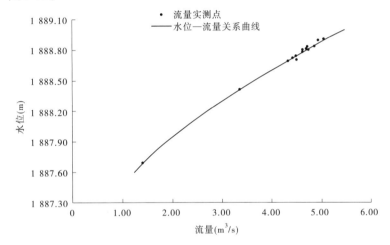

图 5-64　黄丰渠灌区干渠水位—流量关系曲线

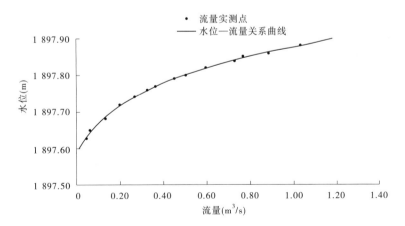

图 5-65　999 水电站水位—流量关系曲线

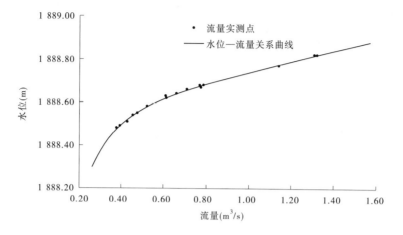

图 5-66　黄丰渠小干渠水位—流量关系曲线

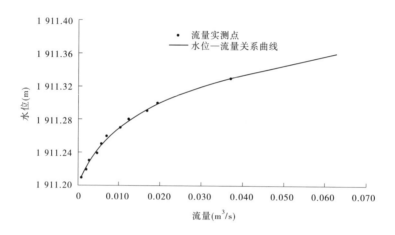

图 5-67　黄丰渠灌区典型地块进水口水位—流量关系曲线

1. 干渠引退水量

监测期从 3 月 13 日开始至 12 月 31 日结束,为期 288 d。渠首进水口引水量采用管道流量计数据,共计引水 21 804 万 m³, 999 水电站退水量、主渠道(大别列村)来水量、黄丰渠小干渠引水量利用南方片水位流量整编程序,用水位—流量关系曲线法推求水量。999 水电站退水量为 1 065 万 m³,主渠道(大别列村)断面来水量为 9 796 万 m³,黄丰渠小干渠引水量为 1 341 万 m³,主渠道(大别列村)退水口退水量由主渠道(大别列村)断面来水量减去黄丰渠小干渠引水量而得,为 8 455 万 m³。经计算合计主渠道退水口退水量为 9 520 万 m³(不包括毛渠退水量)。

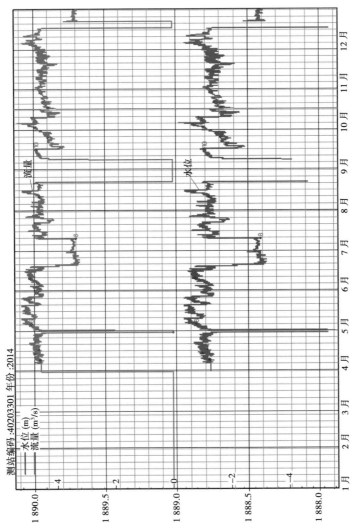

图 5-68　黄丰渠干渠主渠道（大别列村）断面水位—流量过程线

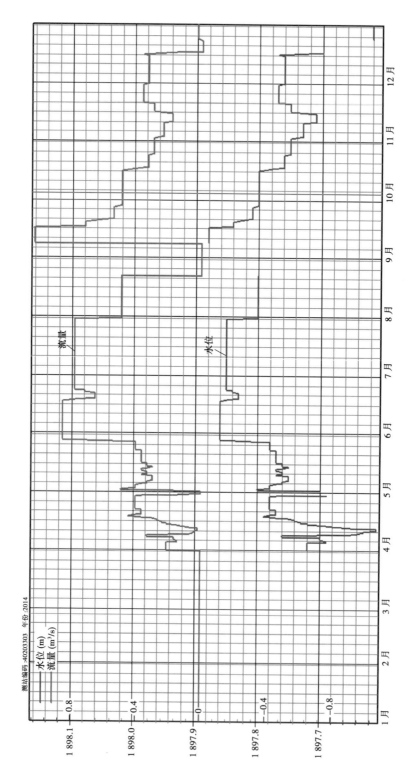

图 5-69　999 水电站水位—流量过程线

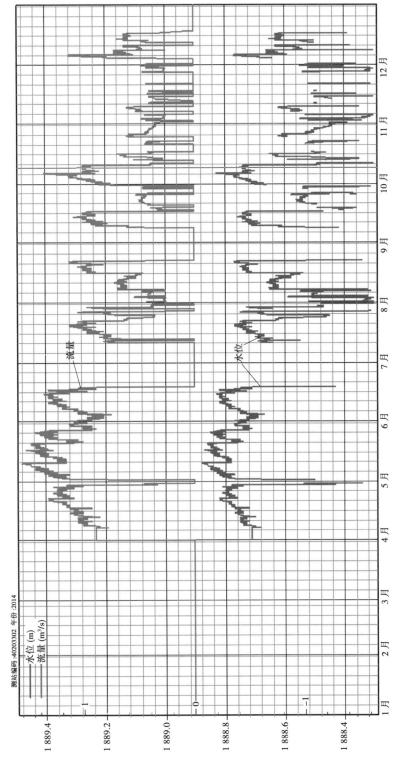

图 5-70　黄丰渠小干渠水位—流量过程线

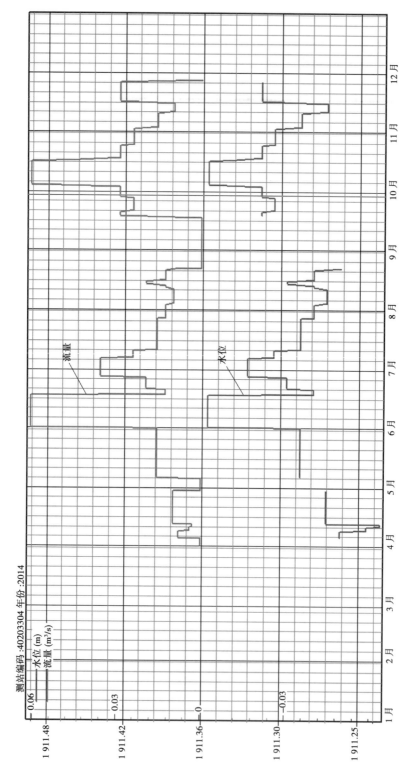

图 5-71　典型地块进水口水位—流量过程线

　　黄丰渠灌区各监测断面水量见表5-47,黄丰渠(大别列村)退水口断面逐日水量过程线见图5-72。

表5-47　黄丰渠灌区各监测断面水量　　　　　　　　（单位:万 m³）

序号	时间	监测断面	引水量	退水量
1	4 月 1 日至 12 月 31 日	渠首	21 804	
2	4 月 1 日至 12 月 31 日	999 水电站		1 065
3	4 月 1 日至 12 月 31 日	黄丰渠(大别列村)	9 796	
4	4 月 1 日至 12 月 31 日	黄丰渠小干渠	1 341	
5	4 月 1 日至 12 月 31 日	黄丰渠(大别列村)		8 455
合计			32 941	9 520
6	4 月 1 日至 11 月 27 日	HFQ – TS(典型地块)	44.63	
7	4 月 1 日至 11 月 27 日	HFQ – TS(典型地块)		43.99

图 5-72　黄丰渠(大别列村)退水口断面逐日水量过程线

　　2.典型地块引退水量

　　监测期为 3 月 13 日至 11 月 27 日。引退水量利用南方片水位流量整编程序,用水位—流量关系曲线法推求水量。经推算,进水口引水量为 44.63 万 m³,退水口退水量为 43.99 万 m³,灌溉用水量为 0.64 万 m³。典型地块引水流量较小,地块不灌溉期间,水量全部由退水口流入黄河。黄丰渠灌区典型地块引退水逐日水量过程线见图5-73。

5.5.4.2　土壤含水量

　　观测点在典型地块第 28 块地中,距黄丰渠 230 m,距黄河干流约 50 m。种植作物以冬小麦为主,土壤质地均为黏土。

　　黄丰渠灌区典型地块土壤含水量监测点见表5-48。

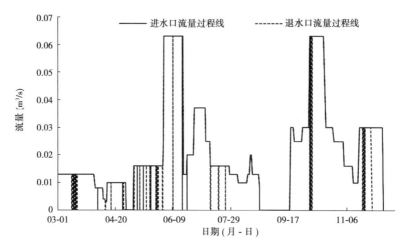

图 5-73 黄丰渠灌区典型地块引退水逐日水量过程线

表 5-48 黄丰渠灌区典型地块土壤含水量监测点

名称	位置	纬度	经度	作物种类
HFQ – TR	苏只村	36°52′35.4″	102°20′44.01″	冬小麦

黄丰渠灌区典型地块土壤含水量从 8 月 26 日开始,于 11 月 26 日结束,期间 9 月 16 日、10 月 8 日、10 月 26 日、11 月 19 日分别灌溉 1 次。HFQ – TR 点监测结果:5 点同一深度 10 cm 土壤平均含水量为 29.1% ~ 50.4% ,30 cm 土壤平均含水量为 24.1% ~ 51.1% ,50 cm 土壤平均含水量为 23.5% ~ 52.9% ,70 cm 土壤平均含水量为 26.0% ~ 54.0% ,100 cm 土壤平均含水量为 25.7% ~ 52.7%。黄丰渠灌区典型地块不同土层土壤含水量变化过程见图 5-74。

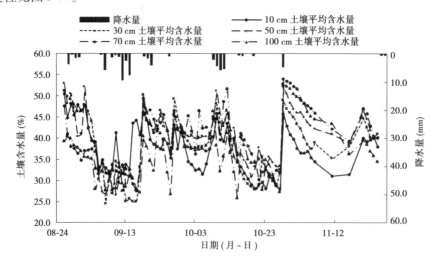

图 5-74 黄丰渠灌区典型地块不同土层土壤含水量变化过程

5.6　格尔木市农场灌区方案实施与试验监测

5.6.1　格尔木市农场灌区概况

格尔木市农场灌区始建于 2008 年 12 月,主要承担格尔木市河东农场、河西农场、园艺公司、郭勒木德镇的灌溉供水任务。灌区有效灌溉面积 8.8 万亩,其中耕地灌溉面积 3.23 万亩、枸杞灌溉面积 2.31 万亩、蔬菜灌溉面积 0.36 万亩、林地及城市园林灌溉面积 2.9 万亩。灌溉周期为 220 d(3 月 25 日至 11 月 5 日),年均取水量为 1.6 亿 m³。

格尔木市农场灌区东西干渠引水枢纽位于格尔木河干流上,距格尔木市约 18.0 km,是以农业灌溉为主的中等水利枢纽工程。干渠由东干渠、西干渠、中干渠组成。东干渠全长 39.0 km,设计流量 5.6 m³/s,有效灌溉面积 4.12 万亩,共有支渠 19 条、渡槽 2 座、跌水41 座、节制闸 11 座、排沙闸 4 座、排洪桥 2 座、涵洞 4 个;西干渠全长 41.0 km,设计流量 7.2 m³/s,有效灌溉面积 4.68 万亩,共有支渠 26 条、分水闸 26 座、节制闸 24 座、跌水 8座、排沙闸 2 座、公路桥 4 座、排洪桥 4 座;中干渠全长 7.36 km,设计流量 4.0 m³/s,有效灌溉面积 2.8 万亩,因工程存在渗漏等质量问题,建成后一直没有投入运行。

灌区典型地块地理坐标为东经 94°34′00″,北纬 36°23′30″。西干渠引水断面为梯形,比降为 1.7‰,糙率为 0.022。

经实地查勘,格尔木市农场灌区支渠较多,干渠渠系复杂,引退水量没有计量,水费按亩收缴。

5.6.2　格尔木市农场灌区监测断面选取

格尔木市农场灌区典型地块选在格尔木市河西农场八连十七支渠处,距格尔木市区直线距离约 27 km,地块面积 67.5 亩,主要种植农作物为青稞。

5.6.2.1　灌区引退水试验监测断面选取

通过对灌区的实地查勘,典型地块共有引水断面 2 个、退水断面 4 个。引退水口断面基本情况详见表 5-49,典型地块监测断面平面布置见图 5-75。

表 5-49　格尔木市农场灌区典型地块引退水口断面基本情况

序号	监测断面名称	形状	宽(m)	深(m)	长(m)
1	GEM – JS1	矩形	0.80	0.60	40.0
2	GEM – JS2	矩形	0.80	0.60	20.0
3	GEM – TS1	矩形	0.60	0.30	2.20
4	GEM – TS2	矩形	0.60	0.30	6.55
5	GEM – TS3	矩形	0.60	0.30	2.00
6	GEM – TS4	矩形	0.60	0.30	2.76

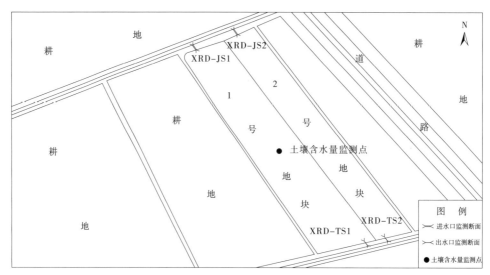

图 5-75　格尔木市农场灌区典型地块监测断面平面布置

5.6.2.2　灌区地下水监测井位选取

经过实地查勘,并与青海省水利厅进行沟通,格尔木农垦集团河西公司八队交通便利,地下水埋深在 15.0 m 以内,选取该地为典型地块,开展地下水监测。在典型地块内共设置 5 眼监测井,监测井位置示意图见图 5-76。

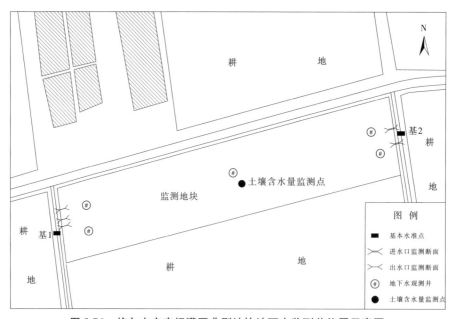

图 5-76　格尔木市农场灌区典型地块地下水监测井位置示意图

5.6.3　格尔木市农场灌区试验监测设计

格尔木市农场灌区典型地块设有引水监测断面 2 个、退水监测断面 4 个,可代表整个灌区进行引退水量监测。

流量监测：采用悬杆流速仪法监测流量。监测采用委托观测来水时间和专业人员巡测流量的方式进行。灌区典型地块监测断面流量推算采用实测流量过程线法推求。流量测验采用悬杆测深，布设 5 条测深垂线、3 条测速垂线，流速测点的测速历时不少于 100 s。垂线的流速测点布设位置采用相对水深 0.5、0.6、0.0，符合《河流流量测验规范》(GB 50179—2015) 中规定；岸边流速系数采用 0.9，符合《河流流量测验规范》(GB 50179—2015) 中规定；测速垂线布设和水道断面测深垂线的布设符合《水文测验实用手册》中规定；单次流量测验允许误差符合《河流流量测验规范》(GB 50179—2015) 中规定。灌区典型地块引退水监测断面水文监测实施方案见表 5-50。

表 5-50　格尔木市农场灌区典型地块引退水量监测断面水文监测实施方案

序号	断面名称	位置	纬度	经度	监测方式	频次	测流方式	垂线布设	测速历时	测深
1	GEM – JS1		36°23′32.0″	94°34′16.0″						
2	GEM – JS2		36°23′31.01″	94°34′16.50″		根据流量变化过程布置测次				
3	GEM – TS1	河西八连	36°23′27.0″	94°33′50.0″	巡测		流速仪法	3 条	≥ 100 s	悬杆
4	GEM – TS2		36°23′29.0″	94°33′50.0″						
5	GEM – TS3		36°23′29.0″	94°33′50.0″						
6	GEM – TS4		36°23′30.0″	94°33′50.0″						

地下水监测：格尔木市农场灌区典型地块共设置 5 眼监测井进行地下水位监测，地块中心设立 3 号地下水监测井，四周分别设立 1 号、2 号、4 号、5 号地下水监测井。在典型地块两端设立水准点 2 个。

地下水开始监测前需对井口的固定点高程进行校测，逢 1 日、6 日观测地下水位；灌溉前半小时对地下水位进行观测，灌溉后次日 8~9 h、13~14 h、19~20 h 观测 3 次，等地下水位稳定后，恢复正常观测。

《地下水监测规范》(SL 183—2005) 规定，人工监测地下水位，两次测量间隔时间不应少于 1 min，当两次测量数值之差不大于 0.02 m 时，取两次水位的平均值；当两次监测偏差超过 0.02 m 时，应重复测量。

每次测量成果应当场核查，及时点绘出各地下水监测井的地下水位过程线，发现异常及时补测，保证监测资料真实、准确、完整。

地下水位监测使用的测绳、钢卷尺每半年检定一次，精度需符合国家计量检定规程允许的误差标准。

灌区典型地块地下水监测点位置及监测方案见表 5-51。

表 5-51　格尔木市农场灌区典型地块地下水监测点位置及监测方案

序号	名称	北纬	东经	频次	设备	误差控制
1	地下水井1	36°23′29″	94°33′53″	灌溉前半小时对地下水位进行观测,灌溉后次日8~9 h、13~14 h、19~20 h观测3次;等地下水位稳定后,恢复正常观测	测绳、钢卷尺	小于0.005 m
2	地下水井2	36°23′30″	94°33′52″			
3	地下水井3	36°23′32″	94°34′05″			
4	地下水井4	36°23′32″	94°34′13″			
5	地下水井5	36°23′34″	94°34′13″			

5.6.4　格尔木市农场灌区试验监测结果

5.6.4.1　引退水量

2014 年格尔木市农场灌区共灌溉8 次,时间分别为5 月15 日、5 月27 日、6 月10 日、6 月26 日、7 月12 日、7 月27 日、8 月11 日和10 月30 日。在各监测断面共测得流量225 份,灌溉时间详见表5-52、表5-53。

表 5-52　格尔木市农场灌区1 号地块灌溉起止时间统计

日期（月-日）	起时	止时	断面	起时	止时
05-15	18:00	21:50	GEM－TS1	22:30	02:00
			GEM－TS2	22:30	02:30
05-27	00:09	04:11	GEM－TS1	04:39	09:46
			GEM－TS2	04:39	09:50
06-10	10:04	14:38	GEM－TS1	16:29	21:00
			GEM－TS2	16:21	21:00
06-26	09:12	13:42	GEM－TS1	14:54	20:12
			GEM－TS2	14:42	21:00
07-12	13:00	17:32	GEM－TS1	19:15	00:10
			GEM－TS2	19:00	00:10
07-27	18:30	00:05	GEM－TS1	01:00	06:30
			GEM－TS2	00:56	06:30
08-11	11:55	17:14	GEM－TS1	18:32	00:40
			GEM－TS2	18:27	00:30
10-30	11:46	15:53	GEM－TS1	17:25	18:45
			GEM－TS2	17:15	18:46

表5-53 格尔木市农场灌区2号地块灌溉起止时间统计

日期（月-日）	起时	止时	断面	起时	止时
05-15	21:50	23:40	GEM－TS3	00:00(05-16)	03:30
			GEM－TS4	00:00(05-16)	01:50
05-27	04:11	06:15	GEM－TS3	06:42	10:50
			GEM－TS4	06:36	09:40
06-10	14:40	17:25	GEM－TS3	18:32	23:00
			GEM－TS4	18:25	21:50
06-26	13:50	16:25	GEM－TS3	17:39	22:30
			GEM－TS4	17:25	21:00
07-12	17:33	20:17	GEM－TS3	21:10	01:40
			GEM－TS4	21:17	00:40
07-28	00:06	03:03	GEM－TS3	03:30	08:15
			GEM－TS4	03:35	06:35
08-11	17:15	20:45	GEM－TS3	21:40	03:00
			GEM－TS4	21:48	02:40
10-30	09:38	11:34	GEM－TS3	12:06	12:57
			GEM－TS4	12:12	12:51

灌区典型地块流量监测,测点必须根据高、中、低各级水位的水流特性,断面控制情况和测验精度要求,合理分布于各级水位和流量变化的转折点处。

GEM－JS1 引水灌溉时间一般为 3~5 h,GEM－JS2 引水灌溉时间一般为 2~3 h,引水灌溉开始到水量平稳、引水灌溉结束到流量为零一般需要 3~5 min,因此流量测次布置3 次足够,即引水灌溉开始至水量平稳时测流 1 次,中间测流 1 次,引水灌溉结束前测流 1次。为了使监测到的灌溉水量更加准确,可在灌溉过程中增加流量监测次数,最多可达 6次,这样可完全控制水量变化过程,符合《河流流量测验规范》(GB 50179—2015)要求。

GEM－TS1、GEM－TS2、GEM－TS3 和 GEM－TS4 退水监测断面共计 4 个,其中 GEM－TS2、GEM－TS3 断面退水时间较长,退水过程一般需要 1.5~3.5 h;GEM－TS1 和 GEM－TS4 断面退水时间较短,退水过程一般需要 1~3 h。流量测次均匀分布在退水过程中,单次灌溉各退水断面测次达到 2~7 次,可完全控制水量变化过程,符合《河流流量测验规范》(GB 50179—2015)要求。

典型地块 GEM－JS1、GEM－JS2 引水监测断面主要采用 LS251 型流速仪施测,仪器型号为50437,流速公式为 $v = 0.249\,2n/s + 0.004\,2$,流速使用范围 $0.142\,7 \sim 5.00$ m/s,低速部分($0.050\,3 \sim 0.142\,7$ m/s)从低速 $v \sim n$ 曲线图查读。

典型地块 GEM – TS1、GEM – TS2、GEM – TS3、GEM – TS4 监测断面主要采用 LS10 型流速仪施测,仪器型号 80543,公式为 $v = 0.100\,9n/s + 0.042\,6$,流速使用范围 $0.100 \sim 4.00$ m/s;仪器型号 070074,公式为 $v = 0.101\,5n/s + 0.049\,5$,流速使用范围 $0.100 \sim 4.00$ m/s。

在引退水量监测过程中,如水量发生变化,需查明水量变化原因,考虑是否增加流量测次,以提高引退水量监测精度为原则。

灌区典型地块断面流量监测情况见表 5-54,监测断面引退水流量过程线见图 5-77 ~ 图 5-80。

表 5-54　格尔木市农场灌区典型地块断面流量监测情况

站名	测深垂线数（条）	测速垂线数（条）	测速垂线测点	测速历时（s）	测流次数	左岸边系数	右岸边系数	实测最大流量（m³/s）
GEM – JS1	5	3	3	≥100	41	0.9	0.9	0.312
GEM – JS2	5	3	3	≥100	28	0.9	0.9	0.349
GEM – TS1	5	3	3	≥100	33	0.9	0.9	0.108
GEM – TS2	5	3	3	≥100	36	0.9	0.9	0.129
GEM – TS3	5	3	3	≥100	34	0.9	0.9	0.120
GEM – TS4	5	3	3	≥100	23	0.9	0.9	0.112

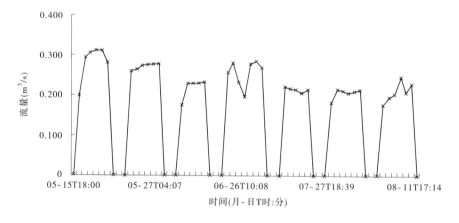

图 5-77　格尔木市农场灌区 1 号地块引水监测断面(GEM – JS1)流量过程线

根据格尔木(四)水文站的径流量模比系数确定丰平枯特征。径流量接近历年最大值的年份为丰水年,径流量接近多年平均值的年份为平水年,径流量接近历年最小值的年份为枯水年。模比系数(K_p) = 某一年径流量/多年平均径流量,格尔木(四)水文站年径

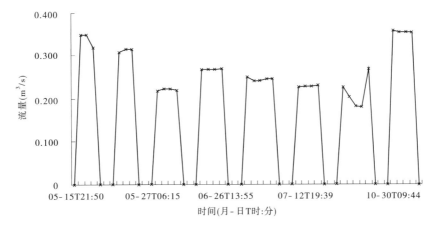

图 5-78　格尔木市农场灌区 2 号地块引水监测断面（GEM－JS2）流量过程线

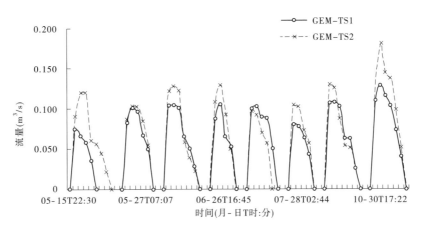

图 5-79　格尔木市农场灌区 1 号地块退水监测断面（GEM－TS1、GEM－TS2）流量过程线

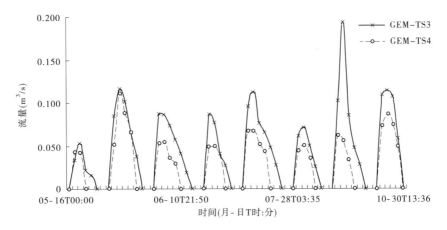

图 5-80　格尔木市农场灌区 2 号地块退水监测断面（GEM－TS3、GEM－TS4）流量过程线

流量模比系数划分详见表5-55。

表5-55 格尔木(四)水文站年径流量模比系数(K_p)划分

丰水年	偏丰水年	平水年	偏枯水年	枯水年
$K_p \geqslant 1.20$	$1.10 \leqslant K_p < 1.20$	$0.90 \leqslant K_p < 1.10$	$0.80 \leqslant K_p < 0.90$	$K_p < 0.80$

格尔木(四)水文站多年平均径流量为7.479亿 m^3,2014年径流量为7.163亿 m^3,径流模比系数 $K_p = 0.958$。因此,确定格尔木(四)水文站2014年为平水年。

通过对格尔木市农场灌区典型地块5月15日至10月30日监测资料分析计算,得出典型地块引水总量为5.139万 m^3,退水总量为2.160万 m^3。其中GEM – JS1断面引水总量为3.288万 m^3,GEM – TS1、GEM – TS2断面退水总量为1.344万 m^3。GEM – JS2断面引水总量为1.851万 m^3,GEM – TS3、GEM – TS4断面退水总量为0.816万 m^3。典型地块引退水量统计见表5-56 ~ 表5-58。

表5-56 格尔木市农场灌区典型地块2014年引退水量统计 （单位: m^3）

地块	引水量	退水量
1号地块	32 880	13 446
2号地块	18 512	8 157
合计	51 392	21 603

表5-57 格尔木市农场灌区1号典型地块 GEM – JS1、GEM – TS1 和 GEM – TS2 各时期引退水量统计

序号	日期(月-日)	引水量(m^3)	退水量(m^3)
1	05-15	4 060	1 040
2	05-27	3 850	2 000
3	06-10	3 720	1 510
4	06-26	4 320	2 330
5	07-12	3 280	1 470
6	07-27	4 150	1 900
7	08-11	3 970	1 900
8	10-30	5 530	1 296
合计		32 880	13 446

表 5-58 格尔木市农场灌区 2 号典型地块 GEM – JS2、GEM – TS3 和 GEM – TS4 各时期引退水量统计

序号	日期(月-日)	引水量(m³)	退水量(m³)
1	05-15	2 160	432
2	05-27	2 200	1 420
3	06-10	2 160	1 120
4	06-26	2 140	1 120
5	07-12	2 330	1 040
6	07-27	2 420	1 120
7	08-11	2 510	1 300
8	10-30	2 592	605
合计		18 512	8 157

5.6.4.2 土壤含水量

格尔木市农场灌区典型地块布设了 1 处土壤含水量监测点,土壤水分监测仪型号 SSXT – SQ – O2。监测仪器具体技术指标详见表 5-59。

表 5-59 土壤水分监测仪技术指标

气象要素	分辨率	测量范围	精度
土壤温度	0.1 ℃	−40 ~ 80 ℃	±0.1 ℃
土壤湿度	0.1% m³/m³	0 ~ 100% m³/m³	±2% m³/m³ (0 ~ 50% m³/m³)

格尔木市农场灌区设 GEM – TR 土壤平均含水量监测点 1 处,GEM – TR 在地下水 3 号监测井旁边,距支渠 300 m 左右,主要种植农作物为青稞,监测区土壤质地为沙壤土。格尔木市农场灌区典型地块土壤含水量监测点见表 5-60。

表 5-60 格尔木市农场灌区典型地块土壤含水量监测点

序号	名称	位置	纬度	经度	作物种类
1	GEM – TR	河西八队	36°23′32″	94°34′05″	青稞

GEM – TR 土壤含水量监测结果:10 cm 土壤平均含水量为 11.86% ~ 58.1%;20 cm 土壤平均含水量为 5.65% ~ 54.73%;40 cm 土壤含水量为 3.61% ~ 34.09%;60 cm 土壤含水量为 5.77% ~ 33.66%;80 cm 土壤含水量为 18.32% ~ 31.93%。

GEM – TR 土壤盐分监测结果:10 cm 土壤盐分为 1 383.8 ~ 2 255.5;20 cm 土壤盐分为 1 001.6 ~ 2 424.2;40 cm 土壤盐分为 1 283.99 ~ 2 905.76;60 cm 土壤盐分为 1 159.23 ~ 1 681.94;80 cm 土壤盐分为 1 368.78 ~ 3 549.41。

土壤含水量、盐分随时间变化过程线见图 5-81。

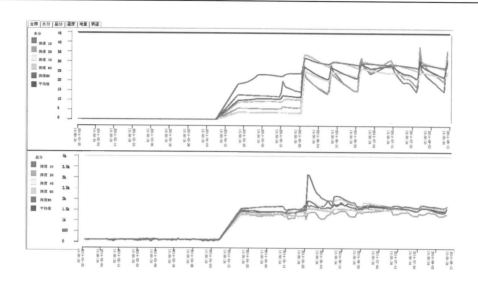

图5-81   格尔木市农场灌区典型地块土壤含水量、盐分随时间变化过程线

5.6.4.3   地下水观测井

1. 地下水位的年际变化

格尔木市地下水位的年际变化与格尔木河上游的来水量大小有直接关系,通过对格尔木市西格办供管站、西格办招待所、郭勒木德镇政府3眼地下水监测井2010~2013年地下水位资料的分析,确定格尔木市地下水位近几年来的变化趋势是:2010~2011年上升,2011~2013年逐渐下降,其中2011年地下水位最高,主要原因是2010年格尔木河流域上游来水量较多。地下水年际变化过程线见图5-82~图5-84。

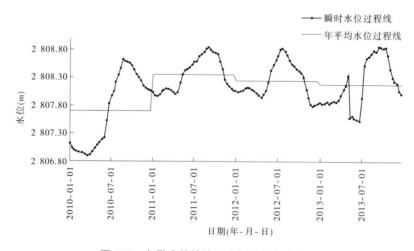

图5-82   郭勒木德镇地下水年际变化过程线

2. 地下水位的年内变化

格尔木市地下水位的年内变化与格尔木河上游来水量、时间变化有直接关系。格尔木市现有西格办供管站、西格办招待所、郭勒木德镇政府及格尔木市农场灌区典型地块5眼地

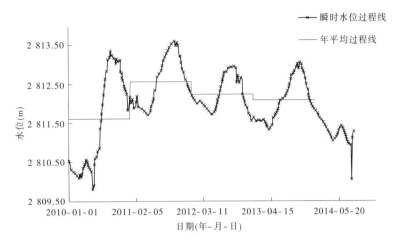

图 5-83　西格办供管站地下水年际变化过程线

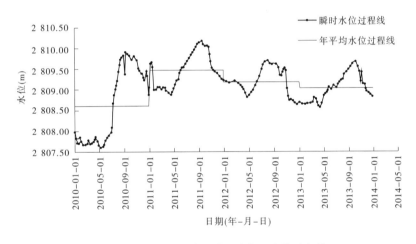

图 5-84　西格办招待所地下水年际变化过程线

下水监测井,共计 8 个监测点,其中西格办供管站、西格办招待所、郭勒木德镇政府 3 眼井全年监测地下水位,格尔木市农场灌区典型地块 5 眼井从 4 月 1 日开始监测地下水位。

根据地下水位观测资料分析,供管站、招待所、郭勒木德镇政府 3 眼井 1~4 月上旬水位逐渐下降,4 月中旬至 6 月中旬水位逐渐上升,6 月下旬至 7 月上旬水位逐渐下降,7 月中旬至 12 月底水位逐渐上升。

格尔木市农场灌区典型地块 5 眼井从 4 月 1 日开始观测,水位呈逐渐上升趋势,变化趋势一致。从变化趋势看,地下水位变化与地块灌溉水量有关。

3. 典型地块灌溉前后地下水位变化

2014 年格尔木市农场灌区典型地块在青稞生长期共灌溉 8 次,选取 8 次灌溉前后地下水位数据,进行典型地块灌溉前后地下水位过程线点绘,得出典型地块灌溉前后地下水位过程线对照图,具体见图 5-85~图 5-92。

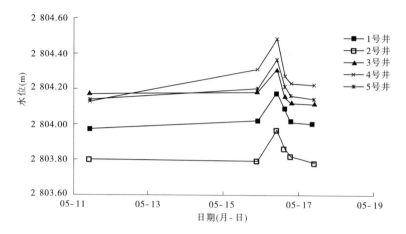

图 5-85　格尔木市农场灌区典型地块 5 月 15 日灌溉前后地下水位过程线对照

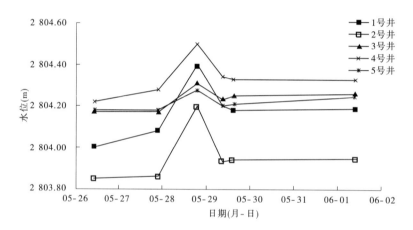

图 5-86　格尔木市农场灌区典型地块 5 月 27 日灌溉前后地下水位过程线对照

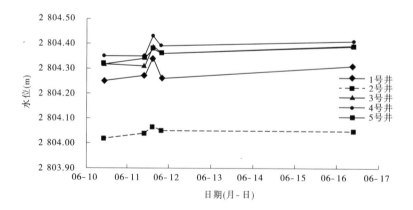

图 5-87　格尔木市农场灌区典型地块 6 月 10 日灌溉前后地下水位过程线对照

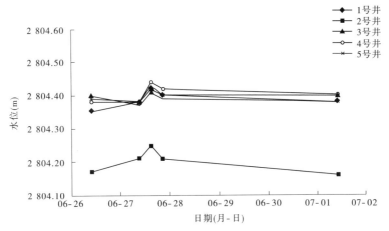

图 5-88　格尔木市农场灌区典型地块 6 月 26 日灌溉前后地下水位过程线对照

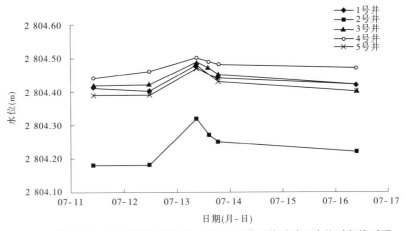

图 5-89　格尔木市农场灌区典型地块 7 月 12 日灌溉前后地下水位过程线对照

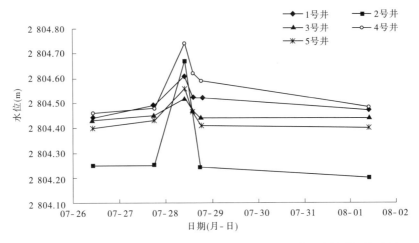

图 5-90　格尔木市农场灌区典型地块 7 月 27 日灌溉前后地下水位过程线对照

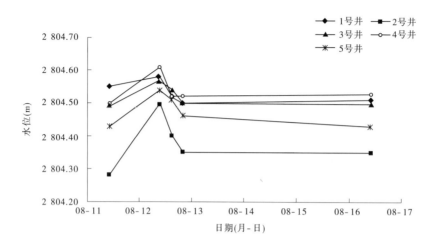

图 5-91　格尔木市农场灌区典型地块 8 月 11 日灌溉前后地下水位过程线

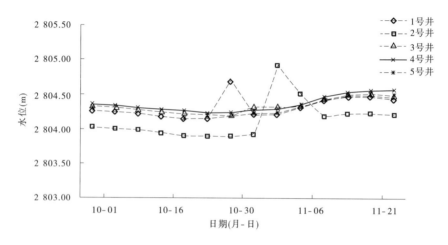

图 5-92　格尔木市农场灌区典型地块 10 月 30 日灌溉前后地下水位过程线

由图 5-85 ~ 图 5-92 可知,5 眼井的地下水位变化趋势基本一致。另外,由于格尔木市农场灌区土质为沙壤土,下渗较快,灌溉过程中地下水位变化幅度大,灌溉对地下水影响较大。

河西雨量站距离格尔木市农场灌区典型地块约 3.0 km,降水量可借用河西雨量站资料。

格尔木市农场灌区典型地块地下水位、降水量过程线对照见图 5-93。

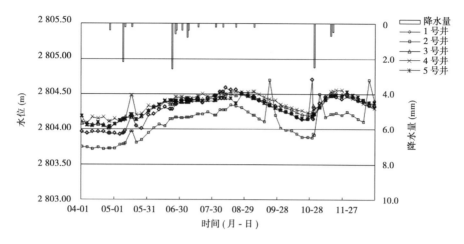

图 5-93　格尔木市农场灌区典型地块地下水位、降水量过程线对照

5.7　香日德河谷灌区方案实施与试验监测

5.7.1　香日德河谷灌区概况

香日德河谷灌区始建于 1956 年 2 月 26 日,1972 年正式投入使用,灌溉面积 6.78 万亩,主要种植作物有枸杞、马铃薯、小麦、油菜、青稞、豆类等,1979 年灌区种植的春小麦创造了亩产 1 013 kg 的世界纪录。灌区在每年的 3 月 25 日左右开始放水,11 月 10 日左右停水,5～8 月灌区用水量较大,9～11 月灌区用水量逐渐减小。

香日德河谷灌区引水枢纽位于都兰县香日德镇大桥下游河道左岸,距香日德镇大桥 0.48 km,修建于 1972 年 9 月,主要建筑物有进水闸(设 3 孔,每孔净宽 3.0 m,净高 1.2 m,进水闸底板比冲砂闸地板高 1.0 m,闸室后设 5.0 m 的斜坡段,闸顶以上有启闭机工作室)、泄洪冲砂闸(设 5 孔,每孔净宽 3.1 m)、溢流坝(长 330 m,由主坝、消力池、采用浆砌石海漫等组成)。引水总干渠全长 7.69 km,渠道断面为梯形,渠底宽 2.0 m,渠口宽 4.5 m,渠深 1.1 m,采用浆砌石砌筑,主要建筑物有引水口 1 个、分水口 6 个、农桥 31 座,灌溉总面积 4.63 万亩,过闸设计流量 6.00 m³/s,最大流量 9.00 m³/s。

香日德河谷灌区全长 60.8 km,共有支渠 7 条,支渠断面为梯形;共有斗渠 52 条,全长 86.9 km,拥有各类建筑物 659 座,均为混凝土预制板梯形衬砌。

经实地查勘,香日德河谷灌区支渠较多,干渠渠系复杂,引退水量没有计量,水费按亩收缴。

5.7.2　香日德河谷灌区监测断面选取

香日德河谷灌区典型地块选在香日德镇到香日德农场公路 9.8 km 处西侧,包括 1 号和

2 号两块相邻的地块。1 号地块主要种植农作物为青稞,面积 8.0 亩(长 198 m,宽约 27 m);
2 号地块主要种植农作物为小麦,面积 7.0 亩(长 198 m,宽约 23.5 m)。2014 年 4 月 23 日,1
号地块第 1 次引水灌溉,但引水监测断面尚未修建,此时引水监测断面为梯形。为使监测数
据更加准确,提高资料精度,并使流量监测方便,5 月上旬,工作人员对 1 号和 2 号地块的引
退水监测断面进行了整修。整修后的渠道引退水监测断面为矩形。典型地块引退水监测断
面基本情况见表 5-61。

表 5-61   香日德河谷灌区典型地块引退水监测断面基本情况

序号	监测断面名称	形状	宽(m)	深(m)	长(m)	备注
1	XRD – JS1	梯形	0.95 0.40	0.50	18.0	监测断面 整修前
		矩形	0.58	0.50	18.0	整修后
2	XRD – JS2	矩形	0.53	0.50	15.0	
3	XRD – TS1	矩形	0.45	0.30	2.5	
4	XRD – TS2	矩形	0.42	0.30	2.5	

5.7.3   香日德河谷灌区试验监测设计

香日德河谷灌区典型地块设有引水监测断面、退水监测断面各 2 个,可代表整个灌区进
行引退水量监测。

流量监测:采用委托观测来水时间和专业人员巡测流量的方式进行监测。灌区典型地
块的引退水量均采用实测流量过程线法推求。流量测验采用悬杆流速仪法,悬杆测深,布设
5 条测深垂线、3 条测速垂线,测速历时不少于 100 s。垂线的流速测点布置位置采用相对水
深 0.5、0.6,测点位置满足《河流流量测验规范》(GB 50179—2015)中规定;岸边流速系数采
用 0.7、0.9,符合《河流流量测验规范》(GB 50179—2015)中规定;测速垂线布设、水道断面
测深垂线的布设及单次流量测验允许误差均符合《河流流量测验规范》(GB 50179—2015)
的规定。灌区典型地块引退水量监测断面水文监测实施方案见表 5-62。

表 5-62   香日德河谷灌区典型地块引退水监测断面水文监测实施方案

序号	断面名称	位置	经度	纬度	方式	频次	测流方式	测速垂线	测速历时	测深
1	XRD – JS1	1 号地块头	97°48′20″	36°02′43″	巡测	根据流量变化过程布置测次	流速仪法	3 条	≥100 s	悬杆
2	XRD – JS2	2 号地块头	97°48′20″	36°02′43″						
3	XRD – TS1	1 号地块尾	97°48′19″	36°02′49″						
4	XRD – TS2	2 号地块尾	97°48′19″	36°02′49″						

5.7.4　香日德河谷灌区试验监测结果

5.7.4.1　引退水量

典型地块主要种植的农作物为青稞(1 号地块)和小麦(2 号地块),并且灌溉时间和频次各不相同,小麦灌溉时间和频次比青稞要多。2014 年香日德河谷灌区典型地块 XRD – JS1 共灌溉 7 次,XRD – JS2 共灌溉 8 次。灌溉期间,除 1 号地块 4 月 23 日、2 号地块 5 月 13 日有退水外,其他时间均无退水。在各监测断面共测得流量 59 份,灌区 1 号、2 号典型地块灌溉时间及流量测次统计见表 5-63、表 5-64。

表 5-63　香日德河谷灌区 1 号地块灌溉时间及流量测次统计

序号	灌溉日期 (月-日)	灌溉起时 (时:分)	灌溉止时 (时:分)	农作物 高度 (cm)	引水断面 测次	退水断面 测次	备注
1	04-23	11:15	14:32	春灌	5		
2	06-06	13:02	16:15	10	7		
3	06-21	08:25	09:15	30	3		
4	07-04	16:10	17:02	50	3	3	4 月 23 日 退水时间 (15:22 ~ 17:12)
5	07-31	16:25	17:33	60	4		
6	08-29	10:57	11:50	60	3		
7	11-04	14:20	16:06	冬灌	5		

表 5-64　香日德河谷灌区 2 号地块灌溉时间及流量测次统计

序号	灌溉日期 (月-日)	灌溉起时 (时:分)	灌溉止时 (时:分)	农作物 高度 (cm)	引水断面 测次	退水断面 测次	备注
1	05-13	05:31	07:45	苗灌	4		
2	05-22	07:25	09:25	5	5		
3	06-08	05:40	06:50	15	4		
4	06-20	06:15	07:32	20	4	3	5 月 13 日 退水时间 (07:17 ~ 08:12)
5	07-05	06:10	06:55	40	3		
6	07-27	06:15	07:40	50	4		
7	08-18	06:15	07:15	70	4		
8	11-03	18:42	20:24	冬灌	4		

灌区典型地块流量监测,测点必须根据高、中、低各级水位的水流特性、断面控制情况和测验精度要求,合理分布于各级流量变化的转折点处,并掌握各个时段的水情变化。

1 号地块 XRD – JS1 引水灌溉时间一般为 1 ~ 3 h,2 号地块 XRD – JS2 引水灌溉时间一般为1~2 h。灌溉开始开闸放水至水量平稳、灌溉结束至流量为零一般需要3~5 min，因此流量测次一般布置3次，即引水灌溉开始至水量平稳时测流1次，中间测流1次，引水灌溉结束前测流1次。为了使监测到的引水量更加准确，可在灌溉过程中增加测次，最多可达7次，这样可控制水量的变化过程，符合《河流流量测验规范》(GB 50179—2015)要求。

1号和2号地块退水断面XRD – TS1、XRD – TS2退水过程一般需要1.5~3 h，为了控制退水过程，每个退水断面流量测次布置3次，这样可掌握水量的变化过程。

香日德河谷灌区引水断面XRD – JS1、XRD – JS2，退水断面XRD – TS1、XRD – TS2垂线测点流速均采用LS10型流速仪施测。型号为85210和85041，公式分别为$v = 0.103\ 0n/s + 0.021\ 8$、$v = 0.104\ 0n/s + 0.033\ 6$，流速使用范围0.100~4.00 m/s。

在灌溉期间以及流量测验过程中，要加强与地块主人联系，及时了解和掌握引退水情况，并根据引退水情况布置流量测次，以满足控制引退水口流量变化过程为原则。XRD – JS1、XRD – JS2、XRD – TS1、XRD – TS2引退水量按照水量监测方案监测，采用实测流量过程线法推求水量。

灌区各监测点流量监测情况见表5-65，典型地块各监测断面引退水流量过程线见图5-94~图5-97。

表5-65　香日德河谷灌区各监测点流量监测情况

序号	断面名称	测深垂线数（条）	测速垂线数（条）	测速垂线测点	测速历时（s）	测流次数	左岸边系数	右岸边系数	最大流量（m³/s）	附注
1	XRD – JS1	5	3	3	≥100	5	0.7	0.7	0.077	梯形
						20	0.9	0.9	0.135	矩形
2	XRD – JS2	5	3	3	≥100	28	0.9	0.9	0.093	矩形
3	XRD – TS1	5	3	3	≥100	3	0.9	0.9	0.023	矩形
4	XRD – TS2	5	3	3	≥100	3	0.9	0.9	0.008	矩形

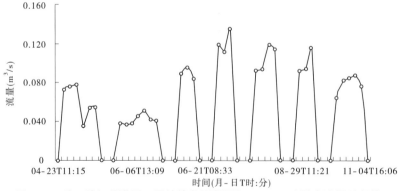

图5-94　香日德河谷灌区1号地块监测断面(XRD – JS1)引水流量过程线

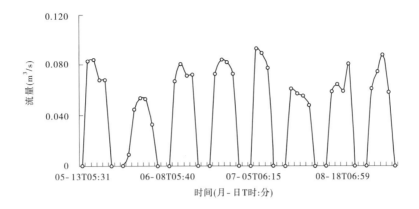

图 5-95　香日德河谷灌区 2 号地块监测断面(XRD – JS2)引水流量过程线

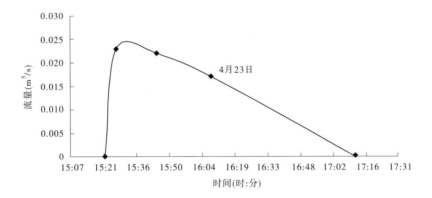

图 5-96　香日德河谷灌区 1 号地块监测断面(XRD – TS1)退水流量过程线

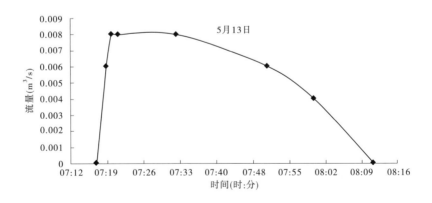

图 5-97　香日德河谷灌区 2 号地块退水监测断面(XRD – TS2)流量过程线

通过对香日德河谷灌区典型地块 4 月 13 日至 11 月 4 日监测资料分析计算,得出典型地块引水总量为 5 600 m³,退水总量为 106.1 m³。其中 XRD – JS1 的引水总量为 2 971 m³,退水总量为 86.4 m³;XRD – JS2 的引水总量为 2 629 m³,退水总量为 19.7 m³。

典型地块引退水量统计见表 5-66，XRD – JS1、XRD – TS1 监测断面各时期引退水量见表 5-67，XRD – JS2、XRD – TS2 监测断面各时期引退水量统计见表 5-68。

表 5-66　香日德河谷灌区典型地块引退水量统计　　　　（单位：m³）

地块	引水量	退水量
1 号地块	2 971	86.4
2 号地块	2 629	19.7
合计	5 600	106.1

表 5-67　1 号地块监测断面 XRD – JS1、XRD – TS1 引退水量统计　　（单位：m³）

序号	日期（月-日）	引水量	退水量
1	04-23	778	86.4
2	06-06	518	0
3	06-21	259	0
4	07-04	346	0
5	07-31	432	0
6	08-29	259	0
7	11-04	379	0
合　计		2 971	86.4

表 5-68　2 号地块监测断面 XRD – JS2、XRD – TS2 引退水量统计　　（单位：m³）

序号	日期（月-日）	引水量	退水量
1	05-13	604	19.7
2	05-22	259	0
3	06-08	259	0
4	06-20	346	0
5	07-05	259	0
6	07-27	259	0
7	08-18	259	0
8	11-03	384	0
合计		2 629	19.7

5.7.4.2 土壤含水量

香日德河谷灌区典型地块设有 XRD – TR 土壤含水量监测点 1 个,监测区土质为黏土,位于上地块的中心,距离 XRD – JS1 口约 100 m。监测仪器及技术指标与格尔木市农场灌区相同。

香日德河谷灌区典型地块土壤含水量监测点见表 5-69。

表 5-69 香日德河谷灌区典型地块土壤含水量监测点

序号	名称	位置	经度	纬度	作物种类
1	XRD – TR	1 号地块中心	97°48′20″	36°02′46″	青稞

XRD – TR 土壤含水量监测结果:10 cm 土壤含水量为 9.51% ~43.00%;20 cm 土壤含水量为 19.15% ~47.74%;40 cm 土壤含水量为 32.99% ~42.79%;60 cm 土壤含水量为 20.44% ~26.27%;80 cm 土壤含水量为 16.11% ~21.99%。

XRD – TR 土壤含盐分监测结果:10 cm 土壤含盐分为 1 097.41 ~2 236.51;20 cm 土壤含盐分为 1 352.47 ~1 781.41;40 cm 土壤含盐分为 1 331.24 ~1 457.56;60 cm 土壤含盐分为 1 216.52 ~1 488.04;80 cm 土壤含盐分为 1 875.05 ~2 961.98。

土壤含水量、盐分随时间变化过程线见图 5-98。

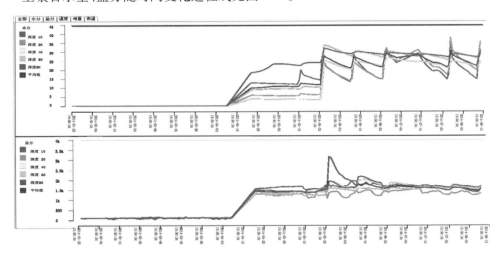

图 5-98 香日德河谷灌区典型地块土壤含水量、盐分随时间变化过程线

5.8 德令哈灌区方案实施与试验监测

5.8.1 德令哈灌区概况

根据 2012 年灌区管理所统计,德令哈灌区灌溉面积 6.49 万亩,其中粮食作物 5.10 万亩,退耕还林 0.62 万亩,公益林带 0.77 万亩。2012 年全年灌溉总引水量为 12 238 万 m³,亩均毛用水量为 1 880 m³。

灌区干渠总长 33.1 km,其中土渠为 18.33 km,未衬砌渠段大部分已形成自然冲沟,渠系严重老化失修;分干渠总长 18.9 km,全部为衬砌渠道,经多年运行,现大部分渠段已老化失修;南干渠总长 6 km,经多年运行,渠道已老化失修;支渠共有 56 条,总长 213.22 km,多数为衬砌渠道。

5.8.2 德令哈灌区监测断面选取

通过实地查勘,并结合引退水监测的要求,在德令哈市以西选取 50.5 亩土地作为典型地块,典型地块共有进水口、退水口监测断面各 1 个。为了减少水流对监测精度的影响,进水口断面设在主干渠第三进水口下游水流平稳处。典型地块监测断面布设情况见表 5-70,典型地块监测断面平面布置见图 5-99。

表 5-70　德令哈灌区典型地块监测断面布设情况

序号	名称	经度	纬度	备注
1	DLH – JS	97°19.16′	37°20.78′	种植作物:小麦
2	DLH – TS	97°18.68′	37°20.79′	种植作物:小麦

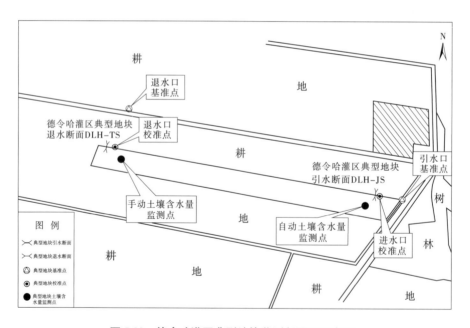

图 5-99　德令哈灌区典型地块监测断面平面布置

5.8.3 德令哈灌区试验监测设计

德令哈灌区典型地块设有引水监测断面、退水监测断面各 1 个,可代表整个灌区进行引退水量监测。

流量监测:监测采用委托观测来水时间和专业人员巡测流量的方式。德令哈灌区典型地块的引退水量均采用实测流量过程线法推求,流量测验采用悬杆流速仪法,布设 4 条测深垂线、2 条测速垂线,测速历时不少于 100 s。垂线的流速测点布置位置采用相对水深 0.6,测点位置布设满足《河流流量测验规范》(GB 5017—2015)中的规定;岸边流速系数采用 0.8,符合《河流流量测验规范》(GB 5017—2015)中的规定;测速垂线布设、水道断面测深垂线的布设及单次流量测验允许误差均符合《河流流量测验规范》(GB 5017—2015)的规定。德令哈灌区典型地块引退水监测断面水文监测实施方案见表 5-71。

表 5-71 德令哈灌区典型地块引退水监测断面水文监测实施方案

断面名称	纬度	经度	断面	断面顶宽	监测方式	频次	方式	垂线布设	测速历时	测深
DLH – JS	37°20′40.6″	97°19′7.1″	梯形	0.88 m	巡测	按流量变化布置	流速仪法	2 条	≥100 s	悬杆
DLH – TS	37°20′40.3″	97°18′40.3″								

5.8.4 德令哈灌区试验监测结果

5.8.4.1 引退水量

典型地块主要种植的农作物为小麦,2014 年共灌溉 7 次。在各监测断面共测得流量 35 份,灌溉时间及流量测次统计详见表 5-72。

表 5-72 德令哈灌区典型地块灌溉时间及流量测次统计

序号	灌溉日期(月-日)	灌溉起时(时:分)	灌溉止时(时:分)	引水断面测次	退水断面测次
1	05-23	06:45	14:25	7	0
2	06-05	14:25	13:12	6	0
3	06-24	08:45	14:24	6	0
4	07-11	07:24	12:42	6	0
5	08-14	08:45	15:36	10	0
6	11-02	08:46	17:30	8	0
7	11-03	09:00	14:30	5	0

灌区典型地块流量监测,测点必须根据高、中、低各级水位的水流特性、断面控制情况和测验精度要求,合理分布于各级流量变化的转折点处,并掌握各个时段的水情变化。

地块灌溉时间一般为 5~6 h。灌溉开始开闸放水至水量平稳、灌溉结束至流量为零一般需要 3~5 min,因此流量测次一般布置 6~10 次,一般在水流经过基本断面水量平稳后,开始第一次测流,之后每隔 1 h 测流一次。为了使监测到的水量更加准确,可在灌溉过程中渠道水量有显著变化时增加测次,最多一次灌溉测流次数可达 10 次,这样可控制渠道过水量的变化过程,符合《河流流量测验规范》(GB 50179—93)要求。

在监测过程中,对典型地块退水断面实行专人驻守,保证了退水水量无漏测,德令哈典型地块全年灌溉均无退水现象。灌区引水断面垂线测点流速均采用 LS10 型流速仪施测,型号为 740057,计算公式为 $v = 0.095\,8n/s + 0.044\,1$,流速使用范围 $0.100 \sim 4.00$ m/s。

在灌溉前期要及时联系地块主人,了解和掌握灌溉时间及引退水情况,测量人员需提前到达测流断面,完成测流准备工作,根据引退水情况提早做好布设流量测次工作,以满足控制引退水口流量变化过程的要求。

灌区各监测点流量监测情况见表 5-73,典型地块监测断面引水流量过程线见图 5-100。

表 5-73　德令哈灌区各监测点流量监测情况

断面名称	测深垂线数（条）	测速垂线数（条）	测速垂线测点	测速历时（s）	测流次数	左岸边系数	右岸边系数	最大流量（m³/s）	断面形状
DLH – JS	2	2	1	≥100	35	0.8	0.8	0.256	梯形

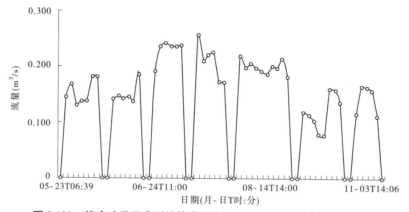

图 5-100　德令哈灌区典型地块监测断面(DLH – JS)引水流量过程线

通过对德令哈农场灌区典型地块 5 月 23 日至 11 月 3 日监测资料分析计算,得出典型地块引水总量为 2.704 万 m³,无退水。典型地块 DLH – JS 监测断面各时期引水量见表 5-74。

表 5-74　DLH – JS 监测断面各时期引水量　　　（单位:m³）

序号	日期(月-日)	引水量
1	05-23	4 150
2	06-05	3 020
3	06-24	4 580
4	07-11	4 060
5	08-14	4 840
6	11-03	6 394
合计		27 044

5.8.4.2　土壤含水量

德令哈灌区典型地块布设了 1 个土壤含水量监测点,见表 5-75。

表 5-75　德令哈灌区典型地块土壤含水量监测点

序号	名称	位置	经度	纬度	作物种类
1	TDR – TR	灌区中心偏东	97°48′20″	36°02′46″	小麦

　　德令哈灌区典型地块设有 DLH – TR 土壤含水量监测点 1 个,位于地块偏东方向,距离 DLH – JS 引水口约 100 m,种植作物为小麦,监测区上层土壤质地为黏土、下层为沙粒。由于人为因素或其他原因,5 月 13 日前 DLH – TR 土壤水分监测仪内部进水,之后无监测数据,通过各方面沟通,从 7 月 31 日开始每隔 5 d 采用 TDR3000 土壤水分速测仪在固定测点进行湿度数据采集,采集每平方米面积上等距布设 4 个测点,每个测点分别在 10 cm、30 cm、50 cm、70 cm 的位置上测取土壤湿度,通过平均计算,取得土壤不同层面湿度。

　　TDR3000 土壤水分速测仪监测土壤含水量结果:10 cm 土壤含水量为 16.4% ~ 29.7%;30 cm 土壤含水量为 20.6% ~ 34.1%;50 cm 土壤含水量为 26.7% ~ 36.7%;70 cm 土壤含水量为 24.2% ~ 38.9%。具体测量结果见表 5-76,土壤含水量过程线见图 5-101。

表 5-76　德令哈灌区土壤含水量监测结果统计　　　　　(%)

日期	点号	10 cm	30 cm	50 cm	70 cm
7 月 31 日	1	15.4	19.7	26.7	33.2
	2	15.5	19.6	25.4	33.2
	3	17.6	22.1	27.0	32.6
	4	17.1	20.9	27.6	33.0
	土层平均含水量	16.4	20.6	26.7	33.0
	土壤平均含水量	24.2			
8 月 6 日	1	28.5	33.3	34.4	36.1
	2	24.0	27.7	33.8	35.8
	3	26.6	28.5	34.3	36.2
	4	25.7	32.1	34.7	35.2
	土层平均含水量	26.2	30.4	34.3	35.8
	土壤平均含水量	31.7			

续表 5-76

日期	点号	10 cm	30 cm	50 cm	70 cm
8月13日	1	24.5	23.5	31.3	34.3
	2	22.7	20.9	29.8	33.1
	3	24.3	21.1	32.0	27.4
	4	22.3	26.5	31.8	27.5
	土层平均含水量	23.5	23.0	31.2	30.6
	土壤平均含水量	27.1			
8月18日	1	31.9	34.2	38.6	43.9
	2	22.1	26.7	31.5	33.8
	3	27.8	37.7	35.7	38.3
	4	33.8	37.7	36.6	39.6
	土层平均含水量	28.9	34.1	35.6	38.9
	土壤平均含水量	34.4			
8月21日	1	29.0	26.9	34.4	34.3
	2	29.3	25.9	31.0	30.9
	3	30.2	32.0	42.8	42.6
	4	30.2	38.2	38.7	39.3
	土层平均含水量	29.7	30.8	36.7	36.8
	土壤平均含水量	33.5			
8月27日	1	18.5	30.8	28.1	41.9
	2	25.0	24.2	34.3	40.8
	3	21.4	29.5	33.3	32.2
	4	24.3	29.7	41.9	32.2
	土层平均含水量	22.3	28.6	34.4	36.8
	土壤平均含水量	30.5			
9月3日	1	17.7	23.4	27.3	32.1
	2	24.5	26.2	31.1	34.2
	3	24.8	23.8	30.8	34.2
	4	18.5	24.0	29.8	35.7
	土层平均含水量	21.4	24.4	29.8	34.1
	土壤平均含水量	27.4			

续表 5-76

日期	点号	10 cm	30 cm	50 cm	70 cm
9 月 9 日	1	21.0	35.1	24.9	25.8
	2	22.2	26.1	25.0	23.0
	3	17.7	30.5	31.3	22.9
	4	22.3	35.0	31.6	25.0
	土层平均含水量	20.8	31.7	28.2	24.2
	土壤平均含水量	26.2			
9 月 16 日	1	23.7	21.8	27.0	28.1
	2	23.8	23.3	29.5	30.5
	3	22.7	23.2	28.4	34.8
	4	25.9	24.3	28.5	34.8
	土层平均含水量	24.0	23.2	28.4	32.1
	土壤平均含水量	26.9			
9 月 23 日	1	16.0	28.5	25.7	28.5
	2	17.7	22.7	36.4	35.5
	3	25.0	24.1	20.2	22.9
	4	22.8	27.9	30.6	22.9
	土层平均含水量	20.4	25.8	28.2	27.5
	土壤平均含水量	25.5			

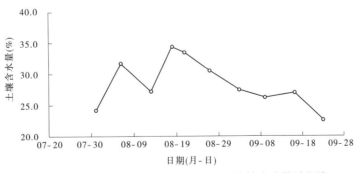

图 5-101   德令哈灌区典型地块人工观测土壤含水量过程线

5.9　灌溉水利用系数和渠系水利用系数

5.9.1　灌溉水利用系数

灌溉水利用系数指某一时期灌入田间可被作物利用的水量与水源地灌溉取水总量的比值,反映灌区渠系输水和田间用水状况,是衡量从水源取水到田间作物吸收利用过程中灌溉水利用程度的重要指标,能综合反映灌区灌溉工程状况、用水管理水平、灌溉技术水平。

根据水利部安排,青海省水利厅组织技术支撑单位,在全省湟水流域、黄河干流谷地、环湖地区及柴达木盆地四大流域选择了 58 个样点灌区进行了测算,其中中型灌区 39 处、小型灌区 16 处、纯井灌区 3 处。按青海省灌区划分,其中湟水流域为 29 处,黄河干流谷地为 19 处,环湖地区为 4 处,柴达木地区为 6 处。

5.9.1.1　测算分析方法

采用首尾测算分析法测算样点灌区灌溉水利用系数,其计算方法如下:

$$\eta_{wi} = \frac{w_{ji}}{w_{ai}} \times 100\% \tag{5-11}$$

式中:η_{wi} 为各灌区的灌溉水利用率(%);w_{ji} 为各灌区的净灌溉用水总量,m^3;w_{ai} 为各灌区的毛灌溉用水总量,m^3。

各灌区的净灌溉用水总量根据下式计算:

$$w_{ji} = \sum_{i=1}^{n} M_i A_i \tag{5-12}$$

式中:w_{ji} 为各灌区的净灌溉用水总量,m^3;M_i 为各灌区的第 i 种作物实际净灌溉定额,m^3/亩;A_i 为各灌区的第 i 种作物实灌面积,亩;n 为各灌区的灌溉作物种类总数。

对于各类旱作物,其生育期净灌溉定额分析计算采用水量平衡原理确定,平衡方程式如下:

$$M_i = ET_{ci} - P_e - G_{ei} + \Delta W \tag{5-13}$$

式中:M_i 为第 i 种作物净灌溉定额,mm;ET_{ci} 为第 i 种作物的蒸发蒸腾量,mm;P_e 为作物生育期内的有效降雨量,mm;G_{ei} 为第 i 种作物生育期内地下水利用量,mm;ΔW 为生育期始末土壤储水量的变化值,mm。

作物的需水量 ET_c 计算公式为

$$ET_c = K_c ET_0 \tag{5-14}$$

式中:ET_c 为作物全生育期的需水量,mm;K_c 为作物系数;ET_0 为参考作物蒸发蒸腾量,mm。

5.9.1.2　测算成果

青海省 2012 年灌溉水利用系数为 0.420 2。其中:中型灌区灌溉水利用系数为 0.434 1、小型灌区灌溉水利用系数为 0.403 2。大峡渠灌区灌溉水利用系数为 0.459 1、黄丰渠灌区灌溉水利用系数为 0.456 2、格尔木灌区灌溉水利用系数为 0.463 7。

5.9.2　渠系水利用系数

根据水利普查成果,青海省耕地灌溉干支渠渠系水利用系数为 0.53、非耕地灌溉干支渠渠系水利用系数为 0.45,综合为 0.51,见表5-77。

表5-77　青海省灌溉干支渠渠系水利用系数统计

行政区划	耕地灌溉干支渠渠系水利用系数	非耕地灌溉干支渠渠系水利用系数	灌溉干支渠渠系水利用系数
青海省	0.53	0.45	0.51
西宁市	0.49	0.46	0.48
海东地区	0.57	0.83	0.57
海北州	0.58	0.56	0.57
海南州	0.68	0.69	0.68
黄南州	0.53	0.64	0.54
果洛州	—	—	—
玉树州	1.00	1.00	1.00
海西州	0.46	0.40	0.43

青海省湟中县水利局设计院通过对团结渠灌区、大南川水库灌区、小南川水库灌区、云谷川水库灌区、大石门水库灌区、盘道灌区、国寺营渠灌区、拦隆口灌区、西堡灌区9个灌区5年的观测试验发现,随着渠系工程的建设完善和灌溉管理水平的不断提高,九大灌区平均渠系水利用系数呈上升趋势,与普查成果基本吻合。九大灌区渠系水利用系数变化情况见图5-102。

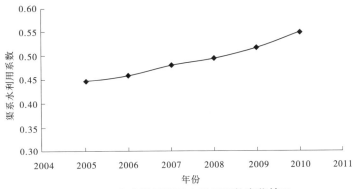

图5-102　九大灌区渠系水利用系数变化情况

综上所述,通过对湟水流域的礼让渠灌区、乐都大峡渠灌区和民和官亭泵站灌区,黄河干流谷地的西河渠灌区、循化撒拉族自治县黄丰渠灌区,柴达木盆地的格尔木市农场灌区、香日德河谷灌区、德令哈灌区共8个典型灌区进行引退水试验,按照规范选取监测断面,合理布置实施试验方案,并对试验数据进行科学有效的处理,最后得出农业灌溉耗水系数和渠系水利用系数,能够实时反映该区域的农业耗水情况,具有重要的指导意义和借鉴意义。

第6章　典型灌区蒸渗仪试验方案设计与结果分析

　　蒸渗仪(Lysimeter,曾译作蒸发器、蒸渗器等)是一种设在田间(反映田间的自然环境)或温室内(人工模拟自然环境)装满土壤的大型仪器,仪器中的土壤表面或者裸露,或者种植各种作物,用来测量裸土蒸发量或作物的蒸腾量、潜在蒸发量以及深层渗漏量。蒸渗仪早在19世纪后期就已经用于研究植物水的利用,现在蒸渗仪已成为农田测定蒸发蒸腾量的标准仪器。

　　作物蒸发蒸腾量是农业水分消耗的最主要形式,它是制定流域规划、地区水利规划,以及灌排工程规划、设计、管理和农田灌排实施的基本依据。准确地估算作物蒸发蒸腾量对于研究作物生育期的水分消耗规律,提高水分利用率,发展节水农业有着十分重要的意义。

6.1　蒸渗仪试验设计

　　根据湟水流域灌区水文地质、土壤特性、农田灌溉特点等边界条件,对不同类型蒸渗仪的优缺点及相关试验资料进行对比分析。经充分论证,对桑斯威特(Thornthwaite)排水式蒸渗仪进行了优化,以避免植物吸收浅层土体内的水分,以及土壤毛管孔隙的毛管引力所保持的毛管水对试验的影响。蒸渗仪采用地埋式盛土钢箱制成,安装时高出地面0.5 m,横截面面积为1 m×1 m,高2.5 m,在底部四周距边壁0.1 m处设置高0.1 m、长0.8 m的钢板作为隔渗圈,拦截并消除沿四壁产生的贴壁渗流,将其单独排出。蒸渗仪底部设置接水容器,量测灌溉下渗水量。

　　从蒸渗仪装填土要求、蒸渗仪材料选择和隔渗圈设置、蒸渗仪横截面面积和高度、观测场区自然条件、降雨观测和管理措施、土壤剖面结构和容重指标等方面进行论证和优化,最大程度地消除蒸渗仪边界条件与田间自然环境的差异。

　　蒸渗仪试验注水量按照各灌区灌溉定额确定。蒸渗仪与典型灌区同步开展土壤含水量监测试验。

6.1.1　试验场地建设

　　试验场地位于青海省海东水文分局办公区内,于2013年3月20日开工,3月30日建成,占地面积18 m²,采用混凝土地坪,砖混结构墙体,蒸渗仪安装前进行注水渗漏检查和刷漆防护。

　　2013年4月3日,在礼让渠灌区采集土样,取样点剖面0～84 cm土壤质地为中壤土,剖面84～176 cm土壤质地为沙壤土,剖面176～250 cm土壤质地为砂粉土。

2013 年 4 月 2 日,在大峡渠灌区采集土样,取样点剖面 0～99 cm 土壤质地为中壤土,剖面 99～147 cm 土壤质地为轻壤土,剖面 147～250 cm 土壤质地为沙壤土。

2013 年 4 月 6 日,在官亭泵站灌区采集土样,取样点剖面 0～142 cm 土壤质地为中壤土,剖面 142～250 cm 土壤质地为沙壤土。各灌区蒸渗仪填充土层土壤质地结构示意图见图 6-1。

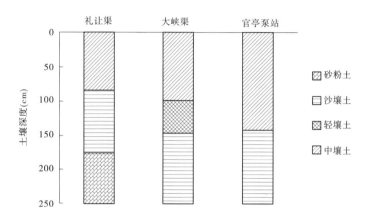

图 6-1 各灌区蒸渗仪填充土层土壤质地结构示意图

蒸渗仪填装时按原状土层依次回填,以减小扰动土壤产生的误差。试验前重复灌水至渗漏,使容器内的土壤容重与原状土基本一致。在大峡渠灌区蒸渗仪内种植大蒜,礼让渠灌区和官亭泵站灌区蒸渗仪内种植小麦。采用"DIVINER 2000"FDR 土壤水分测定仪测定蒸渗仪不同土层土壤含水量。

6.1.2 气象因子监测

试验场安装有"CR1000 型"自动监测气象站,测定空气温度、相对湿度、气压、风速、风向、太阳总辐射、降雨强度。各参数技术指标见表 6-1。

表 6-1 气象因子监测范围与精度

测定指标	空气温度 (℃)	相对湿度 (%)	气压 (hPa)	风速 (km/s)	风向 (°)	太阳总辐射 (W/m²)	降雨强度 (mm/h)
测量范围	−20～60	0～100	800～1 000	0～40	0～360	0～2 000	0～508
精度	±0.1	±2	< ±1	±2	< ±0.5	±0.5	±2～±4

6.1.3 耗水量试验

6.1.3.1 渗漏量测定

通过置于蒸渗仪底部的盛水器测定容积渗漏量(mL),折算为深度渗漏量(mm)。

$$P_d = P_V \div S \times 1\,000 \tag{6-1}$$

式中:P_d 为深度渗漏量,m³;P_V 为容积渗漏量,mm;S 为蒸渗仪横截面面积,m²。

6.1.3.2　灌溉量测定

每次灌溉时测定容积灌水量（m³），折算成深度灌水量（mm）。

$$I_d = I_V \div S \times 1\,000 \tag{6-2}$$

式中：I_d 为深度灌水量，mm；I_V 为容积灌水量，m³。

6.1.3.3　贮水变化量计算

$$Q_i = H_i \theta_V \tag{6-3}$$

$$\Delta W = \sum (Q_{i2} - Q_{i1}) \tag{6-4}$$

式中：Q_i 为第 i 层水层厚度，mm；H_i 为第 i 层土壤厚度，mm；θ_V 为土壤容积含水量（%）；ΔW 为土壤贮水变化量，mm；Q_{i1} 为测定时段起始时第 i 层水层厚度，mm；Q_{i2} 为结束时第 i 层水层厚度，mm。

6.1.3.4　耗水量计算

$$WC = R + I - P - \Delta W \tag{6-5}$$

式中：WC 为耗水量，mm；R 为降雨量，mm；I 为灌溉量，mm；P 为渗漏量，mm；ΔW 为土壤贮水变化量，mm。

6.2　蒸渗仪灌水定额选取

礼让渠灌区和大峡渠灌区地处湟水川水区域，主要作物分别为小麦和大蒜等。官亭泵站灌区位于黄河干流民和段左岸浅山上，用泵站提取黄河水进行灌溉，主要作物为小麦。

根据《青海省用水定额》（青政办〔2009〕62 号），礼让渠灌区小麦灌溉用水定额为 4 275 m³/hm²，灌溉次数 5 次；大峡渠灌区大蒜灌溉用水定额为 6 750 m³/hm²，灌溉次数 10 次；官亭泵站灌区小麦灌溉用水定额为 3 000 m³/hm²，灌溉次数 4 次。

开展蒸渗仪灌水下渗试验时，礼让渠灌区蒸渗仪每次灌入水量为 0.085 5 m³，大峡渠灌区蒸渗仪每次灌入水量为 0.067 5 m³，官亭泵站灌区蒸渗仪每次灌入水量为 0.070 5 m³。同步观测降水量，考虑降水因素的影响。礼让渠、大峡渠、官亭泵站灌区灌溉定额见表 6-2。

表 6-2　礼让渠、大峡渠、官亭泵站灌区灌溉定额

灌区名称	流域	降水频率（%）	灌溉定额（m³/hm²）	灌溉次数	单位面积注水量（m³）
礼让渠灌区	湟水流域	50	4 275	5	0.085 5
大峡渠灌区	湟水流域	50	6 750	10	0.067 5
官亭泵站灌区	黄河干流区	50	3 000	4	0.070 5

灌水初期，每日观测 2 次（8 时、20 时观测）；渗水量稳定后，每日观测 1 次。每个试验周期记录灌水量、灌水时间、逐日土壤含水量、沿四壁产生的贴壁渗流量及底部接水容器监测到的灌溉下渗水量。

6.3　蒸渗仪耗水量及出流速率分析

6.3.1　典型灌区耗水量差异

礼让渠灌区、大峡渠灌区和官亭泵站灌区蒸渗仪下渗模型试验共进行了 6 次。由于第 6 次试验后期土柱开始结冰,试验成果未纳入分析。各灌区蒸渗仪试验灌溉量、降雨量、渗漏量、土壤贮水变化量及耗水量见表 6-3。

表 6-3　不同灌区蒸渗仪试验土壤灌溉渗漏参数分析　　　　　（单位:mm）

灌区名称	灌溉量		降雨量		渗漏量		土壤贮水变化量		耗水量	
	均值	标准差	均值	标准差	均值	标准差	均值	标准差	均值	标准差
大峡渠灌区	67.50a	0	30.88	10.29	4.24b	0.22	26.20b	0.12	67.9a	10.29
礼让渠灌区	70.50a	0	30.88	10.29	4.72b	0.27	27.00b	2.43	69.7a	11.15
官亭泵站灌区	88.50b	0	30.88	10.29	1.53a	0.51	8.79a	1.68	109.0b	9.06

注:同列不同字母表示差异显著。

对不同灌区的灌溉量、渗漏量、贮水变化量及耗水量分别进行方差分析,然后采用 LSD 方法进行多重比较。

由表 6-3 可知,3 个灌区蒸渗仪试验的灌溉量根据《青海省用水定额》(青政办〔2009〕62 号)规定的农田灌溉用水定额,结合蒸渗仪横截面面积计算得来,其中官亭泵站灌区蒸渗仪灌溉量为 88.50 mm,大峡渠灌区蒸渗仪灌溉量为 67.50 mm,两者差异显著,前者约为后者的 1.3 倍。这主要是由于大峡渠灌区主要作物为大蒜,需水量较少,而其他两个灌区主要作物为小麦,需水量较大。各灌区蒸渗仪渗漏量很少,其中官亭泵站灌区仅为 1.53 mm,这主要与其土壤结构紧实,黏粒含量高,减小了水分下渗速率有关。各灌区蒸渗仪土壤贮水变化量均为正值,且除官亭泵站灌区外,绝对值均较大。耗水量随灌溉量增加而显著提高($P <$ 0.05)。3 个典型灌区蒸渗仪土壤耗水量差异显著,可将 3 个典型灌区按蒸渗仪耗水量差异的显著性分为两级:第一级为官亭泵站灌区,其耗水量为 109.06 mm,显著高于第二级的礼让渠灌区和大峡渠灌区(其耗水量分别为 69.69 mm 和 67.93 mm)。

6.3.2　典型灌区出流速率特性

3 个典型灌区蒸渗仪 5 次试验土壤出流速率描述性统计特征值见表 6-4。其中,大峡渠灌区 5 次灌溉出流速率平均值分别为 7.83 mL/h、9.06 mL/h、9.05 mL/h、8.91 mL/h、9.11 mL/h;礼让渠灌区 5 次灌溉出流速率平均值分别为 8.62 mL/h、10.05 mL/h、10.05 mL/h、10.04 mL/h、10.16 mL/h;官亭泵站灌区 5 次灌溉出流速率平均值分别为 2.91 mL/h、4.03 mL/h、4.53 mL/h、2.30 mL/h、2.12 mL/h。从 5 次灌溉试验结果分析可知,礼让渠灌区蒸渗仪土壤出流速率最大,大峡渠灌区次之,官亭泵站灌区最小。

从出流速率的变化情况看,大峡渠灌区 5 次灌溉蒸渗仪土壤水流出流速率的变异系数分别为 0.93、0.85、0.85、0.85、0.83；礼让渠灌区出流速率的变异系数分别为 0.95、0.86、0.86、0.85、0.85；官亭泵站灌区出流速率的变异系数分别为 1.30、1.21、1.18、1.36、1.00。从 5 次灌溉试验结果分析可知，官亭泵站灌区蒸渗仪土壤出流速率的变异系数最大，出流速率波动最大，礼让渠灌区次之，大峡渠灌区最小。

表6-4　典型灌区蒸渗仪出流速率描述性统计特征值

灌溉次数	统计特征参数	大峡渠灌区	礼让渠灌区	官亭泵站灌区
第1次灌溉	均值(mL/h)	7.83	8.62	2.91
	标准差(mL/h)	7.27	8.18	3.78
	变异系数	0.93	0.95	1.30
第2次灌溉	均值(mL/h)	9.06	10.05	4.03
	标准差(mL/h)	7.66	8.63	4.89
	变异系数	0.85	0.86	1.21
第3次灌溉	均值(mL/h)	9.05	10.05	4.53
	标准差(mL/h)	7.67	8.63	5.33
	变异系数	0.85	0.86	1.18
第4次灌溉	均值(mL/h)	8.91	10.04	2.30
	标准差(mL/h)	7.58	8.58	3.12
	变异系数	0.85	0.85	1.36
第5次灌溉	均值(mL/h)	9.11	10.16	2.12
	标准差(mL/h)	7.55	8.59	2.12
	变异系数	0.83	0.85	1.00

通过蒸渗仪试验观测发现，礼让渠灌区、大峡渠灌区和官亭泵站灌区等 3 个灌区灌溉水试验后均观测到出流，说明 3 个灌区在田间灌溉后，在积水条件下的垂直入渗土壤剖面，均出现灌溉水渗漏现象，但 3 个灌区出流速率存在差异，其中礼让渠灌区蒸渗仪土壤出流速率最大，大峡渠灌区次之，官亭泵站灌区最小。试验前期，渗漏量随着灌水次数的增加而增加，后期减小并逐渐趋于稳定。

6.4　土壤基本物理性质差异分析

6.4.1　土壤容重差异分析

土壤容重的大小，受土粒密度和孔隙两方面的影响，后者的影响更大。土壤容重的大小反映了土壤结构、透气性能、透水性能以及保水能力的高低，土壤容重较小说明土壤具有较好的结构，其透气、透水性能好。土壤容重是反映土壤熟化程度的指标之一，熟化程度高的土壤，其容重一般较小。土壤容重的变化，对土壤的多孔性质产生较大的影响，也影响着植物根系的生长和生物量的积累。

由图 6-2 可知，大峡渠灌区土壤容重随土层深度的增加呈先增大后减小趋势，0~50

cm 范围内急剧增大,在 50 cm 处达到峰值,为 1.81 g/cm³,明显高于 10 cm 处(与其差值达 0.57 g/cm³)。50～90 cm 范围内急剧减小,90～200 cm 范围内趋于平稳,这主要是由于 40～50 cm 土层附近存在一个含砂层。礼让渠灌区土壤容重随土层深度的增加呈先增大后减小趋势,0～70 cm 范围内缓慢增大,在 70 cm 处达到峰值,为 1.47 g/cm³,70～200 cm 范围内缓慢减小。官亭泵站灌区土壤容重随土层深度的增加呈逐渐增大趋势,在 200 cm 处达到峰值,为 1.69 g/cm³。

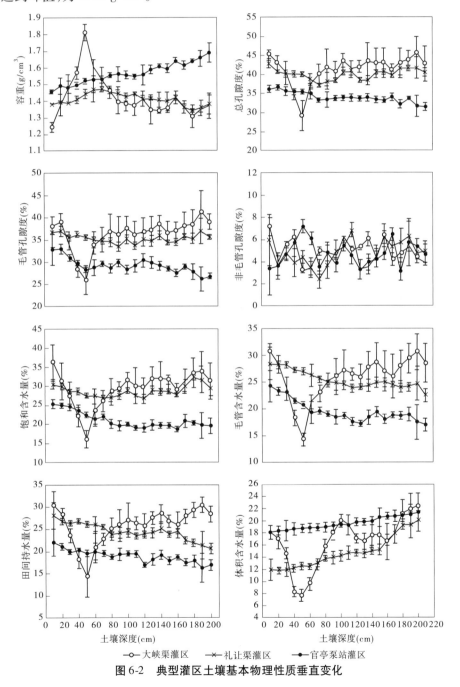

图 6-2　典型灌区土壤基本物理性质垂直变化

采用单因素方差分析的方法,对典型灌区的土壤容重进行比较,根据邓肯(Duncan)多重比较结果发现,在95%置信水平下差异显著,可将3个典型灌区按其土壤容重差异的显著性分为两级:第一级为大峡渠灌区和礼让渠灌区,土壤容重较小,分别为1.43 g/cm³、1.41 g/cm³,显著低于第二级的官亭泵站灌区(其土壤容重为1.56 g/cm³)。

综上所述,礼让渠灌区具有较小的土壤容重,大峡渠灌区次之,官亭泵站灌区最大。

6.4.2 土壤孔隙度差异分析

土壤孔隙度是指单位容积土壤中孔隙所占的百分比,即土壤固体颗粒间孔隙的百分比,孔隙的大小与多少密切影响着土壤中水、肥、气、热因素的变化与供应状况。

由图6-2可知,大峡渠灌区土壤总孔隙度、毛管孔隙度均呈先减小后增加趋势,均在50 cm处出现最小值,分别为29.19%、25.97%;最大值均出现在190 cm处,分别是50 cm处的1.56倍和1.58倍。礼让渠灌区土壤总孔隙度、毛管孔隙度同样均呈先减小后增加趋势,但波动较大峡渠灌区平缓,分别在70 cm和90 cm处出现最小值,分别为37.09%、33.43%;最大值分别出现在10 cm和190 cm处。官亭泵站灌区土壤总孔隙度、毛管孔隙度随着土壤深度增加呈逐渐减小趋势。

采用单因素方差分析的方法,分别对典型灌区的土壤总孔隙度和毛管孔隙度进行比较,根据邓肯(Duncan)多重比较结果发现,在95%置信水平下差异显著,可将3个典型灌区按其总孔隙度和毛管孔隙度差异的显著性分为两级:第一级为大峡渠灌区和礼让渠灌区,总孔隙度和毛管孔隙度较高,总孔隙度分别为41.23%、39.93%,毛管孔隙度分别为36.27%、35.26%,显著高于第二级的官亭泵站灌区(其总孔隙度和毛管孔隙度分别仅为33.90%、29.20%)。

综上所述,大峡渠灌区具有较大的总孔隙度和毛管孔隙度,礼让渠灌区次之,官亭泵站灌区最小。3个灌区非毛管孔隙度波动较大,变异系数较大,变化趋势不明显。

6.4.3 土壤持水特性差异分析

土壤贮水量指土壤吸持水分的含量,是土壤涵养水源功能的重要指标,一般用土壤层孔隙持水量来表示。土壤贮蓄的水分总量取决于土壤质地、土层厚度和土壤孔隙状况等因素,土壤持水性直接影响土壤的抗水蚀能力,是反映土壤生态功能的重要指标。

由图6-2可知,大峡渠灌区土壤饱和含水量、毛管含水量及田间持水量均呈先减小后增加趋势。拐点出现在50 cm处,这一土层厚度内土壤饱和含水量、毛管含水量及田间持水量分别为16.11%、14.33%和14.22%。60~100 cm内上述指标增长迅速,100~200 cm内上述指标缓慢增大,趋于稳定。而土壤体积含水量在0~100 cm内与上述三者变化趋势基本一致,但在100~120 cm内呈减小趋势,在120~160 cm趋于稳定,在160~200 cm又呈增大趋势,分别在120 cm和160 cm两处出现两个拐点。礼让渠灌区和官亭泵站灌区的饱和含水量、毛管含水量及田间持水量均随土壤深度增加呈逐渐减小趋势,而土壤体积含水量则随土壤深度增加呈逐渐增大趋势。

采用单因素方差分析的方法,分别对不同典型灌区的土壤饱和含水量、毛管含水量、田间持水量和体积含水量进行比较,根据邓肯(Duncan)多重比较结果发现,在 95% 置信水平下,土壤持水状况的差异显著。

根据方差分析和多重比较结果,可将 3 个典型灌区按其土壤持水状况差异的显著性分为两级:第一级为大峡渠灌区和礼让渠灌区,其土壤饱和含水量、毛管含水量、田间持水量较高,分别为 29.33% 和 28.66%、25.80% 和 25.30%、25.62% 和 24.42%;第二级为官亭泵站灌区,其土壤饱和含水量、毛管含水量和田间持水量较低,分别为 20.96%、19.40%、18.87%。而体积含水量则表现为官亭泵站灌区(19.53%)显著高于大峡渠灌区(16.52%)和礼让渠灌区(14.70%)。

综上所述,大峡渠灌区具有较大的土壤饱和含水量、毛管含水量、田间持水量,礼让渠灌区次之,官亭泵站灌区最小。这可能与官亭泵站灌区土壤质地较为紧实、孔隙较少、持水性能较差有关。而体积含水量则表现为官亭泵站灌区显著高于大峡渠灌区和礼让渠灌区。

6.5　土壤基本物理性质对作物耗水量的影响

蒸渗仪中的作物耗水量是通过水量平衡方程间接推求得到的。平衡方程中的渗漏量和贮水变化量与土壤入渗能力密切相关。为了探讨土壤物理性质对蒸渗仪中作物耗水量的影响,本书采用 Spearman 相关分析的方法,将表示土壤物理性质的土壤容重、总孔隙度、毛管孔隙度、非毛管孔隙度、饱和含水量、孔隙含水量、田间持水量和体积含水量等 8 个因子,与所对应土壤层作物耗水量进行相关分析,其结果见表 6-5。

结果表明,作物耗水量与土壤容重呈显著负相关($p < 0.05$),与体积含水量呈极显著负相关($p < 0.01$),与总孔隙度、孔隙含水量、田间持水量呈显著正相关($p < 0.05$),与毛管孔隙度、饱和含水量呈极显著正相关($p < 0.01$),与非毛管孔隙度不相关($p > 0.05$)。这与以往研究结论较为相似,其中张华根据大同地区实测的土壤入渗资料,分析了土壤结构、土壤含水量、土壤质地等因素对土壤入渗能力的影响,提出了随着土壤结构由疏松变密实,土壤入渗能力递减;土壤含水量越高,土壤渗透能力越低;土壤质地越黏重,土壤入渗能力越小的结论。杨素宜等进行了土壤含水量、土壤结构(翻松土、自然土、压实土)对浑水入渗特性影响的套环试验,认为这两种因素均与浑水入渗能力呈负相关关系。张志永等根据渗坑试验,发现回灌过程中,前期入渗能力较弱,包气带三相土体气体空间特别是吸附土体颗粒表面、黏土矿物弱结合水密闭的气体等阻塞土体的渗流通道,影响水体的入渗。段兴风等研究表明,土壤的渗透性能受土壤物理性质影响较大,主要表现是土壤容重和孔隙度,土壤孔隙度大,土壤结构良好,质地疏松,入渗速率高,耗水量大。

表 6-5　作物耗水量与土壤物理性质相关关系

变量	容重	总孔隙度	毛管孔隙度	非毛管孔隙度	饱和含水量	孔隙含水量	田间持水量	体积含水量	耗水量
容重	1								
总孔隙度	-0.956**	1							
毛管孔隙度	-0.926**	0.959**	1						
非毛管孔隙度	-0.423*	0.486**	0.279	1					
饱和含水量	-0.974**	0.963**	0.948**	0.418*	1				
孔隙含水量	-0.878**	0.868**	0.887**	0.248	0.887**	1			
田间持水量	-0.856**	0.881**	0.890**	0.290	0.872**	0.975**	1		
体积含水量	0.442*	-0.447**	-0.436**	-0.213	-0.446**	-0.602**	-0.620**	1	
耗水量	-0.391*	0.423*	0.449*	0.072	0.453*	0.319*	0.380*	-0.560**	1

注：$**\ p<0.01$，$*\ p<0.05$（$n=30$）。

6.6　蒸渗仪蒸发蒸腾量变化规律分析

6.6.1　参考作物蒸发蒸腾量变化规律

本节对春灌期蒸渗仪参考作物蒸发蒸腾量变化规律进行分析,春灌期气象因子见表 6-6。参考作物蒸发蒸腾量(ET_0)在观测时段内逐渐增大,达到最大值后逐渐降低(见图 6-3)。根据 ET_0 的变化过程,其变化趋势可划分为 3 个阶段,第一阶段为 $J=69 \sim 77$ d(J 为日序数),日值变化幅度较小,大部分 ET_0 值在 2.0 ~ 4.0 mm/d 范围内变化;第二阶段为 $J=77 \sim 80$ d,ET_0 较大,在 4.0 ~ 7.0 mm/d 范围内变化;第三阶段为 $J=81 \sim 84$ d,ET_0 一般为 4 ~ 5 mm/d,变化幅度比第二阶段小,比第一阶段稍大。ET_0 最大值为 7.4 mm/d,出现在 $J=80$ d(3 月 21 日);最小值为 2.3 mm/d,出现在 $J=71$ d(3 月 12 日)。

表 6-6　春灌期气象因子

日期 (年-月-日)	平均气温 (℃)	日最低气温 (℃)	日最高气温 (℃)	实际日照时数 (h)	日最大相对湿度 (%)	日最小相对湿度 (%)	风速 (km/s)	降雨量 (mm)
2013-03-10	4.0	−5.6	18.5	9.4	30	7	7	0
2013-03-11	3.7	−1.9	12.6	5.1	35	16	13	0
2013-03-12	4.0	−4.0	14.8	6.9	31	9	4	0
2013-03-13	3.2	−5.3	13.6	8.1	27	11	13	0
2013-03-14	4.1	−4.7	17.8	9.8	29	8	6	0
2013-03-15	5.8	−4.3	18.3	8.8	32	11	12	0
2013-03-16	7.2	−1.5	13.3	8.3	33	19	14	0
2013-03-17	3.9	−0.7	12.5	7.7	61	15	11	0
2013-03-18	2.5	−6.5	16.1	9.7	36	5	6	0
2013-03-19	3.9	−6.6	16.4	8.5	29	6	10	0
2013-03-20	5.7	−4.8	17.4	10.5	23	4	9	0
2013-03-21	9.1	−1.5	18.8	10.7	19	4	26	0
2013-03-22	6.9	−1.1	13.6	7.4	20	11	10	0
2013-03-23	5.2	−5.6	18.1	10.3	31	4	10	0
2013-03-24	7.2	−3.4	18.0	9.6	26	7	14	0
2013-03-25	5.9	−2.0	15.3	9.1	30	4	10	0

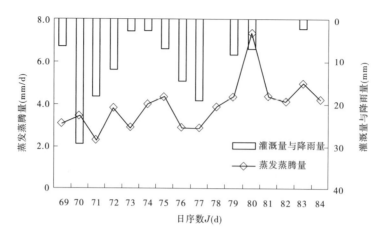

图6-3　春灌期ET_0变化规律

6.6.2　参考作物蒸发蒸腾量影响因子

参考作物蒸发蒸腾量(ET_0)与太阳辐射、空气平均温度表现出极显著的正相关性,与风速表现出显著的正相关性,而与日最大相对湿度表现出显著的负相关性(见表6-7)。除了气象因子,灌溉和降雨也是ET_0变化的重要影响因子。由图6-3可以看出:灌溉后ET_0一般表现出增大的趋势,原因在于灌溉一般发生在晴好天气,辐射较大,气温较高,大气蒸发力较大,因此ET_0较大;试验期间未发生降雨,因此未分析降雨对ET_0的影响。

表6-7　ET_0与气象因子的相关分析结果

因子	平均气温	实际日照时数	日最大相对湿度	风速	太阳辐射
相关系数 r	0.794**	9.4	−0.606**	0.617*	0.691**

通过对礼让渠灌区、大峡渠灌区和官亭泵站灌区3个灌区进行蒸渗仪物理模型试验,对典型灌区的耗水量、出流速率以及土壤的基本物理指标进行监测分析,得出作物耗水量与土壤容重、体积含水量、田间持水量等相关指标的显著性关系,以及作物蒸发蒸腾量的变化规律及其影响因子,对比不同灌区物理指标的差异性对于指导农业灌溉、农作物的种植、提高灌溉用水效率以及保证粮食产量等具有重要意义。

第 7 章　基于 SWAT 模型与 VSMB 模型的灌区耗水系数模拟

7.1　典型灌区 SWAT 模型构建

SWAT 模型所需的数据主要包括:①子流域划分数据。主要用于流域描述,划分子流域,确定流域坡度、坡长、主河道长度等。从灌区管理的角度出发,并充分考虑作物种植比例及土壤类型,以斗门为基本单位,将大峡渠灌区划分为 120 个子流域。②土地利用图以及土壤图。主要用于确定水文响应单元,这部分数据主要来源于《青海省乐都县土壤志》《青海省乐都县农业区划》等文献资料,并结合现场查勘予以确定。③气象数据。主要用于计算灌区地表径流、蒸散发以及在某些气象资料不齐全时应用于天气发生器,这部分数据主要来源于国家气象局 1990~2013 年 24 年间 3 个气象站的逐日降水量、逐日最高气温、逐日最低气温、日照时数、平均风速、相对湿度等。④土壤性质数据。主要用于计算壤中流、地下水等,主要包括土壤机械颗粒组成、干容重、土壤饱和导水率、有效持水量等,主要通过实地调查取样和试验获得土壤的各属性参数。⑤作物数据库。主要用于计算作物耗水以及模拟作物生长过程等,包括叶面积指数、作物生长的特征点等,这部分数据主要通过参考试验站的试验数据以及一些参考文献进行确定。⑥基流参数。主要用于计算地下水,包括蓄水层补给延迟时间、急流衰退时间等,这部分数据主要是基于《中华人民共和国区域水文地质普查报告——西宁幅、乐都幅》中所确定的水文地质参数,并结合相关文献确定。

7.1.1　子流域属性描述

以大峡渠灌区为例,根据地形和海拔高度,该区域地貌类型分为河谷平原川水区、黄土浅山丘陵区和石质高山脑山区三种。大峡渠灌区位于河谷平原川水区,该区沿湟水干流及其一级支流呈带状分布,由河滩和 1~5 级阶梯坡洪积扇组成。由于灌区中引黄斗门作为水资源基本管理单位,因此研究区子流域共划分为 120 个子流域,这样划分有助于了解各个子流域的水资源利用情况,可以更有效地为灌区的水资源管理提供参考。各子区域的面积和种植比例如表 7-1 所示。

表 7-1　子区域面积及作物种植比例

分区	面积(亩)	大蒜(%)	小麦(%)	蔬菜(%)	油菜(%)	马铃薯(%)	苗木(%)	复种(%)
1	48	20	8.4	20	10	24	5	12.6
2	66	21	8.0	23	9	23	4	12.0
3	78	21	6.8	20	11	24	7	10.2
4	53	22	9.2	17	9	26	3	13.8
5	57	17	7.2	18	14	26	7	10.8
6	61	23	9.6	15	11	20	7	14.4
7	75	18	8.0	23	10	23	6	12.0
8	55	24	6.8	19	10	25	5	10.2
9	59	20	6.4	23	13	25	3	9.6
10	393	20	7.6	22	10	24	5	11.4
11	306	20	8.0	23	12	20	5	12.0
12	195	21	8.0	20	11	22	6	12.0
13	299	21	8.0	17	9	26	7	12.0
14	302	21	8.4	19	7	27	5	12.6
15	388	20	7.6	20	13	25	3	11.4
16	275	19	8.0	20	10	26	5	12.0
17	187	20	7.2	17	10	28	7	10.8
18	239	20	8.4	20	12	21	6	12.6
19	86	21	9.2	19	11	22	4	13.8
20	407	21	7.2	23	9	24	5	10.8
21	239	18	9.2	18	8	27	6	13.8
22	254	17	8.0	21	13	25	4	12.0
23	859	20	8.8	20	10	22	6	13.2
24	249	18	8.0	25	9	23	5	12.0
25	800	24	8.0	18	8	25	5	12.0
26	310	4	26	22	4	5	0	39
27	885	3	25.6	22	5	4	2	38.4
28	277	3	24	29	4	3	1	36
29	336	5	25.6	23	3	3	2	38.4
30	546	4	24.4	23	4	5	3	36.6
31	460	3	24.8	22	5	4	4	37.2

续表 7-1

分区	面积(亩)	大蒜(%)	小麦(%)	蔬菜(%)	油菜(%)	马铃薯(%)	苗木(%)	复种(%)
32	326	4	26	22	4	3	2	39
33	383	5	26.4	18	3	4	4	39.6
34	780	4	27.2	19	3	5	1	40.8
35	837	3	24.4	27	5	4	0	36.6
36	575	3	24	26	4	3	4	36
37	213	5	25.6	22	3	3	3	38.4
38	54	4	24	25	4	5	2	36
39	103	3	25.6	23	5	4	1	38.4
40	159	0	4	70	10	0	10	6
41	273	0	3.2	75	8	0	9	4.8
42	737	0	2.8	78	8	0	7	4.2
43	134	0	4	75	9	0	6	6
44	336	0	2.4	76	10	0	8	3.6
45	814	0	3.6	74	8	0	9	5.4
46	944	0	2.4	78	10	0	6	3.6
47	230	0	1.2	72	8	0	17	1.8
48	280	0	4	75	6	0	9	6
49	248	0	3.2	72	5	0	15	4.8
50	348	0	2.8	77	10	0	6	4.2
51	542	0	2	76	7	0	12	3
52	475	0	2.4	78	6	0	10	3.6
53	567	0	3.2	74	9	0	9	4.8
54	706	0	2.4	73	12	0	9	3.6
55	65	0	3.2	72	10	0	10	4.8
56	361	0	4	25	10	45	10	6
57	564	0	4.8	24	12	44	8	7.2
58	72	0	4.8	23	15	43	7	7.2
59	159	0	5.2	25	12	42	8	7.8
60	479	0	2.4	25	12	47	10	3.6
61	589	0	4.8	24	8	46	10	7.2
62	171	0	3.2	28	9	47	8	4.8

续表 7-1

分区	面积(亩)	大蒜(%)	小麦(%)	蔬菜(%)	油菜(%)	马铃薯(%)	苗木(%)	复种(%)
63	195	0	3.6	22	11	48	10	5.4
64	236	0	4.4	26	13	43	7	6.6
65	320	0	5.2	28	12	42	5	7.8
66	834	0	4.8	29	10	41	8	7.2
67	107	0	4	27	7	49	7	6
68	171	0	2.8	28	13	45	7	4.2
69	28	0	4.8	25	8	47	8	7.2
70	178	0	4.8	24	12	43	9	7.2
71	124	0	2.8	25	12	48	8	4.2
72	470	0	2.4	28	8	49	9	3.6
73	426	0	4.8	26	9	46	7	7.2
74	172	0	3.2	28	11	47	6	4.8
75	372	0	3.6	29	13	48	1	5.4
76	336	0	4.4	27	12	43	7	6.6
77	479	0	5.2	28	10	42	7	7.8
78	557	0	4.8	26	7	46	9	7.2
79	426	0	4	25	8	47	10	6
80	639	0	4.8	25	9	45	9	7.2
81	773	0	8	20	0	0	60	12
82	715	0	7.2	21	0	0	61	10.8
83	448	0	6.4	22	0	0	62	9.6
84	510	0	7.2	19	0	0	63	10.8
85	929	0	7.2	18	0	0	64	10.8
86	273	0	7.2	17	0	0	65	10.8
87	889	0	10	16	0	0	59	15
88	293	0	10	17	0	0	58	15
89	332	0	10.4	17	0	0	57	15.6
90	194	0	10	19	0	0	56	15
91	1 016	0	9.2	22	0	0	55	13.8
92	175	0	6.4	23	0	0	61	9.6
93	146	0	5.2	24	0	0	63	7.8

续表 7-1

分区	面积(亩)	大蒜(%)	小麦(%)	蔬菜(%)	油菜(%)	马铃薯(%)	苗木(%)	复种(%)
94	521	0	4.8	25	0	0	63	7.2
95	481	0	5.6	22	0	0	64	8.4
96	436	0	5.6	21	0	0	65	8.4
97	413	0	8	21	0	0	59	12
98	595	0	8.4	21	0	0	58	12.6
99	1 257	0	9.2	20	0	0	57	13.8
100	808	0	8	24	0	0	56	12
101	429	0	10	50	15	10	0	15
102	1 015	0	10.4	48	14	12	0	15.6
103	1 148	0	10.8	47	13	13	0	16.2
104	334	0	10	45	15	15	0	15
105	413	0	9.2	51	16	10	0	13.8
106	564	0	8.8	52	17	9	0	13.2
107	553	0	8.4	53	18	8	0	12.6
108	333	0	10	54	15	6	0	15
109	760	0	9.6	49	14	13	0	14.4
110	383	0	9.2	48	15	14	0	13.8
111	910	0	8.8	47	16	15	0	13.2
112	218	0	8	45	17	18	0	12
113	764	0	8.4	51	18	10	0	12.6
114	920	0	9.6	52	14	10	0	14.4
115	194	0	9.2	53	17	7	0	13.8
116	116	0	8.8	54	15	9	0	13.2
117	44	0	8	49	17	14	0	12
118	79	0	8.4	54	18	7	0	12.6
119	62	0	9.6	55	16	5	0	14.4
120	124	0	8.4	55	14	10	0	12.6

将各子区域的面积、坡度、所包含的 HRU 及其对应的农业管理文件. mgt、土壤文件. sol等按照 SWAT 模型要求的格式写成其输入文件,典型子区域的. sub 文件如图 7-1 所示。

```
XYGQS01.sub  ×
Subbasin 1
7
36.93
2225.00
Following are elevation band width

Following are elevation band fraction

Following are the initial water content in the snow of the band
0.00
0.00
0.00
0.0001
0.0001
10.00
0.200
0.015
0.0001
Following are the rainfall adjustment factors RFINC 1-6
    0.000    0.000    0.000    0.000    0.000
Following are the rainfall adjustment factors RFINC 7-12
    0.000    0.000    0.000    0.000    0.000
Following are the temperature adjustment factors TMPINC 1-6
    0.000    0.000    0.000    0.000    0.000
Following are the temperature adjustment factors TMPINC 7-12
    0.000    0.000    0.000    0.000    0.000
Following are the radiation adjustment factors RADINC 1-6
    0.000    0.000    0.000    0.000    0.000
Following are the radiation adjustment factors RADINC 7-12
    0.000    0.000    0.000    0.000    0.000
Following are the humidity adjustment factors HUMINC 1-6
    0.000    0.000    0.000    0.000    0.000
Following are the humidity adjustment factors HUMINC 7-12
    0.000    0.000    0.000    0.000    0.000
Following are the names of the HRU, MGT, SOIL, and CHEM data files
S01HRU01.HRU whtcrc1.mgt loamy1.sol    loampst.chm    XYGQS.gw
S01HRU02.HRU whtcrc2.mgt loamy1.sol    loampst.chm    XYGQS.gw
S01HRU03.HRU whtcrc3.mgt loamy1.sol    loampst.chm    XYGQS.gw
S01HRU04.HRU whtcrc4.mgt loamy1.sol    loampst.chm    XYGQS.gw
S01HRU05.HRU whtcrc2.mgt loamy1.sol    loampst.chm    XYGQS.gw
S01HRU06.HRU whtcrc1.mgt loamy1.sol    loampst.chm    XYGQS.gw
S01HRU07.HRU whtcrc7.mgt loamy1.sol    loampst.chm    XYGQS.gw
```

图 7-1　典型子区域的.sub 文件

7.1.2　气象输入文件及气象因子发生器

大峡渠灌区和官亭泵站灌区耗水系数模型所需要的气象数据采用的是国家气象局西宁气象站以及民和气象站的降水量、最高温度、最低温度、相对湿度、风速等,并在这些数据的基础上计算了太阳辐射以及潜在蒸散发量。考虑到 SWAT 模型运行需要一定的适应期,因此模型分别采用西宁气象站和民和气象站 1990～2013 年的气象数据,并将 2000～2012 年的数据作为适应期,在此基础上采用 2013 年的气象数据进行相关模拟和计算。将降水量、最高温度、最低温度、相对湿度、风速的实测值以及计算得到的太阳辐射、潜在蒸散发量等分别按照模型要求的格式整理为相应的气象文件:.pcp,.tmp,.hmd,.wnd,.slr,.pet。在模型中,每一个 HRU 的气象数据则是根据各气象站点的经纬度由最近的气象站点的气象资料所赋予的。气象因子发生器文件(.wgn)是根据西宁气象站近 45 年来的气象数据进行编写的。大峡渠灌区 2013 年降水量为 413.6 mm,经频率计算分析表明属于平水年,其逐月降水量、平均风速、平均相对湿度、平均气温、日照时数如图 7-2～图 7-6 所示。

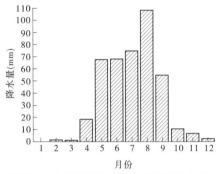

图 7-2　大峡渠灌区 2013 年逐月降水量

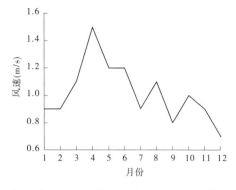

图 7-3　大峡渠灌区 2013 年逐月平均风速

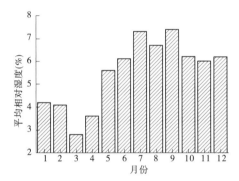

图 7-4　大峡渠灌区 2013 年逐月平均
相对湿度

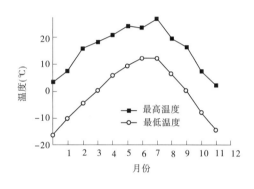

图 7-5　大峡渠灌区 2013 年逐月平均
最高、最低气温

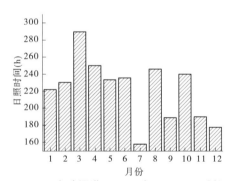

图 7-6　大峡渠灌区 2013 年逐月日照时数

　　根据式(3-54)所示,计算大峡渠灌区 2013 年的实际太阳辐射值。其中,a_s 和 b_s 根据青海省的实际情况,取值分别为 0.23 和 0.68;各月的 R_a 值和最大日照时数 N 采用线性插值的方法求得,其计算结果如表 7-2 所示。

　　采用表 7-2 所确定的 R_a 值和 N 值,利用式(3-54)对研究区 2000 ~ 2013 年逐日的辐射量进行计算,并将其按照 SWAT 模型要求的格式写成. slr 文件。其中,大峡渠灌区和官亭泵站灌区的日辐射分布分别如图 7-7 和图 7-8 所示。

表 7-2　逐月 R_a 值和最大日照时数

月份	不同纬度 R_a 值[MJ/(m² · d)]			不同纬度 N 值(h)		
	30°	40°	36.5°	30°	40°	36.5°
1	15.18	10.12	11.89	10.4	9.9	10.1
2	19.30	14.60	16.25	11.2	10.7	10.9
3	24.42	20.64	21.96	11.9	11.8	11.8
4	29.62	27.48	28.23	12.9	13.3	13.2
5	32.90	32.36	32.55	13.6	14.3	14.1
6	34.24	34.58	34.46	14.0	14.9	14.6
7	33.73	33.72	33.72	13.9	14.7	14.4
8	31.28	29.86	30.36	13.3	13.9	13.7
9	26.74	23.60	24.70	12.4	12.5	12.5
10	21.34	16.80	18.39	11.5	11.2	11.3
11	16.34	11.34	13.09	10.8	10.1	10.3
12	14.10	9.00	10.79	10.3	9.5	9.8

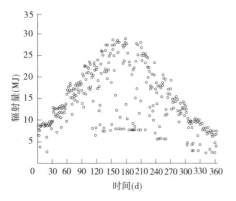

图 7-7　大峡渠灌区 2013 年日辐射分布图

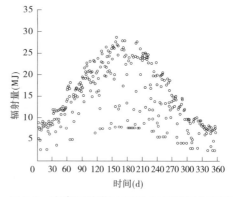

图 7-8　官亭泵站灌区 2013 年日辐射分布图

　　包括逐日太阳辐射数据在内,所有的逐日气象数据及其站点位置均应按照 SWAT 模型要求的格式存储以备调用。此外,还需建立"天气发生器"以便在 SWAT 模型运行过程中能够补足缺乏的数据。"天气发生器"的建立需要输入的参数较多,除各气象站点的名称、经纬度及高程外,其余各参数的名称及计算公式见表 7-3。

表 7-3 "天气发生器"各参数及计算公式

参数	定义	计算公式
RAIN – YRS	每月半小时最大降雨数据的年数	
TMPMX	月日均最高气温(℃)	$\mu m_{\max,mon} = \sum_{d=1}^{N} T_{\max,mon}/N$
TMPMN	月日均最低气温(℃)	$\mu m_{\min,mon} = \sum_{d=1}^{N} T_{\min,mon}/N$
TMPSTDMX	月日均最高气温标准偏差	$\sigma_{\max,mon} = \sqrt{\sum_{d=1}^{N} (T_{\max,mon} - \mu_{\max,mon})^2/(N-1)}$
TMPSTDMN	月日均最低气温标准偏差	$\sigma_{\min,mon} = \sqrt{\sum_{d=1}^{N} (T_{\min,mon} - \mu_{\min,mon})^2/(N-1)}$
PCP – MM	月平均降水量(mm)	$\overline{R_{mon}} = \sum_{d=1}^{N} R_{day,mon}/yrs$
PCPSTD	月日均降水量标准偏差	$\sigma_{mon} = \sqrt{\sum_{d=1}^{N} (R_{day,mon} - \overline{R_{mon}})^2/(N-1)}$
PCPSKW	月日均降水量偏度系数	$g_{mon} = N \sum_{d=1}^{N} (R_{day,mon} - \overline{R_{mon}})^3/(N-1)(n-2)(\sigma_{mon})^3$
PR – W1	月内干日系数	$P_i(W/D) = (days_{W/D,i}/days_{dry,i})$
PR – W2	月内湿日系数	$P_i(W/W) = (days_{W/W,i}/days_{wet,i})$
PCPD	月均降雨天数	$\overline{d_{wet,i}} = days_{wet,i}/yrs$
RAINHHMX	最大半小时降雨量(mm)	—
SOLARAV	月日均太阳辐射量[kJ/(m²·d)]	$\mu rad_{mon} = \sum_{d=1}^{N} H_{day,mon}/N$
DEWPT	月日均露点温度(℃)	$\mu dew_{mon} = \sum_{d=1}^{N} T_{dew,mon}/N$
WNDAV	月日均风速(m/s)	$\mu wnd_{mon} = \sum_{d=1}^{N} T_{wnd,mon}/N$

7.1.3　土地利用及土地覆盖现状

由于 TM 数据受空间分辨率的限制且存在数据的季相问题、元数据定义的问题以及人工解译时的经验问题等,因此各种土地利用类型的面积采用实地调查的数据。2013 年灌区土地利用类型主要包括耕地和林地。对于灌区来说,耕地占主要部分,灌区不同农作物的耗水量为主要部分,然而土地利用类型中并没有将不同作物类型从耕地类型中区分出来,因此本书根据灌区中不同作物占灌区耕地的面积比例,将大峡渠灌区进一步划分为 8 种土地利用类型,主要是冬小麦、春小麦、夏玉米、苗木、马铃薯、大蒜、油菜以及蔬菜。SWAT 模型内部土地利用、覆被属性数据如表 7-4 所示。

表 7-4　模型土壤物理属性

变量	模型定义
NLAYERS	土壤分组数目
HYDGRP	土壤水文性质分组(A、B、C 或 D)
SOL - ZMX	土壤坡面最大根系深度(mm)
ANION - EXCL	阴离子交换孔隙度,模型默认值为 0.5
SOL - CRK	土壤最大可压缩量(土壤孔隙比)
TEXTURE	土壤层的结构
SOL - Z	土壤表层到土壤底层的深度(mm)
SOL - BD	土壤湿密度(mg/m^3 或 g/m^3)
SOL - AWC	有效田间持水量($mm\ H_2O/mm\ soil,0 \sim 1.0$)
SOL - K	饱和水传导系数(mm/h)
SOL - CBN	有机碳含量
CLAY	黏土(%),直径 < 0.002 mm 的土壤颗粒组成
SILT	壤土(%),直径 0.002 ~ 0.05 mm 的土壤颗粒组成
SAND	砂土(%),直径 0.05 ~ 2.0 mm 的土壤颗粒组成
ROCK	砾石(%),直径 > 2.0 mm 的土壤颗粒组成
SOL - ALB	土壤反射率(湿,$0 \sim 0.25$)
UELE - K	UELE 方程中土壤可蚀性因子 $K(0 \sim 0.65)$
SOL - EC	土壤电导率(dS/m)

7.1.4　土壤参数确定

SWAT 模型所需要的土壤数据包括土壤纵剖面的土壤参数,而现有的 1∶100 万的土壤质地分布图只给出了灌区表层土的土壤质地类型,且模型自带的土壤数据库与我国的实际情况不一样,为了获得研究区的土壤参数,国内在应用 SWAT 模型时对土壤参数的处理一般是查阅相关文献进行确定的,本书采用了灌区 15 个土壤剖面的实测的土壤性质数据。模型所需的土壤物理属性参数主要有饱和导水率、土壤容重、土壤有机碳含量、黏土/壤土/砂土含量等,如表 7-4 所示。

（1）土壤饱和导水率。选取了土壤采样点后，利用 guelp 入渗仪测定土壤 0～20 cm 以及 80 cm 处的土壤饱和导水率。各采样点土壤剖面性状影响了土层 20 cm 与 80 cm 处的土壤饱和导水率。

由于土壤特性以及天气情况等原因，饱和导水率测定的结果也需要校正，模型所采用的饱和导水率是在试验的基础上通过相应的文献来确定的。土壤容重则是在采样点利用土钻、花钻和环刀采取土壤 0～200 cm 剖面（20 cm 一层，共 10 层）内的土样，同时观察每一层土壤剖面的性状，带回试验站测定每层土样的干容重，所得到的干容重结果比较符合土壤的特性。

（2）土壤质地。土壤质地指土壤中不同直径大小的土壤颗粒的组合情况，与土壤通气、保肥、保水状况及耕作的难易程度有密切关系。国际上比较通用的土壤质地分类标准主要有四类：国际制、美国制、威廉－卡庆斯基制（苏联）和中国土粒分级标准。山东省第二次土壤普查采用了国际制土壤质地分类标准，而 SWAT 模型采用了美国制土壤质地分类标准，因此必须采取一定的方法将现有的国际制转换为相对应的美国制。其中，美国制与国际制土壤质地分类的标准对比见表 7-5。

表 7-5　土壤质地分类的美国制和国际制标准

SWAT 名称	美国制		国际制	
	粒径（mm）	名称	粒径（mm）	名称
ROCK	>2	石砾	>2	石砾
SAND	2～0.05	砂粒	2～0.02	砂粒
SILT	0.05～0.002	粉粒	0.02～0.002	粉粒
CLAY	<0.002	黏粒	<0.002	黏粒

而土壤机械组成的测定是将土样带回试验站风干，根据每层土壤剖面的性状，将所采的土样根据土壤质地分为若干组后，利用筛选法和比重计法测定土壤颗粒在 2～0.05 mm、0.05～0.002 mm 以及 <0.002 mm 的质量百分比，借助 MATLAB 7.0 软件，采用三次样条插值法，再求出美国制 0.02～0.05 mm 土壤颗粒的百分含量。在此基础上，可逐一计算 CLAY、SILT、SAND、ROCK 的百分含量。由于比重计法比较粗糙，结果可能会存在误差，实际在模型中各土壤类型的颗粒组成是结合试验结果以及其他相关文献来确定的。通过上面的分析，将不同剖面的土壤属性组成土壤属性文件，按照剖面的位置分配到各子流域中。各土壤剖面土壤参数通过试验获得，没有实测数据的土壤类型，用邻近相似的土壤剖面数据插值得到。

（3）土壤湿密度（SOL－BD）、有效田间持水量（SOL－AWC）、饱和水传导系数（SOL－K）。SOL－BD、SOL－AWC、SOL－K 可以借助美国华盛顿州立大学开发的土壤水特性软件 SPAW 的 Soil Water Characteristics 模块获得。SPAW 即 Soil Plant Atmosphere Water，是在对土壤质地和土壤物理属性进行统计分析的基础上研发的，其计算值和实测值有着很好的拟合关系。要计算出 SOL－BD、SOL－AWC、SOL－K，除需要前面计算获得的土壤各粒径含量外，还需要输入以下属性：Organic Matter、Salinity、Gravel，这些均可从

《青海省乐都县土壤志》获得。

(4)土壤水文性质分组(HYDGRP)。该分组是美国自然资源保护署(Natural Resources Conversation Service)在土壤入渗特征的基础上,将在降雨和土地利用/覆被相同的条件下具有相似产流特征的土壤划分成一个水文组,共划分为4组,见表7-6。根据试验所获得的最小渗透率,并结合表7-6即可对土壤水文性质进行分组。其中,大峡渠灌区土壤多属于B类,官亭泵站灌区土壤属于A类。

表7-6　土壤水文性质分组及定义

土壤水文性质分组	土壤分组的水文性质	最小下渗率 X (mm/h)
A	渗透性强、潜在径流量很低的土壤;主要包括具有良好透水性能的砂土或砾石土;在完全饱和的情况下仍然具有较高的入渗速率和导水率	7.26 ~ 11.34
B	渗透性较强的土壤;主要是一些沙壤土(或在土壤剖面一定深度处存在弱不透水层);在水分完全饱和时仍具有较高的入渗速率	3.81 ~ 7.26
C	中等透水性土壤;主要为壤土(或虽为砂性土,但在土壤剖面一定深度处存在一层不透水层);当土壤水分完全饱和时保持中等入渗速率	1.27 ~ 3.81
D	微弱透水性土壤;主要为黏土;具有很低的导水能力	0 ~ 1.27

土壤文件.sol如图7-9所示。

```
Soil properties for loamy soil
          loamy sand
                    b
                      3000.00
                                 0.470

soil layer properties
                         300.00      600.00      900.00     1200.00     1500.00     1800.00
                           1.46        1.46        1.45        1.45        1.45        1.45
                           0.22        0.33        0.35        0.38        0.44        0.42
                           30.0        30.0        30.0        30.0        30.0        30.0
                           0.00        0.00        0.00        0.00        0.00        0.00
                          58.80       58.50       59.50       59.50       45.70       45.70
                          25.80       25.60       30.60       18.60       18.60       18.60
                          13.40       7.90         9.90        9.90       33.70       33.70
                           0.00        0.00        0.00        0.00        0.00        0.00
                           0.13        0.02        0.00        0.00        0.00        0.00
                           0.49        0.42        0.42        0.42        0.42        0.42
```

图7-9　土壤文件.sol示例

7.1.5　划分水文响应单元

水文响应单元(HRU)是子流域内具有相同植被类型、土壤类型和管理条件的陆面面积的集总。因此,在划分HRU之前要先确定出子流域的土地类型,然后对每种土地类型匹配土壤类型。在本书中根据不同作物占总耕地的比例以及总耕地中不同土壤类型的比例,将初步获得的由耕地和各种土壤组合而成的HRU进一步划分为由不同作物类型与各种土壤类型组合而成的HRU。通过这些组合,每个子流域都可以进一步划分成若干个HRU,大峡渠灌区最后共包含658个HRU,大峡渠灌区典型地块及官亭泵站灌区典型地

块分别包含 3 个 HRU。根据各个 HRU 的用地类型、占子流域的面积比、是否灌溉、灌溉
水源情况、坡面平均长度和平均宽度等,完成 HRU 文件(. hru)的编写。灌区农作物主要
考虑春小麦、大蒜、油菜、马铃薯、蔬菜等,灌区作物种植制度为一年一季,其中小麦面积中
约 60% 复种蔬菜。以大峡渠灌区子区域 1 为例,共包括 7 个 HRU,其中第一个 HRU 的具
体数值及其所代表的含义如表 7-7 所示。考虑到研究目的主要在基于土壤水量平衡基础
上计算作物耗水系数,因此模型未考虑侵蚀及水质。

表 7-7　HRU 输入参数

序号	项目	参数	定义
1	地形参数	HRU_FR	HRU 面积占整个流域的比例(km²/km²),缺省值为 0.000 000 1
		SLSUBBSN	平均坡长(m);该参数通常会被高估,90 m 已经是相当长的坡长;缺省值 50
		SLOPE	平均坡度(m/m)
		SLSOIL	亚地表侧渗流坡长(m);缺省值为 SLSUBBSN
2	地表覆盖参数	CANMX	最大冠层储水量(mm H_2O);作物冠层对渗透、地表径流、蒸发有显著影响
		RSDIN	初始残余覆盖(kg/hm²);可选
		OV_N	陆上水流的曼宁值
3	水循环参数	LAT_TTIME	测渗流运动时间(d);该参数设成 0 将会让模型基于土壤导水特性计算侧渗流的运动时间
		POT_FR	排水进入积水低洼壶穴的 HRU 面积比例;当 IPOT 不为零时必须输入该参数
		FLD_FR	排水进入漫滩的 HRU 面积比例
		RIP_FR	排水进入河滨的 HRU 面积比例
		DEP_IMP	土壤剖面中不透水层的深度(mm)
		EV_POT	低洼壶穴的蒸散发系数;缺省值为 0.5
		DIS_STREAM	距离河流的平均距离;缺省值为 35
4	侵蚀参数	ESCO	土壤蒸发补偿因子,取值范围 0.01 ~ 1.0;该值越小,模型模拟得到的最大蒸发量就越大;缺省值为 0.95
		EPCO	作物消耗补偿因子
		LAT_SED	侧渗流和地下水中沉积物的浓度(mg/L)
		ERORGN	泥沙中的 ON 富集率
		ERORGP	泥沙中的 OP 富集率
5	洼地参数	POT_TILE	每日进入主渠道的暗管排水量(m³/s),如果灌溉的渠道在洼地中

　　以大峡渠灌区第一个子区域的第一个 HRU 为例，其 HRU 文件如图 7-10 所示。

7.1.6　作物参数选取

　　由于 SWAT 模型自带的植被参数库与我国的实际情况存在较大差异，因此本书是在模型自带作物生长参数数据库的基础上，参照灌区当地植被的实际生长情况，并查阅相关文献，确定作物的生长参数。在 SWAT 模型中模拟叶面积指数增长过程需要确定作物最大叶面积指数，以及叶面积曲线上的两个特征点（第一生长点、第二生长点）。灌区典型作物的最大叶面积指数是通过查阅相关的参考文献来确定的，而叶面积指数曲线上的两个生长点则是通过相关文献中的作物叶面积指数曲线过程来确定的。各作物参数及定义如表 7-8 所示。其中，对作物耗水量影响较大的参数主要包括 ICNUM、CPNM、IDC、BIO＿E、HVSTI、BLAI、FRGRW1、LAIMX1、FRGRW2、LAIMX2、DLAI、CHTMX、RDMX、T＿OPT、T_BASE 等。灌区典型作物冬小麦、春小麦、夏玉米、苗木、马铃薯、大蒜、油菜及蔬菜的上述参数值如表 7-9 所示。

```
HRU-01, subbasin-01,GARLIC
0.200
50.0000
0.0001
0.0900
0.0000
0.0000
5000.000
0.0000
0.3500
0.0500
0.0000
0.0000
0.0000
0
5
0.0000
0.0000
0.0000
24.0000
12.0000

0.0000
0.0000
0.0000
0.0000
0.0000
0.0000
0.0000
```

图 7-10　HRU 文件示意图

表 7-8　各作物参数及定义

变量名	定义
ICNUM	土地覆被/作物代码
CPNM	表征土地覆被/作物名称的四字符编码
IDC	土地覆被/作物分类
DESCRIPTION	完整土地覆被/作物名
BIO_E	太阳辐射利用率或生物能比
HVSTI	最佳生长条件下的收获指数
BLAI	最大潜在叶面积指数
FRGRW1	作物生长期比例或最佳叶片面积发展曲线第一点相应的总潜在热力单位的比例
LAIMX1	相对于最佳叶片面积发展曲线第一点的最大叶片面积比例
FRGRW2	作物生长期比例或最佳叶片面积发展曲线第二点相应的总潜在热力单位的比例
LAIMX2	相对于最佳叶片面积发展曲线第二点的最大叶片面积比例

续表 7-8

变量名	定义
DLAI	叶片面积开始减少的生长期比例
CHTMX	最大冠层高度(m)
RDMX	最大根深(m)
T_OPT	作物生长最佳温度(℃)
T_BASE	作物生长最低(基础)温度(℃)
CNYLD	产量中氮的正常含量(kg N/kg yield)
CPYLD	产量中磷的正常含量(kg P/kg yield)
BN(1)	氮带走参数#1:生长初期(emergence)生物量中氮的正常含量(kg N/kg biomass)
BN(2)	氮带走参数#2:50% 成熟度的作物生物量中氮的正常含量(kg N/kg biomass)
BN(3)	氮带走参数#3:成熟作物生物量中氮的正常含量(kg N/kg biomass)
BP(1)	磷带走参数#1:生长初期(emergence)生物量中磷的正常含量(kg P/kg biomass)
BP(2)	磷带走参数#2:50% 成熟度的作物生物量中磷的正常含量(kg P/kg biomass)
BP(3)	磷带走参数#3:成熟作物生物量中磷的正常含量(kg P/kg biomass)
WSYF	收获指数下限((kg/hm^2)/(kg/hm^2))
USLE_C	土地覆被/作物的水侵蚀最小 USLE_C 因子的值
GSI	高太阳辐射低蒸气压亏损下的最大气孔传导率(m/s)
VPSFR	水气压亏损(vapor pressure deficit)(kPa),与气孔传导率曲线的第二个点相对应
FRGMXA	气孔传导率曲线上对应第二点的最大气孔传导率比例
WAVP	单位水气压亏损增加引发的太阳辐射利用率降低速率
CO2HI	相对于太阳辐射使用效率曲线第二个点提高的大气 CO_2 浓度(μL CO_2/L air)
BIOEHI	太阳辐射利用效率曲线上第二点对应的生物能比(biomass-energy ratio)
RSDCO_PL	作物残茬分解系数

表 7-9　　灌区典型作物的主要生长参数值

变量名	冬小麦	春小麦	夏玉米	苗木	马铃薯	大蒜	油菜	蔬菜
ICNUM	29	27	19	16	70	73	75	92
CPNM	WWHT	SWHT	CORN	RNGB	POTA	ONIO	CANP	TOMA
IDC	5	5	4	6	5	5	4	4
BIO_E	35.00	35.00	39.00	34.00	25.00	30.00	34.00	30.00
HVSTI	0.45	0.42	0.50	0.90	0.95	1.25	0.23	0.33
BLAI	8.50	4.00	5.00	2.00	4.00	1.50	3.50	3.00
FRGRW1	0.20	0.25	0.37	0.05	0.15	0.15	0.15	0.15
LAIMX1	0.28	0.05	0.30	0.10	0.01	0.01	0.02	0.05
FRGRW2	0.28	0.50	0.50	0.25	0.50	0.50	0.45	0.50
LAIMX2	0.96	0.95	0.95	0.70	0.95	0.95	0.95	0.95
DLAI	0.28	0.60	0.70	0.35	0.60	0.60	0.50	0.95
CHTMX	0.90	0.90	2.50	1.00	0.60	0.50	0.90	0.50
RDMX	0.20	2.00	2.00	2.00	0.60	0.60	0.90	2.00
T_OPT	25.00	18.00	25.00	25.00	22.00	19.00	21.00	22.00
T_BASE	8.00	0.00	10.00	12.00	7.00	4.52	5.00	10.00

7.1.7　农业管理措施参数

在本书中,一年一季是灌区最广泛的种植模式。由于 2013 年为平水年,因此根据《青海省用水定额》(青政办〔2009〕62 号),大峡渠灌区小麦灌溉定额为 4 275 m^3/hm^2,灌水 5 次;油料作物灌溉定额为 3 525 m^3/hm^2,灌水 4 次;大蒜灌溉定额为 6 750 m^3/hm^2,灌水 10 次;蔬菜灌溉定额为 7 500 m^3/hm^2,灌水 10 次;马铃薯灌溉定额为 2 400 m^3/hm^2,灌水 3 次。但由于灌区现状仍为大灌大排,因此实际的灌水量为进入到田间的水量,由灌水次数和灌水时间在实际调查的基础上确定。

此外,SWAT 模型需要的农业管理措施还包括耕作措施、杀虫剂措施以及施肥措施等,分别对应于 SWAT 模型中的耕作数据库 TIL. DAT、农药数据库 PEST. DAT、化肥数据库 FERT. DAT。本书采用 SWAT 模型自带的数据库进行模拟,概括这些措施的初始文件是 HRU 管理文件(. mgt),该文件包括了种植、收获、灌溉、养分使用、杀虫剂使用和耕作措施情况,如种植时间、收获时间、灌溉时间、灌溉水量、化肥和杀虫剂的使用时间及使用剂量等。值得注意的是,合适的农业管理措施能够保证作物的正常生长,从而不对作物的蒸腾蒸发量产生胁迫。每一个 HRU 均对应一个. mgt 文件。以大峡渠灌区子区域 1 的第一个 HRU 为例,其. mgt 文件如图 7-11 所示。

```
This is for the garlic
1  1    0  73    0.02    0.00 2000.00    0.00      0.20    70.00       0.60
   2   3          2              94.500
   3   3          2              94.500
   4   3          2              94.500
   5  10         11  0.92
   5  12          2              94.500
   5  15          4                                     33   80.000
   5  20          3             300.000
   5  25          4                                     33   80.000
   6   8         11  0.92
   6  10          2              94.500
   6  28          2              94.500
   6  14         11  0.92
   7  10          2              94.500
   7  20          5
   8  10          2              94.500
   9  10          2              94.500
  10  10          2              94.500
  10  20        12000.000  73
  10  27         10              0.92
```

图 7-11   .mgt 文件示意图

7.1.8   定义地下水参数

SWAT 模型把地下水分成两个蓄水系统:对流域河流进行回流的浅层、无限制蓄水层和对流域外河流进行回流的深层蓄水层。控制水分运动进出蓄水层的特征在地下水输入文件中进行初始化。地下水参数的选取主要依据《中华人民共和国区域水文地质普查报告——西宁幅、乐都幅)》及相应的参考文献确定。以大峡渠灌区典型地块为例,各变量的定义及取值如表 7-10 所示。其中,地下水迟滞时间 δ_{gw} 不能直接测定,由于同一区域的检测井有相似的 δ_{gw} 值,因此大峡渠灌区的地下水迟滞时间采用其相邻流域的迟滞时间,此处取值为 3。基流衰退常数 α_{gw} 是地下水复水(recharge)的一个直接指数。复水慢的土壤该值为 0.1 ~ 0.3,复水快的土壤该值为 0.9 ~ 1.0。尽管基流的衰退常数可以计算,但是最好的估算是通过分析检测到的流域内无回流(到地下水)时期的河流流量获取,经分析计算,大峡渠灌区该值为 0.7。官亭泵站灌区典型地块土壤剖面如图 7-12 所示,由图 7-12 可以看出,官亭泵站灌区内包气带很厚,因此入渗的地下水到以基流的形式补给河流需要较长的时间,且在监测期未观测到地下水向河水的补给,因此该值在官亭泵站灌区典型地块的取值为 0。GW_REVAP 用来描述水分会从浅层蓄水层进入其上的未饱和区域的情况。在浅层蓄水层上的土壤干燥期,毛管中分割饱和区域和非饱和区域的水将消失,并向上扩散。当水有毛管蒸发时,其下的地下水会对其进行补充。深根作用会直接把蓄水层中的水带走。该过程在饱和区或者有深根作物生长的流域尤为显著。因为该种类型的作物覆盖会影响 revap 在水分平衡中的重要性,控制 revap 的参数根据土地利用类型的不同而异。当 GW_REVAP 趋于 0 时,水分从浅层蓄水层向根层的运动将受到限制;当 GW_REVAP 趋于 1 时,水分从浅层蓄水层向根层的运动接近潜在蒸散发的速率。由于大峡渠灌区的地下水位均大于 15 m,水分向上运动受到极大限制,因此根据 SWAT 模型的取值范围 0.02 ~ 0.20,大峡渠灌区该值取为 0.02。对 RCHRG_DP 而言,由于灌区研究对象为农田,无多年生树木,因此深层蓄水层的过滤比例取值为 0。

表 7-10　地下水参数及定义

变量名	定义
SHALLST	浅层蓄水层中的初始水深(mm)。有 1 年的平衡期,该值不重要
DEEPST	深层蓄水层中的初始水深(mm),缺省值 1 000.0 mm。有 1 年的平衡期,该值不重要
GW_DELAY	地下水迟滞时间(d)
ALPHA_BF	基流衰退常数 α_{gw}(d)
GWQMN	回归流产生时需要浅层蓄水中的初始水深(mm),只有在浅层蓄水层的水深大于或等于 GWAMN 时才会使地下水进入河流
GW_REVAP	地下水"回归"系数
REVAPMN	"revap"或过滤到深层蓄水层发生时的初始浅层蓄水层水深(mm)
RCHRG_DP	深层蓄水层过滤比例。由根层经过滤补充到深层蓄水层的水的比例。取值范围为 0~1.0
SHALLST_N	地下水中硝态氮浓度对子流域内河流的贡献(mg N/L)。可选
HLIFE_NGW	浅层地下水中氮的半衰期(d)
GWSOLP	地下水中可溶态磷浓度对子流域内河流的贡献(mg P/L)。可选

7.1.9　农业灌溉引水量确定

引水量是模型模拟所需要的一个重要数据,在本书中引水量主要指用于农业灌溉的水量。在模拟计算的过程中,时间步长为日,实际计算过程中,根据每个子流域的土地面积和种植结构,将年引黄水量按比例分配到每个子流域及 HRU。由于对每一个斗门的引水量均进行监测需耗费大量的人力和时间,且大峡渠灌区尚缺少这部分数据,因此在对大峡渠灌区的引水量进行实地调查的基础上,并充分考虑漫灌地区作物轮灌制度制定的理论基础,对大峡渠灌区的总引水量,按照种植面积占 60% 的权重和种植结构占 40% 的权重进行分配,在此基础上,再按照种植面积将分配到子区域的引水量分配到每个水文响应单元 HRU 中。其分配比例如表 7-11 所示。大峡渠灌区 2013 年总引水量为 6 220 万 m³,按比例进行划分即可得到每个子区域的实际引水量。但是,该部分水量有很大一部分为地表直接退水,没有进入到农田中,而地表退水对于农田作物生长及计算作物耗水量方面是没有任何作用的。因此,考虑到典型地块在退水量、作物种植结构、灌溉方式以及土壤特性方面均具有典型代表性,大峡渠灌区的地表退水比例可按照典型地块的退水比例进行计算。经计算,其比例为 0.407 2。此外,大峡渠灌区扣除高庙河滩寨村退水口因突发事故和渠道维修的退水量 252.30 万 m³,则大峡渠灌区斗门实际引水量经计算为 2 280.94 万 m³。将该数据依次按照比例分配到各分区,即可得到各分区斗门的引水量,具体数值

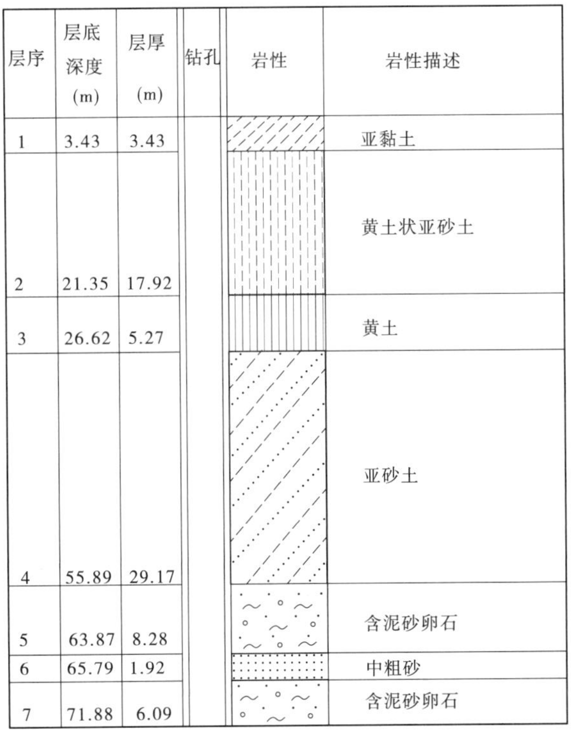

层序	层底深度(m)	层厚(m)	钻孔	岩性	岩性描述
1	3.43	3.43			亚黏土
2	21.35	17.92			黄土状亚砂土
3	26.62	5.27			黄土
4	55.89	29.17			亚砂土
5	63.87	8.28			含泥砂卵石
6	65.79	1.92			中粗砂
7	71.88	6.09			含泥砂卵石

图 7-12　官亭泵站灌区典型地块土壤剖面

如表 7-11 所示。

表 7-11　各分区引水比例

分区	面积(亩)	灌溉定额(m³/亩)	灌溉定额占总灌定额的比例(%)	灌溉定额权重(%)	灌溉面积占总面积比例(%)	灌溉面积权重(%)	引水量比例(%)
1	48	14 131	0.10	0.04	0.10	0.06	0.10
2	66	19 813	0.14	0.06	0.14	0.08	0.14
3	78	22 143	0.16	0.06	0.16	0.10	0.16
4	53	15 475	0.11	0.04	0.11	0.07	0.11
5	57	15 662	0.11	0.04	0.12	0.07	0.12
6	61	17 996	0.13	0.05	0.13	0.08	0.13
7	75	22 340	0.16	0.06	0.16	0.09	0.16
8	55	16 124	0.11	0.05	0.12	0.07	0.11
9	59	17 080	0.12	0.05	0.12	0.07	0.12
10	393	115 552	0.82	0.33	0.82	0.49	0.82

续表 7-11

分区	面积 （亩）	灌溉定额 （m³/亩）	灌溉定额占 总灌溉定额 的比例(%)	灌溉定额 权重 （%）	灌溉面积占 总面积比例 （%）	灌溉面积 权重 （%）	引水量 比例 （%）
11	306	92 192	0.65	0.26	0.64	0.38	0.64
12	195	57 447	0.41	0.16	0.41	0.24	0.41
13	299	84 862	0.60	0.24	0.62	0.37	0.61
14	302	87 948	0.62	0.25	0.63	0.38	0.63
15	388	113 048	0.80	0.32	0.81	0.48	0.80
16	275	79 609	0.56	0.23	0.57	0.34	0.57
17	187	51 762	0.37	0.15	0.39	0.23	0.38
18	239	70 448	0.50	0.20	0.50	0.30	0.50
19	86	25 722	0.18	0.07	0.18	0.11	0.18
20	407	120 766	0.85	0.34	0.85	0.51	0.85
21	239	68 469	0.48	0.19	0.50	0.30	0.49
22	254	73 344	0.52	0.21	0.53	0.32	0.52
23	859	253 981	1.80	0.72	1.79	1.07	1.79
24	249	74 810	0.53	0.21	0.52	0.31	0.52
25	800	234 966	1.66	0.67	1.66	1.00	1.66
26	310	112 836	0.80	0.32	0.65	0.39	0.71
27	885	317 265	2.25	0.90	1.84	1.11	2.00
28	277	102 099	0.72	0.29	0.58	0.35	0.64
29	336	122 906	0.87	0.35	0.70	0.42	0.77
30	546	193 931	1.37	0.55	1.14	0.68	1.23
31	460	162 148	1.15	0.46	0.96	0.57	1.03
32	326	117 916	0.83	0.33	0.68	0.41	0.74
33	383	136 054	0.96	0.39	0.80	0.48	0.86
34	780	281 588	1.99	0.80	1.63	0.98	1.77
35	837	306 488	2.17	0.87	1.74	1.05	1.91
36	575	20 6247	1.46	0.58	1.20	0.72	1.30
37	213	77 005	0.55	0.22	0.44	0.27	0.48
38	54	19 382	0.14	0.05	0.11	0.07	0.12
39	103	37 439	0.26	0.11	0.22	0.13	0.24

续表 7-11

分区	面积 （亩）	灌溉定额 （m³/亩）	灌溉定额占 总灌溉定额 的比例（%）	灌溉定额 权重 （%）	灌溉面积占 总面积比例 （%）	灌溉面积 权重 （%）	引水量 比例 （%）
40	159	57 125	0.40	0.16	0.33	0.20	0.36
41	273	100 327	0.71	0.28	0.57	0.34	0.62
42	737	276 500	1.96	0.78	1.54	0.92	1.71
43	134	50 217	0.36	0.14	0.28	0.17	0.31
44	336	123 821	0.88	0.35	0.70	0.42	0.77
45	814	298 999	2.12	0.85	1.70	1.02	1.86
46	944	353 345	2.50	1.00	1.97	1.18	2.18
47	230	79 444	0.56	0.22	0.48	0.29	0.51
48	280	103 993	0.74	0.29	0.58	0.35	0.64
49	248	88 130	0.62	0.25	0.52	0.31	0.56
50	348	130 163	0.92	0.37	0.73	0.44	0.80
51	542	196 363	1.39	0.56	1.13	0.68	1.23
52	475	175 935	1.25	0.50	0.99	0.59	1.09
53	567	207 446	1.47	0.59	1.18	0.71	1.30
54	706	254 067	1.80	0.72	1.47	0.88	1.60
55	65	23 118	0.16	0.07	0.13	0.08	0.15
56	361	83 726	0.59	0.24	0.75	0.45	0.69
57	564	132 822	0.94	0.38	1.18	0.71	1.08
58	72	16 773	0.12	0.05	0.15	0.09	0.14
59	159	38 240	0.27	0.11	0.33	0.20	0.31
60	479	106 777	0.76	0.30	1.00	0.60	0.90
61	589	136 786	0.97	0.39	1.23	0.74	1.12
62	171	40 149	0.28	0.11	0.36	0.21	0.33
63	195	43 230	0.31	0.12	0.41	0.24	0.37
64	236	56 607	0.40	0.16	0.49	0.30	0.46
65	320	79 874	0.57	0.23	0.67	0.40	0.63
66	834	207 122	1.47	0.59	1.74	1.04	1.63
67	107	25 088	0.18	0.07	0.22	0.13	0.20
68	171	40 227	0.28	0.11	0.36	0.21	0.33

续表 7-11

分区	面积 （亩）	灌溉定额 （m³/亩）	灌溉定额占 总灌溉定额 的比例（%）	灌溉定额 权重 （%）	灌溉面积占 总面积比例 （%）	灌溉面积 权重 （%）	引水量 比例 （%）
69	28	6 530	0.05	0.02	0.06	0.03	0.05
70	178	41 812	0.30	0.12	0.37	0.22	0.34
71	124	28 049	0.20	0.08	0.26	0.15	0.23
72	470	108 141	0.77	0.31	0.98	0.59	0.89
73	426	101 979	0.72	0.29	0.89	0.53	0.82
74	172	40 822	0.29	0.12	0.36	0.22	0.33
75	372	91 248	0.65	0.26	0.77	0.46	0.72
76	336	81 464	0.58	0.23	0.70	0.42	0.65
77	479	118 709	0.84	0.34	1.00	0.60	0.93
78	557	132 340	0.94	0.37	1.16	0.70	1.07
79	426	98 047	0.69	0.28	0.89	0.53	0.81
80	639	150 727	1.07	0.43	1.33	0.80	1.23
81	773	168 595	1.19	0.48	1.61	0.97	1.44
82	715	154 258	1.09	0.44	1.49	0.89	1.33
83	448	95 637	0.68	0.27	0.93	0.56	0.83
84	510	106 943	0.76	0.30	1.06	0.64	0.94
85	929	191 685	1.36	0.54	1.94	1.16	1.70
86	273	55 406	0.39	0.16	0.57	0.34	0.50
87	889	194 824	1.38	0.55	1.85	1.11	1.66
88	293	65 127	0.46	0.18	0.61	0.37	0.55
89	332	74 450	0.53	0.21	0.69	0.41	0.62
90	194	44 326	0.31	0.13	0.40	0.24	0.37
91	1 016	236 457	1.67	0.67	2.12	1.27	1.94
92	175	37 938	0.27	0.11	0.36	0.22	0.33
93	146	30 890	0.22	0.09	0.30	0.18	0.27
94	521	110 517	0.78	0.31	1.08	0.65	0.96
95	481	100 188	0.71	0.28	1.00	0.60	0.89
96	436	89 392	0.63	0.25	0.91	0.54	0.80
97	413	91 334	0.65	0.26	0.86	0.52	0.77

续表 7-11

分区	面积（亩）	灌溉定额（m³/亩）	灌溉定额占总灌溉定额的比例（%）	灌溉定额权重（%）	灌溉面积占总面积比例（%）	灌溉面积权重（%）	引水量比例（%）
98	595	133 292	0.94	0.38	1.24	0.74	1.12
99	1 257	284 449	2.01	0.81	2.62	1.57	2.38
100	808	186 493	1.32	0.53	1.68	1.01	1.54
101	429	147 808	1.05	0.42	0.89	0.54	0.95
102	1 015	345 927	2.45	0.98	2.11	1.27	2.25
103	1 148	389 909	2.76	1.10	2.39	1.43	2.54
104	334	110 385	0.78	0.31	0.70	0.42	0.73
105	413	141 744	1.00	0.40	0.86	0.52	0.92
106	564	194 446	1.38	0.55	1.18	0.71	1.26
107	553	191 027	1.35	0.54	1.15	0.69	1.23
108	333	118 406	0.84	0.34	0.69	0.42	0.75
109	760	257 488	1.82	0.73	1.58	0.95	1.68
110	383	128 216	0.91	0.36	0.80	0.48	0.84
111	910	300 027	2.12	0.85	1.90	1.14	1.99
112	218	69 507	0.49	0.20	0.45	0.27	0.47
113	764	259 769	1.84	0.74	1.59	0.96	1.69
114	920	319 696	2.26	0.91	1.92	1.15	2.06
115	194	67 838	0.48	0.19	0.40	0.24	0.43
116	116	40 712	0.29	0.12	0.24	0.15	0.26
117	44	14 589	0.10	0.04	0.09	0.06	0.10
118	79	27 441	0.19	0.08	0.16	0.10	0.18
119	62	22 399	0.16	0.06	0.13	0.08	0.14
120	124	43 236	0.29	0.07	0.22	0.13	0.32
合计	48 000	14 128 048	100.00	40.00	100.00	60.00	100.00

7.2　SWAT 模型应用结果分析

分别针对大峡渠灌区、大峡渠灌区典型地块及官亭泵站灌区典型地块,构建流域结构文件、控制输入/输出文件、输入控制代码文件、流域输入文件、降雨输入文件、温度输入文件、太阳辐射输入文件、风速输入文件、相对湿度输入文件、土地覆盖/作物生长数据库文件、耕作数据库文件、杀虫剂数据库文件、肥料数据库文件、HRU 输入文件、管理输入文件、土壤输入文件等 SWAT 模型需要的输入文件,将这些输入文件放入 SWAT 文件夹下,利用 Visual Fortran 运行主程序 main. exe,经编译、构建成功后即可运行模型,模型运行界面如图 7-13 所示。

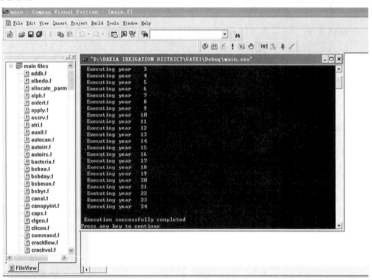

图 7-13　模型运行界面

7.2.1　大峡渠灌区模拟结果

大峡渠灌区共有 120 个子区域,每个子区域又可划分为不同的 HRU,共产生 658 个 HRU。SWAT 模型将子区域和 HRU 的输出结果分别放入. bsb 和. sbs 文件中,共输出 120 个. bsb 文件以及 128 个. sbs 文件。其中,. bsb 文件记录了 120 个子区域中在整个模拟期内的逐月水量平衡要素;. sbs 文件记录了每个子区域内各 HRU 在整个模拟期内的逐月水量平衡要素。图 7-14 和图 7-15 分别为大峡渠灌区第一个子区域及第一个子区域中第一个 HRU 的输出结果。

对模型输出结果以子流域为单位进行归纳总结,表 7-12 分别列出了引水量、扣除地表退水后的斗门引水量,以及扣除渠道输水损失后进入田间的水量、降水量、潜水蒸发水量、作物实际蒸腾蒸发量,土壤含水量的变化量、渗透量。大峡渠灌区的斗渠距离非常短,因此经渠系渗漏损失的水量主要为干支渠损失水量。由表 7-12 可以看出,扣除突发事故所导致的地表退水,大峡渠灌区总的引水量为 4 976.0 万 m³,扣除无效引水后进入到田间地块的水量为 2 985.6 万 m³,作物耗水量为 2 130.6 万 m³,入渗水量为 1 634.1 万 m³。

分别从作物可吸收利用的角度及整个灌区管理的角度出发对作物耗水量进行分析。从作物可吸收利用及作物耗水的角度而言,只有进入到田间地块的水才可被利用,而灌区的地表退水对作物的吸收利用不起任何作用。从整个灌区管理的角度出发,综合考虑地表退水的因素,可为灌区水资源管理提供理论依据。在此基础上,进一步考虑降水量在作

xygqs.bsb

	SUB	GIS	MON AREAkm2	PRECIPmm	SNOMELTmm	PETmm	ETmm	SWmm	PERCmm	SURQmm	GW_Qmm	WYLDmm
BIGSUB	1	0	1.30140E-01	1.000	0.000	7.459	4.203	628.290	0.000	0.000	0.000	0.000
BIGSUB	1	0	2.30140E-01	0.400	2.200	37.007	26.712	611.065	14.590	0.000	9.395	9.395
BIGSUB	1	0	3.30140E-01	2.100	0.000	57.499	42.513	614.654	69.839	0.000	45.890	45.890
BIGSUB	1	0	4.30140E-01	7.100	0.000	119.831	77.620	622.351	52.746	0.009	16.207	12.668
BIGSUB	1	0	5.30140E-01	49.500	0.000	124.274	110.567	612.980	65.059	0.063	52.066	55.661
BIGSUB	1	0	6.30140E-01	63.400	0.000	125.593	119.446	642.912	147.782	1.723	82.925	74.884
BIGSUB	1	0	7.30140E-01	54.500	0.000	118.352	94.491	618.528	113.352	2.618	96.168	108.538
BIGSUB	1	0	8.30140E-01	85.600	0.000	113.045	84.167	620.639	43.181	7.948	29.149	37.098
BIGSUB	1	0	9.30140E-01	93.100	0.000	61.921	50.159	649.341	55.842	1.149	39.975	39.824
BIGSUB	1	0	10.30140E-01	21.100	0.000	49.762	40.113	621.945	46.683	2.093	38.233	41.654
BIGSUB	1	0	11.30140E-01	11.500	0.000	24.107	19.695	638.204	57.341	0.006	41.756	41.550
BIGSUB	1	0	12.30140E-01	1.100	0.000	7.215	5.541	632.864	0.000	0.000	0.326	0.538
BIGSUB	1	0	2011.30140E-01	390.400	2.200	846.067	675.228	632.864	666.414	15.610	452.090	467.700
BIGSUB	1	0	1.30140E-01	3.000	0.000	3.786	2.581	630.283	0.000	0.000	0.000	0.000
BIGSUB	1	0	2.30140E-01	2.200	0.000	7.890	5.434	696.366	42.323	0.000	9.262	8.721
BIGSUB	1	0	3.30140E-01	8.100	6.005	45.783	35.382	625.428	71.225	0.000	73.609	74.149
BIGSUB	1	0	4.30140E-01	6.900	0.000	124.663	78.400	625.656	59.295	0.000	23.342	19.118
BIGSUB	1	0	5.30140E-01	76.400	0.000	117.583	100.095	650.430	87.117	0.301	68.508	73.022
BIGSUB	1	0	6.30140E-01	58.600	0.000	127.478	110.692	643.889	163.828	9.709	105.917	110.200
BIGSUB	1	0	7.30140E-01	147.700	0.000	939.372	230.509	560.855	126.053	19.637	101.069	126.140
BIGSUB	1	0	8.30140E-01	61.800	0.000	102.285	63.900	589.332	17.264	12.280	4.776	15.830
BIGSUB	1	0	9.30140E-01	57.400	0.000	82.080	53.082	590.045	33.701	8.439	25.509	34.993
BIGSUB	1	0	10.30140E-01	20.200	0.000	51.970	32.869	579.969	35.493	1.824	25.447	27.454
BIGSUB	1	0	11.30140E-01	3.100	0.000	26.374	15.498	637.962	10.010	0.000	7.062	7.039
BIGSUB	1	0	12.30140E-01	0.700	0.000	10.434	5.841	634.345	0.000	0.000	0.036	0.059
BIGSUB	1	0	2012.30140E-01	446.100	6.005	1639.698	734.282	634.345	646.309	52.190	444.536	496.725
BIGSUB	1	0	1.30140E-01	0.000	0.000	8.759	4.809	629.537	0.000	0.000	0.000	0.000
BIGSUB	1	0	2.30140E-01	1.300	3.480	29.637	23.055	620.236	12.503	0.000	7.395	7.395
BIGSUB	1	0	3.30140E-01	0.900	0.000	91.487	65.432	590.928	78.616	0.000	53.765	53.765
BIGSUB	1	0	4.30140E-01	18.600	0.000	119.432	66.299	633.122	39.946	1.154	6.923	6.203
BIGSUB	1	0	5.30140E-01	67.600	0.000	119.726	114.732	605.490	93.954	3.620	76.551	82.025
BIGSUB	1	0	6.30140E-01	68.100	0.000	129.939	112.692	637.060	143.816	9.163	83.680	88.101
BIGSUB	1	0	7.30140E-01	74.500	0.000	99.409	73.227	634.490	132.879	1.822	109.163	115.651
BIGSUB	1	0	8.30140E-01	107.900	0.000	124.430	88.131	644.176	56.006	6.604	40.495	45.994
BIGSUB	1	0	9.30140E-01	54.900	0.000	67.817	49.741	642.218	50.426	0.150	39.580	40.660
BIGSUB	1	0	10.30140E-01	10.500	0.000	60.803	43.738	621.938	28.328	0.001	18.735	19.006
BIGSUB	1	0	11.30140E-01	6.700	0.000	20.648	14.349	638.221	51.487	0.000	36.174	35.976
BIGSUB	1	0	12.30140E-01	2.600	0.000	1.800	1.158	637.063	0.000	0.000	0.304	0.502
BIGSUB	1	0	2013.30140E-01	413.600	3.480	873.886	657.363	637.063	687.960	22.514	472.763	495.278
BIGSUB	1	0	3.0.30140E-01	416.700	3.895	1119.884	688.958	637.063	666.894	30.105	456.463	486.568

图 7-14　大峡渠灌区第一个子区域的输出结果

xygqs.sbs

27	4	1	7	0.005	74.500	65.681	69.049	634.746	141.607	151.964	9.773	0.884	0.000	0.000	20.000	1296.195	1.855	0.118
27	5	1	7	0.007	74.500	65.681	69.049	634.746	141.607	151.964	9.773	0.884	0.000	0.000	20.000	1296.203	1.855	0.117
73	6	1	7	0.001	74.500	65.276	83.539	630.055	96.699	112.801	5.975	0.677	0.000	0.000	20.000	1035.737	2.104	0.162
27	7	1	7	0.003	74.500	61.995	29.244	648.364	132.666	140.015	6.909	1.062	0.000	0.000	20.454	1347.982	4.601	0.398
73	1	1	8	0.005	107.900	94.500	94.319	643.495	81.223	79.850	3.030	0.979	0.000	0.000	20.651	1035.117	13.419	0.252
27	2	1	8	0.002	107.900	0.000	84.923	644.435	9.786	8.846	0.000	0.000	0.000	0.000	21.510	1299.557	3.502	0.495
82	3	1	8	0.005	107.900	100.049	121.598	641.240	84.556	83.876	4.769	0.925	0.000	0.000	20.505	1095.040	4.151	0.458
27	4	1	8	0.005	107.900	0.000	84.923	644.435	9.786	8.846	0.000	0.000	0.000	0.000	21.047	1296.195	3.502	0.032
27	5	1	8	0.007	107.900	0.000	84.923	644.435	9.786	8.846	0.000	0.000	0.000	0.000	21.047	1296.203	3.502	0.032
73	6	1	8	0.001	107.900	94.500	94.327	643.494	81.215	79.842	3.224	1.032	0.000	0.000	21.688	1038.961	13.418	1.598
27	7	1	8	0.003	107.900	61.342	36.068	649.108	152.873	151.011	9.087	1.263	0.000	0.000	20.000	1357.069	12.715	0.631
73	1	1	9	0.005	54.900	62.707	56.529	640.573	95.794	97.152	5.492	0.606	0.000	0.000	20.000	1040.609	0.000	0.000
27	2	1	9	0.002	54.900	0.000	47.270	644.632	7.433	8.370	0.000	0.000	0.000	0.000	20.520	1299.557	0.000	0.000
82	3	1	9	0.005	54.900	2.230	66.839	631.531	0.000	0.961	0.000	0.000	0.000	0.000	17.770	1095.040	0.000	0.000
27	4	1	9	0.005	54.900	0.000	47.270	644.632	7.433	8.370	0.000	0.000	0.000	0.000	20.057	1296.195	0.000	0.000
27	5	1	9	0.007	54.900	0.000	47.270	644.632	7.433	8.370	0.000	0.000	0.000	0.000	20.057	1296.203	0.000	0.000
73	6	1	9	0.001	54.900	62.707	56.535	640.570	95.789	97.148	5.492	0.606	0.000	0.000	20.000	1044.453	0.000	0.000
27	7	1	9	0.003	54.900	123.282	19.405	652.409	219.251	217.118	12.217	1.033	0.000	0.000	20.902	1369.285	1.892	0.586
73	1	1	10	0.005	10.500	87.582	53.641	625.013	68.087	68.102	4.490	0.454	0.000	0.000	18.852	1045.098	0.000	0.000
27	2	1	10	0.002	10.500	0.000	41.160	613.972	0.000	0.015	0.000	0.000	0.000	0.000	20.495	1299.557	0.000	0.000
82	3	1	10	0.005	10.500	99.758	59.330	622.459	67.726	67.726	4.475	0.487	0.000	0.000	7.113	1099.514	0.000	0.000
27	4	1	10	0.005	10.500	0.000	41.160	613.972	0.000	0.015	0.000	0.000	0.000	0.000	20.032	1296.195	0.000	0.000
27	5	1	10	0.007	10.500	0.000	41.160	613.972	0.000	0.015	0.000	0.000	0.000	0.000	20.032	1296.203	0.000	0.000
73	6	1	10	0.001	10.500	87.589	53.646	625.013	68.082	68.097	4.489	0.454	0.000	0.000	18.848	1048.943	0.000	0.000
27	7	1	10	0.003	10.500	0.000	10.061	648.137	4.711	9.129	0.000	0.000	0.000	0.000	20.000	1369.285	0.051	0.044
73	1	1	11	0.005	6.700	11.355	18.292	619.777	0.000	0.002	0.000	0.000	0.000	0.000	7.498	1045.098	0.000	0.000
27	2	1	11	0.002	6.700	108.193	12.662	651.203	86.907	86.393	5.279	0.111	0.000	0.000	20.000	1304.837	0.000	0.000
82	3	1	11	0.005	6.700	14.655	20.375	618.438	0.000	0.000	0.000	0.000	0.000	0.000	0.000	1099.514	0.000	0.000
27	4	1	11	0.005	6.700	108.193	12.662	651.203	86.907	86.393	5.279	0.111	0.000	0.000	20.000	1301.475	0.000	0.000
27	5	1	11	0.007	6.700	108.193	12.662	651.203	86.907	86.393	5.279	0.111	0.000	0.000	20.000	1301.483	0.000	0.000
73	6	1	11	0.001	6.700	11.357	18.293	619.776	0.000	0.002	0.000	0.000	0.000	0.000	7.494	1048.943	0.000	0.000
27	7	1	11	0.003	6.700	66.435	3.971	652.232	88.065	87.546	5.328	0.111	0.000	0.000	20.000	1374.613	0.000	0.000
73	1	1	12	0.005	2.600	0.000	0.865	618.912	0.000	0.000	0.000	0.000	0.000	0.000	7.498	1045.098	0.000	0.000
27	2	1	12	0.002	2.600	0.000	1.315	649.888	0.000	0.514	0.000	0.000	0.000	0.000	20.000	1304.837	0.000	0.000
82	3	1	12	0.005	2.600	0.000	1.278	617.160	0.000	0.000	0.000	0.000	0.000	0.000	0.000	1099.514	0.000	0.000
27	4	1	12	0.005	2.600	0.000	1.315	649.888	0.000	0.514	0.000	0.000	0.000	0.000	20.000	1301.475	0.000	0.000
27	5	1	12	0.007	2.600	0.000	1.315	649.888	0.000	0.514	0.000	0.000	0.000	0.000	20.000	1301.483	0.000	0.000
73	6	1	12	0.001	2.600	0.000	0.865	618.911	0.000	0.000	0.000	0.000	0.000	0.000	7.494	1048.943	0.000	0.000
27	7	1	12	0.003	2.600	0.000	0.900	651.332	0.000	0.519	0.000	0.000	0.000	0.000	20.000	1374.613	0.000	0.000
73	1	1	2013	0.005	413.600	880.240	705.931	618.912	641.180	641.180	30.428	4.960	0.000	0.000	7.498	1045.098	15.861	0.461
27	2	1	2013	0.002	413.600	723.584	645.938	649.888	677.454	677.454	37.875	4.774	0.000	0.000	20.000	1304.837	25.823	1.369
82	3	1	2013	0.005	413.600	952.482	807.929	617.160	616.384	616.383	31.363	6.221	0.000	0.000	0.000	1099.514	13.823	0.511
27	4	1	2013	0.005	413.600	723.584	645.938	649.888	677.454	677.454	37.875	4.774	0.000	0.000	20.000	1301.475	25.823	0.200
27	5	1	2013	0.007	413.600	723.584	645.938	649.888	677.454	677.455	37.875	4.774	0.000	0.000	20.000	1301.483	25.823	0.200
73	6	1	2013	0.001	413.600	880.252	705.965	618.911	641.152	641.152	30.621	5.012	0.000	0.000	7.494	1048.943	15.860	2.091
27	7	1	2013	0.003	413.600	745.273	369.505	651.332	938.094	938.094	51.351	7.067	0.000	0.000	20.000	1374.613	41.941	2.206

图 7-15　大峡渠灌区第一个子区域中第一个 HRU 的输出结果

物耗水量中的作用,并按照降水量占进入到田间所有水量的比例扣除降水所导致的蒸腾蒸发量。计算结果表明,大峡渠灌区平均各水文响应单元耗水系数为 0.411 ~0.699,平均耗水系数为 0.517。

大峡渠灌区 120 个斗门的耗水系数绘制如图 7-16 所示。从图 7-16 中可以看出,耗水系数曲线可大致分为 6 段,具体为子区域 1 ~25、26 ~40、41 ~60、61 ~85、86 ~100、101 ~120,每一段曲线所对应的耗水系数具有接近的耗水系数值,原因在于当子区域内的作物种植结构以及土壤特征相似时,其作物蒸发蒸腾量和下渗水量比例接近,而导致其耗水量不同的原因主要在于灌溉面积不同而需要的引水量不同。

（单位：万 m³）

表 7-12　大峡渠灌区水量平衡计算结果

斗门	总引水量	斗门引水量	进入田间水量	降水量	潜水蒸发量	蒸发蒸腾量	入渗水量	土壤含水量变化量
1	4.978	2.987	2.539	1.324	0.086	2.108	1.566	0.103
2	6.969	4.182	3.554	1.820	0.131	2.758	2.327	0.158
3	7.965	4.779	4.062	2.152	0.160	3.234	2.840	-0.020
4	5.475	3.285	2.792	1.457	0.109	2.202	1.962	-0.024
5	5.973	3.584	3.046	1.589	0.121	2.392	2.157	-0.035
6	6.471	3.883	3.300	1.688	0.126	2.423	2.259	0.180
7	7.965	4.779	4.062	2.086	0.155	3.035	2.766	0.192
8	5.475	3.285	2.792	1.523	0.104	2.207	1.872	0.132
9	5.973	3.584	3.046	1.622	0.121	2.357	2.160	0.030
10	40.819	24.492	20.818	10.859	0.805	15.785	14.418	0.669
11	31.859	19.115	16.248	8.474	0.626	12.364	11.236	0.496
12	20.410	12.246	10.409	5.396	0.400	7.795	7.164	0.446
13	30.366	18.219	15.487	8.276	0.620	11.809	11.111	0.223
14	31.362	18.817	15.994	8.342	0.623	12.005	11.130	0.578
15	39.824	23.895	20.310	10.726	0.806	15.330	14.450	0.450
16	28.375	17.025	14.471	7.614	0.571	10.919	10.212	0.383
17	18.916	11.350	9.647	5.165	0.389	7.339	6.960	0.124
18	24.890	14.934	12.694	6.620	0.494	9.523	8.854	0.443

续表 7-12

斗门	总引水量	斗门引水量	进入田间水量	降水量	潜水蒸发量	蒸发蒸腾量	入渗水量	土壤含水量变化量
19	8.961	5.376	4.570	2.383	0.179	3.412	3.197	0.165
20	42.313	25.388	21.579	11.256	0.829	16.518	14.829	0.659
21	24.392	14.635	12.440	6.620	0.499	9.394	8.941	0.226
22	25.886	15.531	13.202	7.018	0.530	9.984	9.504	0.202
23	89.106	53.464	45.444	23.770	1.634	34.243	29.284	4.053
24	25.886	15.531	13.202	6.886	0.508	10.114	9.086	0.380
25	82.635	49.581	42.144	22.114	1.643	31.940	29.388	1.287
26	35.344	21.206	18.025	8.574	0.814	11.639	14.759	−0.613
27	99.560	59.736	50.776	24.464	2.142	33.166	38.982	0.950
28	31.859	19.115	16.248	7.648	0.658	10.771	11.944	0.523
29	38.330	22.998	19.548	9.302	0.808	12.788	14.682	0.572
30	61.230	36.738	31.227	15.096	1.313	20.719	23.864	0.427
31	51.273	30.764	26.149	12.712	1.110	17.309	20.189	0.253
32	36.837	22.102	18.787	9.005	0.786	12.256	14.303	0.447
33	42.811	25.686	21.833	10.594	0.929	14.210	16.915	0.373
34	88.110	52.866	44.936	21.584	1.900	28.837	34.611	1.172
35	95.080	57.048	48.491	23.140	1.974	32.132	35.922	1.603
36	64.714	38.828	33.004	15.890	1.372	22.146	24.927	0.449

续表 7-12

斗门	总引水量	斗门引水量	进入田间水量	降水量	潜水蒸发量	蒸发蒸腾量	入渗水量	土壤含水量变化量
37	23.894	14.337	12.186	5.893	0.512	8.071	9.317	0.179
38	5.973	3.584	3.046	1.489	0.130	2.064	2.342	-0.001
39	11.947	7.168	6.093	2.846	0.246	3.874	4.461	0.358
40	17.921	10.753	9.140	4.403	0.337	7.650	6.020	-0.464
41	30.864	18.518	15.741	7.548	0.569	13.403	10.152	-0.835
42	85.124	51.074	43.413	20.393	1.526	36.575	27.238	-1.533
43	15.432	9.259	7.870	3.708	0.281	6.547	5.018	-0.268
44	38.330	22.998	19.548	9.302	0.700	16.579	12.492	-0.921
45	92.590	55.554	47.221	22.511	1.700	39.797	30.378	-2.143
46	108.520	65.112	55.345	26.119	1.961	46.720	35.023	-2.240
47	25.388	15.233	12.948	6.356	0.478	11.287	8.502	-0.963
48	31.859	19.115	16.248	7.746	0.582	13.771	10.399	-0.758
49	27.877	16.726	14.217	6.853	0.515	12.148	9.177	-0.770
50	39.824	23.895	20.310	9.634	0.726	17.155	12.963	-0.900
51	61.230	36.738	31.227	14.996	1.120	26.896	19.963	-1.756
52	54.260	32.556	27.673	13.142	0.977	23.713	17.425	-1.300
53	64.714	38.828	33.004	15.691	1.186	27.726	21.189	-1.406
54	79.648	47.789	40.620	19.531	1.484	34.302	26.538	-2.173

续表 7-12

斗门	总引水量	斗门引水量	进入田间水量	降水量	潜水蒸发量	蒸发蒸腾量	入渗水量	土壤含水量变化量
55	7.467	4.480	3.808	1.788	0.136	3.134	2.425	-0.099
56	34.348	20.609	17.517	9.997	0.712	13.963	12.655	0.184
57	53.762	32.257	27.419	15.593	1.117	21.776	19.831	0.288
58	6.969	4.182	3.554	1.986	0.143	2.742	2.598	0.057
59	15.432	9.259	7.870	4.403	0.314	6.017	5.654	0.288
60	44.802	26.881	22.849	13.242	0.943	18.479	15.963	0.706
61	55.753	33.452	28.434	16.288	1.232	22.655	20.901	-0.066
62	16.427	9.856	8.378	4.734	0.340	5.971	6.598	0.203
63	18.418	11.051	9.393	5.396	0.385	7.409	6.732	0.263
64	22.898	13.739	11.678	6.522	0.464	9.079	8.635	0.022
65	31.362	18.817	15.994	8.839	0.624	12.397	11.408	0.404
66	81.142	48.685	41.382	23.074	1.640	32.786	28.629	1.401
67	9.956	5.973	5.077	2.946	0.210	4.147	3.508	0.158
68	16.427	9.856	8.378	4.734	0.337	6.668	6.221	-0.114
69	2.489	1.493	1.269	0.762	0.054	1.061	0.887	0.029
70	16.925	10.155	8.632	4.932	0.355	6.706	6.759	-0.256
71	11.450	6.870	5.839	3.443	0.247	4.784	4.194	0.057
72	44.305	26.583	22.595	13.010	0.922	18.480	16.869	-0.666

续表 7-12

斗门	总引水量	斗门引水量	进入田间水量	降水量	潜水蒸发量	蒸发蒸腾量	入渗水量	土壤含水量变化量
73	40.819	24.492	20.818	11.785	0.840	16.463	15.316	-0.016
74	16.427	9.856	8.378	4.768	0.340	6.713	5.996	0.097
75	35.841	21.505	18.279	10.296	0.739	14.411	13.358	0.067
76	32.357	19.414	16.502	9.302	0.662	13.032	11.790	0.320
77	46.296	27.777	23.611	13.242	0.940	24.475	11.052	0.386
78	53.264	31.959	27.165	15.394	1.092	28.337	12.408	0.722
79	40.321	24.193	20.564	11.785	0.838	21.608	9.533	0.370
80	61.230	36.738	31.227	17.678	1.259	32.308	15.137	0.201
81	71.683	43.010	36.558	21.385	1.382	42.031	13.266	1.264
82	66.207	39.724	33.766	19.764	1.226	38.516	12.834	0.954
83	41.317	24.790	21.072	12.382	0.079	24.684	8.622	0.069
84	46.793	28.076	23.864	14.102	0.910	27.735	10.280	-0.959
85	84.626	50.776	43.159	25.690	1.658	50.356	17.242	-0.407
86	24.890	14.934	12.694	7.548	0.467	14.747	4.892	0.136
87	82.635	49.581	42.144	24.596	1.608	47.231	18.391	-0.490
88	27.379	16.427	13.963	8.111	0.530	15.626	5.819	0.099
89	30.864	18.518	15.741	9.170	0.600	17.633	6.490	0.188
90	18.418	11.051	9.393	5.363	0.349	10.402	3.965	0.040

续表 7-12

斗门	总引水量	斗门引水量	进入田间水量	降水量	潜水蒸发量	蒸发蒸腾量	入渗水量	土壤含水量变化量
91	96.573	57.944	49.252	28.105	1.823	55.364	19.388	0.782
92	16.427	9.856	8.378	4.834	0.310	9.668	3.109	0.125
93	13.441	8.064	6.855	4.039	0.257	8.150	2.482	0.005
94	47.789	28.673	24.372	14.400	0.916	29.211	9.232	−0.587
95	44.305	26.583	22.595	13.308	0.851	26.636	8.860	−0.444
96	39.824	23.895	20.310	12.050	0.770	24.039	7.832	−0.281
97	38.330	22.998	19.548	11.422	0.738	17.185	13.446	−0.399
98	55.753	33.452	28.434	16.453	1.064	24.708	19.239	−0.124
99	118.476	71.086	60.423	34.759	2.257	51.824	40.617	0.484
100	76.661	45.997	39.097	22.345	1.440	33.954	25.873	0.175
101	47.291	28.374	24.118	11.851	0.934	18.346	16.807	−0.118
102	112.005	67.203	57.122	28.073	2.251	42.991	40.458	−0.505
103	126.441	75.865	64.485	31.747	2.537	48.211	45.628	−0.144
104	36.339	21.803	18.533	9.236	0.740	13.952	13.323	−0.246
105	45.798	27.479	23.357	11.422	0.898	17.764	16.148	−0.031
106	62.723	37.634	31.989	15.593	1.225	24.293	22.026	0.038
107	61.230	36.738	31.227	15.294	1.196	23.990	21.512	−0.177
108	37.335	22.401	19.041	9.203	0.715	14.528	12.867	0.134
109	83.630	50.178	42.651	21.022	1.662	32.424	29.876	−0.289

续表 7-12

斗门	总引水量	斗门引水量	进入田间水量	降水量	潜水蒸发量	蒸发蒸腾量	入渗水量	土壤含水量变化量
110	41.815	25.089	21.326	10.594	0.841	16.249	15.122	-0.292
111	99.062	59.437	50.522	25.159	2.006	38.378	36.064	-0.767
112	23.396	14.038	11.932	6.025	0.456	9.096	8.183	0.222
113	84.128	50.477	42.905	21.121	1.663	32.809	29.916	-0.362
114	102.547	61.528	52.299	25.457	1.992	39.844	35.801	0.119
115	21.405	12.843	10.917	5.363	0.419	8.416	7.539	-0.094
116	12.943	7.766	6.601	3.211	0.250	5.072	4.486	0.004
117	4.978	2.987	2.539	1.225	0.097	1.886	1.742	0.039
118	8.961	5.376	4.570	2.185	0.170	3.444	3.118	0.023
119	6.969	4.182	3.554	1.722	0.134	2.729	2.399	0.014
120	13.939	8.363	7.109	3.443	0.266	5.470	4.787	0.029
合计	4 976.000	2 985.599	2 537.751	1 327.661	97.677	2 130.634	1 634.106	3.100

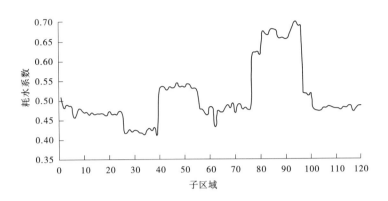

图 7-16 各子区域耗水系数

7.2.2 官亭泵站灌区模拟结果

为了对官亭泵站灌区的耗水系数进行模拟,选取位于二支渠的典型地块作为研究对象,其灌溉面积为 150 亩,主要农作物为春小麦、玉米、冬小麦,所占比例分别为 30%、60%、10%。灌溉水量按照灌溉面积分配到典型地块,其中作物生长期的灌溉水量为2.940 万 m^3,冬灌期的灌溉水量为 2.076 万 m^3。经过对民和站 1960~2014 年的气象数据进行分析,民和县 2013 年属于中水年,则官亭泵站灌区小麦灌溉定额为3 000 m^3/hm^2,玉米灌溉定额采用 1 500 m^3/hm^2;各农作物的实际灌水量依据其总的灌溉需水量比例予以分配,经过计算,春小麦的灌溉面积为 45 亩,作物生长期的灌水量为 1.259 8 万 m^3,冬灌期的灌水量为 1.038 2 万 m^3;夏玉米的灌溉面积为 90 亩,作物生长期的灌溉水量为1.259 8 万 m^3,冬灌期的灌水量为 1.038 2 万 m^3;冬小麦的灌溉面积为 15 亩,作物生长期的灌水量为 0.419 9 万 m^3。在构建作物的.mgt 文件时,按照灌溉定额比例将实际灌水量划分到每次灌水期间。

由于官亭泵站灌区典型地块包气带厚度达 70 m 之多,因此入渗地下水短时间内很难以基流的形式补给河流。由于在监测期内未观察到地下水补给河水的情况,因此在以年为单位进行模拟时,基流回归系数取 0。值得注意的是,基流回归系数的选取应建立在对河流观测数据的基础上。

基于以上分析,官亭泵站灌区典型地块共设置 3 个 HRU。其中,每个 HRU 对一种作物进行模拟;SWAT 模型需要的全部输入文件构建完成后,将其放入主程序文件下,即可运行 Visual Fortran,得到其计算结果如表 7-13 所示。由表 7-13 可以看出,典型地块的引水量为 5.016 万 m^3,降水量为 2.811 万 m^3,作物的蒸发蒸腾量为 7.185 万 m^3,而入渗水量仅为 0.589 万 m^3,这是由于作物根系层较厚,因此通过作物根系层的水量较少。其中,在模拟期末,土壤蓄水变化量为 0.053 万 m^3。由此可计算官亭泵站灌区的耗水系数为0.918,深层渗漏系数为 0.075,该值要显著高于大峡渠灌区。

表 7-13　官亭泵站灌区典型地块水量平衡要素　　　　（单位:万 m³）

引水量	降水量	潜水蒸发量	蒸发蒸腾量	入渗水量	土壤蓄水变化量
5.016	2.811	0	7.185	0.589	0.053

7.3　典型灌区 VSMB 模型构建

7.3.1　程序流程

VSMB 模型输入、输出流程见图 7-17。

7.3.2　输入文件

输入文件包括控制文件、气象数据日值降水文件和 Z 值文件。

控制文件由 10 个参数记录构成。这些参数必须以同样的顺序排列在这个文件中,以保证程序的成功运行,分别是注释行、常规信息、土层的说明、土壤剖面特性记录、设定时期和排水参数、作物系数 k、阶段日期或积温、操作结束日期、冬季预算、气象参数文件和水位等。

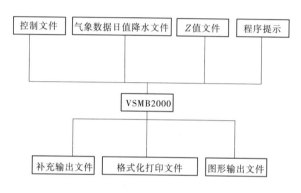

图 7-17　VSMB 模型输入、输出流程

VSMB 模型中需要土壤干容重、孔隙度、饱和导水率、饱和含水量、田间持水量、凋萎系数、植被根系吸水系数等作为模型率定参数。为此,本书模拟中测定了大峡渠灌区等典型地块不同深度土壤的干容重、孔隙度、饱和含水量、田间持水量等参数。在 2013～2014 年,分别对典型灌区土壤剖面含水量观测点分 10 cm、30 cm、50 cm、70 cm 深度进行观测,周期为 1 次/d。

VSMB 模型需要输入的气象数据包括日最高气温、日最低气温、日降水量和日潜在蒸散发量,其中日潜在蒸散发量可以直接运用气象站观测的水面蒸发量,也可用不同公式计算的潜在蒸散发量。本书中应用 Penman-Monteith 公式计算结果作为模型输入的潜在蒸散发量。植被根系吸水系数是模型模拟过程中反映植被蒸腾量的大小和其在土壤剖面中分布规律的主要参数之一,本书中涉及大蒜、小麦、玉米和油菜作物的根系分布密度参考相关文献确定。

本书常规地面观测气象数据来源于中国气象科学数据共享服务网,土壤水分数据、地下水位数据和典型地块的净灌溉引水量均来自观测资料。在气象数据来源方面,格尔木灌区为格尔木气象站地面观测资料,德令哈灌区为德令哈气象站地面观测资料,香日德灌区为都兰气象站地面观测资料,西河灌区为贵德气象站地面观测资料,黄丰渠灌区为贵德气象站观测资料。数据序列均为 2014 年 1 月 1 日至 12 月 31 日。

大峡渠灌区设有 5 个地下水位观测井,间断性地进行了地下水位和湟水水位观测。水位观测时间为 2013 年 3~4 月及 8~9 月部分时段,观测周期为 1~3 次/d,经平均后得出每天水位作为模拟参照。

根据所收集的资料,大峡渠灌区以地下水位为模拟参照进行参数率定,官亭泵站灌区为高抽灌区,无地下水位观测资料,故以剖面土壤水分为模拟参照进行参数率定。

7.3.3　土壤基本物理性质测定

在礼让渠、大峡渠、官亭泵站三个灌区典型地块内,用 100 cm³ 标准环刀采集原状土。测定时间为 2014 年 10 月中旬。试验具体步骤如下。

7.3.3.1　称取鲜重

把带回的环刀下盖(带网孔端)打开,放入滤纸,盖好后立即称重(m_1)。

7.3.3.2　浸泡称重

取下环刀上盖,将环刀带网孔端放入水盆中,盆中水层高度至环刀上沿(不淹没),吸水 12 h 后取出环刀,盖好上盖,擦净水分,立即称重(m_2)。

7.3.3.3　干砂渗透

平底盘内铺入干砂,称重后立即将环刀(网孔端向下)放入平底盘,渗透 12 h 后立即称重(m_3)。

7.3.3.4　滤纸渗透

平底盘内铺入滤纸,称重后立即将环刀(网孔端向下)放入平底盘,渗透 12 h 后立即称重(m_4)。

7.3.3.5　烘干称重

将称重后的环刀上盖打开,放入 105 ℃ 烘箱内烘烤 24 h,盖好上盖,立即称重(m_5)。取出土样,称取带滤纸环刀重(m_6)。

7.3.4　输出文件

输出文件包括格式化打印文件、图形输出文件、补充输出文件等。

7.4　VSMB 模型应用结果分析

7.4.1　礼让渠灌区模拟结果

经模拟,礼让渠灌区典型地块在 2013 年降水量 413.1 mm,净灌溉水量 568 mm,实际蒸散发量 847.5 mm,深层渗漏(补给地下水)量 139.5 mm。可认为净灌溉水量中有 86.3% 消耗于蒸发蒸腾,14.2% 渗漏进入地下水并最终回归地表水体(河流)。模拟结果 RMSE 为 3.28 mm,具有较高的代表性。模拟结果见图 7-18、图 7-19。礼让渠灌区典型地块 2013 年 1 月 1 日至 12 月 31 日模拟结果见表 7-14。

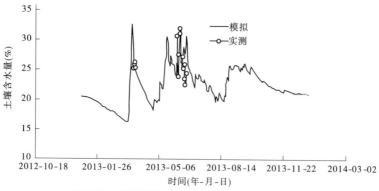

图 7-18　礼让渠灌区典型地块土壤水分变化过程

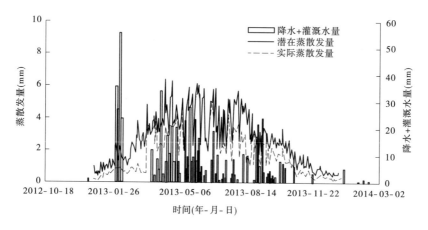

图 7-19　礼让渠灌区典型地块降水、灌溉水量和蒸散发量变化过程

表 7-14　礼让渠灌区典型地块 2013 年 1 月 1 日至 12 月 31 日模拟结果

月份	降水 + 灌溉水量（mm）	潜在蒸散发量（mm）	实际蒸散发量（mm）	地表径流量（mm）	深层渗漏量（mm）	可利用水量（%）	模拟土壤含水量（%）
1	0	28.8	16.3	0	0	60.0	20.6
2	1.3	42.8	25.2	0	0	46.0	18.2
3	207.2	90.2	66.1	0	25.0	57.0	20.4
4	18.6	114.2	84.6	0	0	64.1	20.9
5	245.1	119.9	140.8	0	24.4	83.5	24.2
6	252.3	130.5	158.4	0	44.2	94.8	26.3
7	74.5	108.5	114.2	0	0	76.9	22.7
8	107.9	127.0	91.8	0	0	69.2	21.6
9	54.9	75.7	69.1	0	0	94.4	25.3
10	10.5	63.1	50.6	0	0	82.7	23.6
11	6.7	31.0	19.2	0	0	69.8	21.7
12	2.6	19.3	11.2	0	0	66.0	21.1
合计	981.6	951.0	847.5	0	93.6		

7.4.2　大峡渠灌区典型地块模拟结果

大峡渠灌区引退水资料主要为 3 月、4 月和 8 月、9 月资料,故对大峡渠灌区典型地块分为 2013 年 3 月 1 日至 4 月 30 日和 8 月 1 日至 9 月 30 日两个时段进行模拟。经模型参数率定,大峡渠灌区典型地块 2013 年 3 月 1 日至 4 月 30 日模拟结果如图 7-20 和表 7-15 所示。

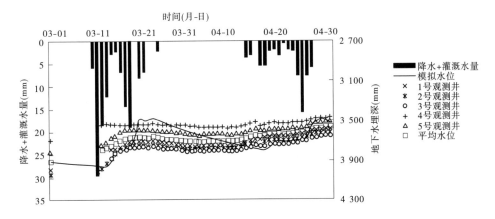

图 7-20　大峡渠灌区典型地块 2013 年 3 月 1 日至 4 月 30 日模拟结果

由表 7-15 和图 7-20 可知,在 2013 年 3～4 月,大峡渠灌区典型地块无降水,灌溉水量为 193.6 mm,潜在蒸散发量为 231.5 mm。经模拟,大峡渠灌区 2013 年 3 月 1 日至 4 月 30 日实际蒸散发量为 89.9 mm,渗漏水量为 58.7 mm,即通过土壤蒸发和作物蒸腾消耗水量占灌溉和降水总量的 46.4%,渗漏水量占 30.3%。

第二时段,即 2013 年 8 月 1 日至 9 月 30 日模拟结果如表 7-16 和图 7-21 所示。

表 7-15　大峡渠灌区典型地块 2013 年 3 月 1 日至 4 月 30 日模拟结果

时间 (年-月-日)	降水量 (mm)	灌溉 水量 (mm)	潜在蒸 散发量 (mm)	实际蒸 散发量 (mm)	地表 径流量 (mm)	地表 积水量 (mm)	渗漏水量 (mm)	剖面平均 土壤含水 量(%)	模拟地下 水位 (mm)
2013-03-01	0	0	2.2	2.2	0	0	0.4	30.2	3 905
2013-03-02	0	0	2.1	2.1	0	0	0.4	30.1	3 911
2013-03-03	0	0	2.5	2.6	0	0	0.4	30.0	3 915
2013-03-04	0	0	3.0	3.1	0	0	0.3	29.9	3 920
2013-03-05	0	0	3.8	4.0	0	0	0.3	29.8	3 925
2013-03-06	0	0	3.3	3.5	0	0	0.3	29.6	3 929
2013-03-07	0	0	4.4	4.8	0	0	0.3	29.5	3 934
2013-03-08	0	0	4.1	4.5	0	0	0.3	29.3	3 938
2013-03-09	0	0	2.8	1.7	0	0	0.3	29.3	3 942
2013-03-10	0	5.8	2.8	1.5	0	0	0.3	29.4	3 945

续表 7-15

时间 （年-月-日）	降水量 （mm）	灌溉 水量 （mm）	潜在蒸 散发量 （mm）	实际蒸 散发量 （mm）	地表 径流量 （mm）	地表 积水量 （mm）	渗漏水量 （mm）	剖面平均 土壤 含水量 （%）	模拟地下 水位 （mm）
2013-03-11	0	29.5	2.2	2.2	0	0	0.3	30.4	3 949
2013-03-12	0	18.4	2.4	2.4	0	0	0.3	30.9	3 953
2013-03-13	0	12.1	2.9	2.9	0	0	0.2	31.2	3 956
2013-03-14	0	2.7	3.4	2.7	0	0	0.2	31.1	3 890
2013-03-15	0	2.2	3.6	2.7	0	0	0.4	30.7	3 775
2013-03-16	0	6.7	2.9	2.9	0	0	0.8	30.9	3 785
2013-03-17	0	14.3	3.2	3.2	0	0	0.7	31.2	3 794
2013-03-18	0	18.8	3.4	3.4	0	0	0.7	31.6	3 760
2013-03-19	0	0	3.6	2.0	0	0	0.8	31.2	3 636
2013-03-20	0	8.1	3.5	3.3	0	0	1.2	30.8	3 480
2013-03-21	0	6.7	4.9	3.9	0	0	1.8	30.9	3 499
2013-03-22	0	0	3.1	1.3	0	0	1.7	30.8	3 488
2013-03-23	0	0	4.2	1.6	0	0	1.7	30.6	3 476
2013-03-24	0	2.2	3.9	1.3	0	0	1.8	30.7	3 495
2013-03-25	0	0	3.1	0.9	0	0	1.7	30.6	3 513
2013-03-26	0	0	3.4	0.8	0	0	1.7	30.6	3 531
2013-03-27	0	0	3.9	0.8	0	0	1.6	30.6	3 548
2013-03-28	0	0	3.8	0.6	0	0	1.5	30.6	3 565
2013-03-29	0	0	3.9	0.5	0	0	1.5	30.5	3 581
2013-03-30	0	0	4.1	0.3	0	0	1.4	30.5	3 597
2013-03-31	0	0	5.0	0.2	0	0	1.4	30.5	3 612
2013-04-01	0	0	3.2	0	0	0	1.3	30.5	3 627
2013-04-02	0	0	3.5	0	0	0	1.2	30.5	3 642
2013-04-03	0	0	5.2	0	0	0	1.2	30.5	3 656
2013-04-04	0	0	3.4	0	0	0	1.2	30.5	3 670
2013-04-05	0	0	2.2	0	0	0	1.1	30.5	3 683
2013-04-06	0	0	3.5	0	0	0	1.1	30.5	3 696
2013-04-07	0	0	4.2	0	0	0	1.0	30.5	3 708
2013-04-08	0	0	3.4	0	0	0	1.0	30.5	3 720
2013-04-09	0	0	3.7	0	0	0	0.9	30.5	3 732
2013-04-10	0	0	3.8	0	0	0	0.9	30.5	3 743
2013-04-11	0	0	4.0	0	0	0	0.9	30.5	3 754
2013-04-12	0	3.6	3.8	0	0	0	0.8	30.6	3 764

续表 7-15

时间 （年-月-日）	降水量 （mm）	灌溉 水量 （mm）	潜在蒸 散发量 （mm）	实际蒸 散发量 （mm）	地表 径流量 （mm）	地表 积水量 （mm）	渗漏水量 （mm）	剖面平均 土壤 含水量 （%）	模拟地下 水位 （mm）
2013-04-13	0	3.1	4.5	0.3	0	0	0.8	30.7	3 775
2013-04-14	0	0.4	4.9	0.1	0	0	0.8	30.8	3 784
2013-04-15	0	5.4	4.3	1.9	0	0	0.7	30.9	3 790
2013-04-16	0	5.4	4.9	1.9	0	0	0.7	31.0	3 795
2013-04-17	0	2.2	6.5	0.6	0	0	0.7	30.9	3 759
2013-04-18	0	1.8	4.8	0.4	0	0	0.8	30.8	3 726
2013-04-19	0	3.1	4.5	0.9	0	0	0.9	30.9	3 717
2013-04-20	0	0.4	4.4	0.1	0	0	1.0	30.8	3 712
2013-04-21	0	1.8	4.1	0.4	0	0	1.0	30.8	3 697
2013-04-22	0	2.2	3.8	0.6	0	0	1.0	30.8	3 705
2013-04-23	0	7.6	4.1	3.0	0	0	1.0	30.9	3 701
2013-04-24	0	15.7	4.7	4.7	0	0	1.0	31.3	3 693
2013-04-25	0	7.6	5.5	3.0	0	0	1.0	31.3	3 651
2013-04-26	0	5.8	5.9	2.1	0	0	1.2	31.0	3 540
2013-04-27	0	0	6.6	0	0	0	1.6	30.9	3 507
2013-04-28	0	0	3.0	0	0	0	1.7	30.7	3 486
2013-04-29	0	0	1.8	0	0	0	1.8	30.7	3 504
2013-04-30	0	0	3.9	0	0	0	1.7	30.7	3 522
合计	0	193.6	231.5	89.9	0	0	58.7		

表 7-16　大峡渠灌区典型地块 2013 年 8 月 1 日至 9 月 30 日模拟结果

时间 （年-月-日）	降水量 （mm）	灌溉 水量 （mm）	潜在蒸 散发量 （mm）	实际蒸 散发量 （mm）	地表 径流量 （mm）	地表 积水量 （mm）	渗漏水量 （mm）	剖面平均 土壤 含水量 （%）	模拟地下 水位 （mm）
2013-08-01	0	0	5.2	0	0	0	1.0	30.7	3 420
2013-08-02	0	0	5.5	0	0	0	1.0	30.7	3 440
2013-08-03	0	0	5.6	0	0	0	1.0	30.7	3 460
2013-08-04	0	0	6.9	0	0	0	0.9	30.7	3 479
2013-08-05	0	0	6.3	0	0	0	0.9	30.7	3 497

续表 7-16

时间 （年-月-日）	降水量 （mm）	灌溉 水量 （mm）	潜在蒸 散发量 （mm）	实际蒸 散发量 （mm）	地表 径流量 （mm）	地表 积水量 （mm）	渗漏水量 （mm）	剖面平均 土壤 含水量 （%）	模拟地下 水位 （mm）
2013-08-06	10.6	0	3.0	3.0	0	0	0.8	31.0	3 515
2013-08-07	0.4	0	4.2	0.1	0	0	0.8	31.0	3 533
2013-08-08	0	0	5.1	0	0	0	0.8	30.7	3 392
2013-08-09	0	0	5.7	0	0	0	1.0	30.7	3 406
2013-08-10	0.2	0	3.8	0	0	0	1.0	30.7	3 426
2013-08-11	0	0	4.8	0	0	0	1.0	30.7	3 446
2013-08-12	0	0	5.1	0	0	0	0.9	30.7	3 462
2013-08-13	0	0	5.3	0	0	0	0.9	30.7	3 481
2013-08-14	0	0	5.3	0	0	0	0.9	30.7	3 499
2013-08-15	0	0	5.4	0	0	0	0.8	30.7	3 518
2013-08-16	0	0	4.7	0	0	0	0.8	30.7	3 535
2013-08-17	0	0	3.9	0	0	0	0.8	30.7	3 552
2013-08-18	0	0	4.3	0	0	0	0.7	30.7	3 569
2013-08-19	5.0	0	4.5	1.7	0	0	0.7	30.8	3 585
2013-08-20	0	3.1	4.5	0.9	0	0	0.7	30.9	3 601
2013-08-21	0	0	4.8	0	0	0	0.7	30.8	3 542
2013-08-22	0	13.0	2.9	2.9	0	0	0.8	31.1	3 511
2013-08-23	1.4	5.8	3.3	2.8	0	0	0.8	31.2	3 528
2013-08-24	5	0	2.5	1.7	0	0	0.8	31.0	3 342
2013-08-25	0	0	4.7	0	0	0	1.2	30.8	3 284
2013-08-26	11.0	5.4	4.6	4.6	0	0	1.3	31.1	3 250
2013-08-27	8.6	0	2.1	2.1	0	0	1.4	31.4	3 273
2013-08-28	0.2	0	3.0	0	0	0	1.3	31.0	3 117
2013-08-29	0	0	3.7	0	0	0	1.7	30.7	3 060
2013-08-30	0	0	3.8	0	0	0	1.9	30.7	3 080
2013-08-31	0	0	3.6	0	0	0	1.8	30.7	3 102
2013-09-01	7.8	0	2.1	2.1	0	0	1.8	30.9	3 125
2013-09-02	0	0	3.8	0	0	0	1.7	30.9	3 148
2013-09-03	2.2	0	2.1	0.6	0	0	1.6	30.8	3 095

续表 7-16

时间 （年-月-日）	降水量 （mm）	灌溉 水量 （mm）	潜在蒸 散发量 （mm）	实际蒸 散发量 （mm）	地表 径流量 （mm）	地表 积水量 （mm）	渗漏水量 （mm）	剖面平均 土壤 含水量 （%）	模拟地下 水位 （mm）
2013-09-04	1.4	0	1.8	0.3	0	0	1.8	30.8	3 117
2013-09-05	0	0	2.3	0	0	0	1.7	30.8	3 119
2013-09-06	0	0	3.1	0	0	0	1.7	30.7	3 127
2013-09-07	12.0	0	1.6	1.6	0	0	1.7	31.1	3 150
2013-09-08	1.0	0	3.9	0.2	0	0	1.6	31.1	3 173
2013-09-09	0.4	0	3.2	0.1	0	0	1.6	30.8	3 060
2013-09-10	0.8	0	3.0	0.1	0	0	1.9	30.8	3 073
2013-09-11	0	0	3.7	0	0	0	1.9	30.8	3 091
2013-09-12	0	0	3.8	0	0	0	1.8	30.7	3 105
2013-09-13	0	0	4.4	0	0	0	1.8	30.7	3 128
2013-09-14	0	0	3.9	0	0	0	1.7	30.7	3 150
2013-09-15	0.2	0	2.0	0	0	0	1.6	30.7	3 173
2013-09-16	0.2	0	3.5	0	0	0	1.6	30.7	3 196
2013-09-17	0.2	0	2.9	0	0	0	1.5	30.7	3 216
2013-09-18	0.2	0	2.1	0	0	0	1.4	30.7	3 236
2013-09-19	0.6	0	1.7	0.1	0	0	1.4	30.8	3 256
2013-09-20	3.0	0	2.5	0.9	0	0	1.3	30.8	3 276
2013-09-21	0	0	3.1	0	0	0	1.3	30.8	3 290
2013-09-22	0	0	3.3	0	0	0	1.3	30.7	3 275
2013-09-23	0	0	3.7	0	0	0	1.3	30.7	3 297
2013-09-24	0	0	3.3	0	0	0	1.3	30.7	3 319
2013-09-25	0	0	2.9	0	0	0	1.2	30.7	3 341
2013-09-26	0	0	2.7	0	0	0	1.2	30.7	3 362
2013-09-27	0	0	3.1	0	0	0	1.1	30.7	3 384
2013-09-28	0	0	3.8	0	0	0	1.1	30.7	3 404
2013-09-29	23.6	0	2.9	2.9	1.4	2.5	1.0	31.3	3 424
2013-09-30	2.2	0	2.2	1.6	0	0	1.0	31.4	3 444
合计	98.2	27.3	226.5	30.3	1.4	2.5	76.0		

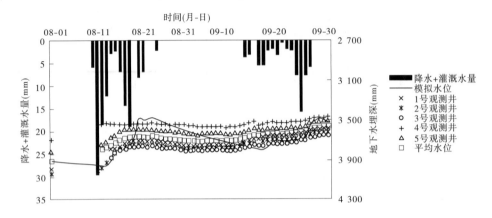

图 7-21　大峡渠灌区典型地块 2013 年 8 月 1 日至 9 月 30 日模拟结果

由表 7-16 和图 7-21 可知,在 2013 年 8 月 1 日至 9 月 30 日,大峡渠灌区典型地块降水量为 98.2 mm,灌溉水量为 27.3 mm,潜在蒸散发量为 226.5 mm。经模拟,大峡渠灌区典型地块 8 月、9 月实际蒸散发量为 30.3 mm,渗漏水量为 76.0 mm,即实际蒸散发量占灌溉和降水总量的 24.1%。

大峡渠灌区两个时段地下水埋深的模拟值与观测值如表 7-17 所示。经计算,2013 年 3 月、4 月模拟均方根误差 $RMSE = 92.3$ mm,8 月、9 月模拟均方根误差 $RMSE = 27.7$ mm,说明结果具有一定的可信度。

表 7-17　大峡渠灌区典型地块地下水埋深模拟值与观测值对比　　　（单位:mm）

时间 （年-月-日）	模拟埋深	1 号观测井	2 号观测井	3 号观测井	4 号观测井	5 号观测井	平均埋深
2013-03-01	3 905	4 000	4 040	4 035	3 705	3 815	3 919
2013-03-11	3 949	3 737	4 023	4 010	3 600	3 800	3 834
2013-03-12	3 953	3 757	3 973	3 967	3 540	3 747	3 797
2013-03-13	3 956	3 780	3 930	3 923	3 537	3 720	3 778
2013-03-14	3 890	3 790	3 887	3 893	3 543	3 667	3 756
2013-03-15	3 775	3 790	3 823	3 837	3 543	3 650	3 729
2013-03-16	3 785	3 777	3 787	3 803	3 547	3 617	3 706
2013-03-17	3 794	3 740	3 773	3 783	3 550	3 593	3 688
2013-03-18	3 760	3 720	3 753	3 770	3 540	3 593	3 675
2013-03-19	3 636	3 710	3 750	3 770	3 540	3 590	3 672
2013-03-20	3 480	3 710	3 753	3 763	3 540	3 590	3 671
2013-03-21	3 499	3 710	3 760	3 760	3 540	3 590	3 672
2013-03-22	3 488	3 720	3 770	3 770	3 540	3 600	3 680

续表 7-17

时间 （年-月-日）	模拟埋深	1 号观测井	2 号观测井	3 号观测井	4 号观测井	5 号观测井	平均埋深
2013-03-23	3 476	3 710	3 750	3 750	3 530	3 590	3 666
2013-03-24	3 495	3 710	3 760	3 770	3 540	3 600	3 676
2013-03-25	3 513	3 720	3 770	3 780	3 550	3 610	3 686
2013-03-26	3 531	3 730	3 770	3 780	3 550	3 610	3 688
2013-03-27	3 548	3 730	3 780	3 780	3 560	3 610	3 692
2013-03-28	3 565	3 750	3 780	3 790	3 550	3 620	3 698
2013-03-29	3 581	3 750	3 790	3 800	3 550	3 620	3 702
2013-03-30	3 597	3 760	3 800	3 810	3 550	3 630	3 710
2013-03-31	3 612	3 760	3 790	3 810	3 560	3 640	3 712
2013-04-01	3 627	3 770	3 790	3 810	3 560	3 640	3 714
2013-04-02	3 642	3 770	3 790	3 810	3 570	3 650	3 718
2013-04-03	3 656	3 760	3 790	3 810	3 570	3 630	3 712
2013-04-04	3 670	3 750	3 780	3 800	3 570	3 630	3 706
2013-04-05	3 683	3 750	3 780	3 800	3 570	3 630	3 706
2013-04-06	3 696	3 750	3 780	3 800	3 570	3 630	3 706
2013-04-07	3 708	3 750	3 780	3 800	3 570	3 630	3 706
2013-04-08	3 720	3 760	3 790	3 810	3 580	3 640	3 716
2013-04-09	3 732	3 750	3 780	3 800	3 570	3 640	3 708
2013-04-10	3 743	3 750	3 780	3 800	3 570	3 630	3 706
2013-04-11	3 754	3 740	3 770	3 790	3 560	3 630	3 698
2013-04-12	3 764	3 730	3 760	3 780	3 550	3 620	3 688
2013-04-13	3 775	3 710	3 740	3 760	3 530	3 600	3 668
2013-04-14	3 784	3 690	3 740	3 740	3 520	3 580	3 654
2013-04-15	3 790	3 687	3 687	3 760	3 560	3 600	3 659
2013-04-16	3 795	3 677	3 717	3 757	3 547	3 597	3 659
2013-04-17	3 759	3 657	3 700	3 740	3 530	3 580	3 641
2013-04-18	3 726	3 650	3 690	3 730	3 520	3 580	3 634
2013-04-19	3 717	3 660	3 700	3 740	3 530	3 580	3 642
2013-04-20	3 712	3 660	3 700	3 740	3 530	3 580	3 642
2013-04-21	3 697	3 660	3 700	3 740	3 530	3 580	3 642
2013-04-22	3 705	3 650	3 690	3 730	3 520	3 570	3 632

续表 7-17

时间 （年-月-日）	模拟埋深	1号观测井	2号观测井	3号观测井	4号观测井	5号观测井	平均埋深
2013-04-23	3 701	3 640	3 690	3 730	3 520	3 580	3 632
2013-04-24	3 693	3 630	3 680	3 710	3 520	3 570	3 622
2013-04-25	3 651	3 630	3 670	3 700	3 510	3 560	3 614
2013-04-26	3 540	3 610	3 640	3 680	3 490	3 530	3 590
2013-04-27	3 507	3 600	3 630	3 670	3 480	3 520	3 580
2013-04-28	3 486	3 600	3 630	3 670	3 480	3 520	3 580
2013-04-29	3 504	3 590	3 620	3 660	3 480	3 510	3 572
2013-04-30	3 522	3 590	3 620	3 660	3 470	3 510	3 570
2013-08-02	3 440	3 530	3 583	3 647	3 433	3 517	3 542
2013-08-21	3 542	3 550	3 590	3 640	3 420	3 500	3 540
2013-08-22	3 511	3 550	3 595	3 620	3 320	3 480	3 513
2013-08-23	3 528	3 460	3 500	3 530	3 250	3 340	3 416
2013-08-24	3 342	3 390	3 430	3 450	3 170	3 250	3 338
2013-08-25	3 284	3 290	3 340	3 360	3 100	3 160	3 250
2013-08-26	3 250	3 280	3 330	3 360	3 130	3 190	3 258
2013-08-27	3 273	3 280	3 340	3 350	3 180	3 100	3 250
2013-08-28	3 117	3 180	3 240	3 230	3 010	2 900	3 112
2013-08-29	3 060	3 130	3 190	3 190	3 000	2 930	3 088
2013-08-30	3 080	3 120	3 190	3 200	2 970	3 040	3 104
2013-08-31	3 102	3 140	3 200	3 200	2 940	3 030	3 102
2013-09-01	3 125	3 140	3 190	3 210	2 990	3 050	3 116
2013-09-02	3 148	3 150	3 190	3 220	2 980	3 060	3 120
2013-09-03	3 095	3 150	3 190	3 250	3 010	3 050	3 130

　　大峡渠灌区典型地块2013年1~12月模拟结果见表7-18。可认为净灌溉水量中有63.2%消耗于蒸发蒸腾。

表 7-18 大峡渠灌区 2013 年 1~12 月模拟结果

月份	降水+灌溉水量(mm)	潜在蒸散发量(mm)	实际蒸散发量(mm)	地表径流量(mm)	深层渗漏量(mm)	可利用水量(%)	模拟土壤含水量(%)
1	0	21.0	5.5	0	5.8	23.0	41.3
2	0	33.0	13.2	0	4.5	20.9	40.0
3	195.0	91.0	63.7	0	4.3	26.7	38.1
4	94.0	111.0	62.9	0	4.6	27.4	36.0
5	33.0	121.0	52.0	0	3.5	28.5	35.8
6	35.0	132.0	34.4	0	3.5	27.3	36.4
7	62.0	103.0	30.5	0	3.2	29.7	36.8
8	81.0	123.0	42.8	0	3.3	30.1	36.4
9	51.0	74.0	24.8	0	3.2	30.2	34.7
10	0	62.0	18.4	0	1.5	29.2	34.8
11	0	21.0	6.3	0	12.0	27.8	35.5
12	0	9.0	1.9	0	9.4	27.2	36.1
合计	551.0	901.0	356.4	0	58.8		

7.4.3 官亭泵站灌区典型地块模拟结果

官亭泵站灌区观测点分别为 GT - TR1 和 GT - TR2,其中 GT - TR1 种植作物为玉米,GT - TR2 种植作物为油菜,均为当地种植的主要农作物,故具有一定的代表性。

官亭泵站灌区 GT - TR1 号点 2013 年模拟结果月值如表 7-19 和图 7-22 所示。

表 7-19 官亭泵站灌区 GT - TR1 号点模拟结果

月份	降水量(mm)	灌溉水量(mm)	潜在蒸散发量(mm)	实际蒸散发量(mm)	地表径流量(mm)	地表积水量(mm)	渗漏水量(mm)	剖面平均土壤含水量(%)	实测剖面平均土壤水分(%)
1	1.3	0	67.8	7.5	0	0	0	29.5	
2	3.6	0	95.4	28.6	0	0	0	27.5	
3	0	0	210.8	13.4	0	0	0	24.4	
4	23.2	0	252.2	22.5	0	0	0	23.3	21.9
5	24.2	74.2	269.2	94.3	0.5	0	14.9	25.4	26.9
6	22.2	30.0	287.3	75.9	0	0	0	21.8	
7	85.0	52.0	231.0	135.2	0	0	0	22.2	
8	101.4	0	280.0	109.2	0	0	0	18.2	
9	42.6	0	176.8	58.2	0	0	0	16.6	
10	10.5	0	149.2	30.8	0	0	0	13.8	
11	4.9	87.8	73.8	31.7	0	0	0	18.0	22.2
12	1.2	0	49.6	25.3	0	0	0	19.6	
合计	320.1	244.0	2143.1	632.6	0.5	0.0	14.9		

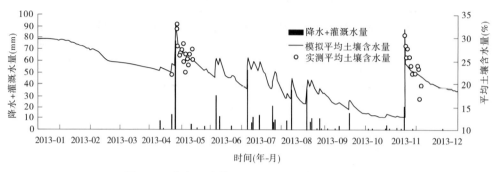

图 7-22　官亭泵站灌区 GT – TR1 号点模拟结果

　　由表 7-19 和图 7-22 可知,在 2013 年 GT – TR1 号点上,官亭泵站灌区在降水量为 320.1 mm 的情况下,灌溉水量为 244.0 mm,年潜在蒸散发量为 2 143.1 mm。经模拟,官亭泵站灌区 GT – TR1 号点年实际蒸散发量为 632.6 mm,渗漏水量仅为 14.9 mm,即渗漏水量占灌溉和降水总量的 2.6%,说明水分渗漏微弱。

　　为分析模拟精度,列出模拟土壤剖面平均含水量与观测的剖面平均含水量。经计算,模拟均方根误差 $RMSE$ = 2.04%,说明结果具有一定的可信度。

　　官亭泵站灌区 GT – TR2 号点模拟方法与 GT – TR1 号点相同,2013 年模拟结果月值如表 7-20 和图 7-23 所示。

表 7-20　官亭泵站灌区 GT – TR2 号点模拟结果

月份	降水量 (mm)	灌溉水量 (mm)	潜在蒸散 发量 (mm)	实际蒸散 发量 (mm)	地表 径流量 (mm)	地表 积水量 (mm)	渗漏水量 (mm)	剖面平均 土壤含水 量(%)	实测剖面 平均土壤 水分(%)
1	1.3	0	67.8	13.8	0	0	0	29.2	
2	3.6	0	95.4	31.6	0	0	0	25.7	
3	0	0	210.8	16.3	0	0	0	23.0	
4	23.2	0	252.2	16.1	0	0	0	22.3	
5	24.2	74.2	269.2	99.3	0	0	6.7	24.3	19.8
6	22.2	120.0	287.3	146.4	0	0	0	23.5	
7	85.0	0	231.0	102.1	0	0	0	21.0	
8	101.4	0	280.0	105.3	0	0	0	19.1	
9	42.6	0	176.8	43.7	0	0	0	17.7	
10	10.5	0	149.2	18.5	0	0	0	17.0	
11	4.9	47.8	73.8	33.3	0	0	0	18.9	20.6
12	1.2	0	49.6	20.5	0	0	0	18.3	15.3
合计	320.1	242.0	2 143.1	646.9	0	0	6.7		

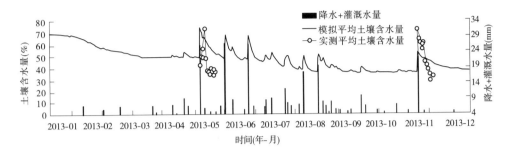

图 7-23　官亭泵站灌区 GT－TR2 号点模拟结果

由表 7-20 和图 7-23 可知,在 2013 年 GT－TR2 号点上,官亭泵站灌区在降水量为 320.1 mm 的情况下,灌溉水量为 242.0 mm,年潜在蒸散发量为 2 143.1 mm。经模拟,官亭泵站灌区 GT－TR2 号点年实际蒸散发量为 646.9 mm,渗漏水量仅为 6.7 mm,即渗漏水量占灌溉和降水总量的 1.2%,说明水分渗漏量极其微弱。

为分析模拟精度,列出了模拟的土壤剖面平均含水量与观测的剖面平均含水量。经计算,模拟均方根误差 $RMSE = 5.81\%$,98.1% 的净灌溉水量消耗于蒸发蒸腾。

7.4.4　西河灌区典型地块模拟结果

经模拟,在 2014 年,西河灌区降水量 280.8 mm,典型地块灌溉水量 559.8 mm,实际蒸散发量 791.1 mm。模拟结果见表 7-21、图 7-24、图 7-25。

表 7-21　西河灌区典型地块 2014 年 1～12 月模拟结果

月份	降水 + 灌溉水量（mm）	潜在蒸散发量（mm）	实际蒸散发量（mm）	地表径流量（mm）	深层渗漏量（mm）	可利用水量（%）	模拟土壤含水量（%）
1	0	57.0	4.5	0	2.6	7.5	22.8
2	0.7	56.5	3.8	0	3.5	6.3	21.6
3	1.3	109.6	15.7	0	5.9	4.4	20.9
4	165.0	116.7	109.6	0	5.2	12.5	24.1
5	106.5	144.3	123.4	0	9.6	13.0	24.3
6	175.0	126.5	105.4	0	8.6	22.8	28.2
7	28.9	160.1	61.5	0	4.3	17.2	26.0
8	32.7	123.1	60.9	0	4.3	11.1	23.6
9	57.8	91.1	57.1	0	4.2	7.2	22.0
10	209.4	73.1	141.5	0	1.5	26.7	29.8
11	63.3	48.2	68.7	0	0	17.7	26.2
12	0	43.5	39.0	0	0	11.2	23.6
合计	840.6	1 149.7	791.1	0	49.7		

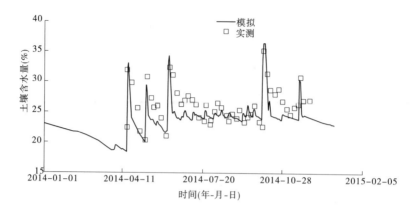

图 7-24　西河灌区典型地块土壤水分变化过程

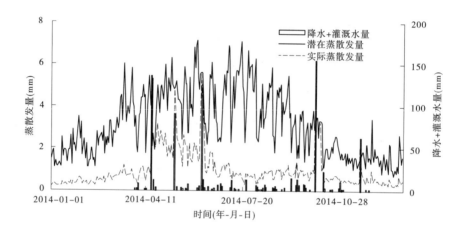

图 7-25　西河灌区典型地块降水、灌溉水量和蒸散发量变化过程

模拟结果表明,西河灌区 2014 年净灌溉水量中有 94.1% 消耗于蒸发蒸腾。西河灌区模拟结果:*RMSE* 为 2.91 mm,结果较为准确。

7.4.5　黄丰渠灌区典型地块模拟结果

模拟中,2014 年黄丰渠灌区典型地块降水量 298.2 mm,灌溉水量 355.2 mm,潜在蒸散发量 1 149.7 mm,实际蒸散发量 610.2 mm,深层渗漏量 43.4 mm。净灌溉水量中有 93.4% 消耗于蒸发蒸腾。黄丰渠灌区典型地块模拟结果:*RMSE* 为 6.13 mm,结果相对较为准确。模拟结果如表 7-22、图 7-26 和图 7-27 所示。

表 7-22   黄丰渠灌区典型地块 2014 年 1~12 月模拟结果

月份	降水+灌溉水量（mm）	潜在蒸散发量（mm）	实际蒸散发量（mm）	地表径流量（mm）	深层渗漏量（mm）	模拟土壤含水量（%）	观测土壤含水量（%）
1	0	57.0	9.7	0	6.7	22.4	
2	2.3	56.5	11.4	0	5.2	26.7	
3	0.7	109.6	28.2	0	5.0	31.7	
4	34.9	116.7	35.4	0	5.3	34.8	
5	24.2	144.3	30.4	0	4.1	42.3	
6	43.6	126.5	15.1	0	4.1	42.0	
7	64.0	160.1	18.7	0	3.7	52.0	
8	68.8	123.1	107.4	0	3.8	47.7	47.4
9	186.4	91.1	120.4	0	3.7	39.2	37.7
10	184.4	73.1	125.1	0	1.7	36.4	37.4
11	44.1	48.2	85.2	0	0	34.8	40.0
12	0	43.5	23.2	0	0	24.9	
合计	653.4	1 149.7	610.2	0	43.4		

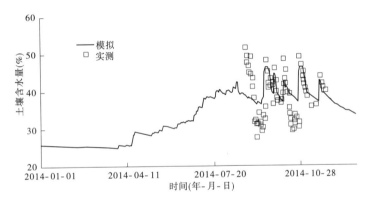

图 7-26   黄丰渠灌区典型地块土壤水分变化过程

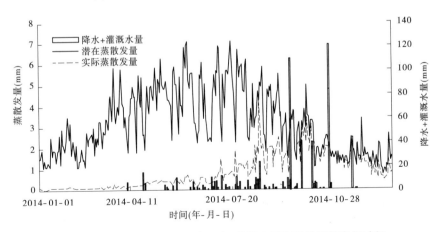

图 7-27   黄丰渠灌区典型地块降水、灌溉水量和蒸散发量变化过程

模拟结果表明,2014年格尔木灌区典型地块年实际蒸散发量小于当地降水和灌溉水量之和,地块灌溉水量的93.4%消耗于农田蒸散发。

另外,根据本书前期观测资料,黄丰渠灌区2014年灌溉净引水量明显偏少,且时段分布相对靠后,可能与该典型地块为果树、玉米、小麦、油菜等作物套种,不同层土壤作物根系吸水系数较为复杂,土壤水分模拟困难较大有关。因此,有必要核对该灌区前期观测资料,并分析作物根系分布特征,以提高模拟精度。

7.4.6 格尔木市农场灌区典型地块模拟结果

2014年格尔木灌区典型地块降水量仅为36.5 mm,灌溉水量662.3 mm,潜在蒸散发量1 326.9 mm,实际蒸散发量651.4 mm,深层渗漏量40.9 mm。格尔木灌区典型地块模拟结果:$RMSE$ 为1.23 mm,模拟结果精度较高。土壤水分和蒸散发模拟结果如表7-23、图7-28和图7-29所示。格尔木市农场灌区地下水位变化模拟结果见图7-30。

表7-23 格尔木灌区典型地块2014年1~12月模拟结果

月份	降水+灌溉水量(mm)	潜在蒸散发量(mm)	实际蒸散发量(mm)	地表径流量(mm)	深层渗漏量(mm)	模拟土壤含水量(%)	观测土壤含水量(%)
1	0.1	40.3	3.8	0	6.5	23.1	
2	0.3	53.8	4.3	0	5.3	22.0	
3	0	98.4	11.9	0	5.6	21.2	
4	1.4	130.4	6.6	0	5.2	20.3	
5	175.5	168.7	118.0	0	4.7	23.3	26.7
6	160.7	173.0	154.9	0	3.8	24.3	24.2
7	180.4	195.4	176.3	0	3.5	24.6	25.2
8	93.8	173.2	123.6	0	3.2	26.0	25.7
9	4.7	122.1	17.9	0	2.1	23.0	
10	76.5	88.5	7.8	0	1.0	22.7	
11	5.4	48.8	16.2	0	0	28.8	
12	0	34.3	10.1	0	0	27.7	
合计	698.8	1 326.9	651.4	0	40.9		

模拟结果表明,2014年格尔木灌区典型地块年实际蒸散发量小于当地降水和灌溉水量之和,地块灌溉水量的93.2%消耗蒸散发。

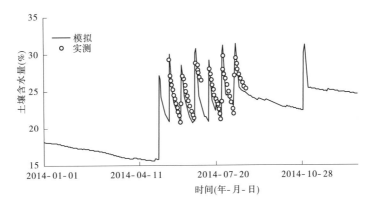

图 7-28 格尔木灌区典型地块土壤水分变化过程

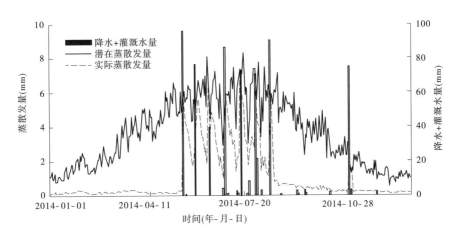

图 7-29 格尔木灌区典型地块降水、灌溉水量和蒸散发量变化过程

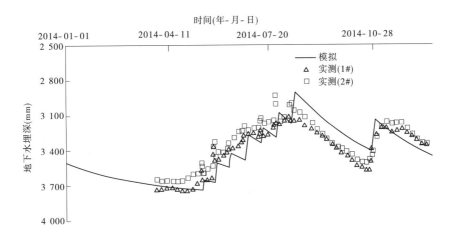

图 7-30 格尔木灌区典型地块地下水位变化过程

7.4.7　香日德灌区典型地块模拟结果

2014 年香日德灌区典型地块降水量仅为 210.9 mm,灌溉水量 590.9 mm,潜在蒸散发量 1 213.7 mm,实际蒸散发量 752.3 mm,深层渗漏量 55.8 mm。香日德灌区典型地块模拟结果:RMSE 为 1.86 mm,模拟结果精度较高。土壤水分和蒸散发模拟结果如表 7-24、图 7-31 和图 7-32 所示。

表 7-24　香日德灌区典型地块 2014 年 1~12 月模拟结果

月份	降水 + 灌溉水量(mm)	潜在蒸散发量(mm)	实际蒸散发量(mm)	地表径流量(mm)	深层渗漏量(mm)	模拟土壤含水量(%)	观测土壤含水量(%)
1	0.6	55.0	6.6	0	4.5	27.1	
2	6.2	53.6	7.3	0	4.6	25.9	
3	2.4	94.1	40.4	0	5.5	24.1	
4	132.0	123.5	109.2	0	5.8	21.7	
5	5.9	159.4	61.3	0	6.8	18.8	23.4
6	262.2	131.7	160.3	0	7.6	25.8	26.4
7	130.3	164.4	160.9	0	6.5	25.6	24.1
8	149.4	140.7	46.2	0	6.7	22.2	22.0
9	14.0	114.8	68.7	0	5.3	28.4	30.2
10	19.1	80.2	32.5	0	2.5	24.9	
11	79.7	50.4	34.0	0	0	29.7	
12	0	45.9	24.9	0	0	27.5	
合计	801.8	1 213.7	752.3	0	55.8		

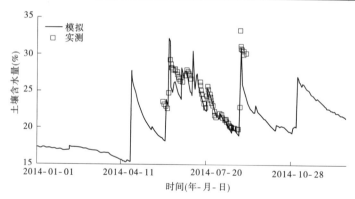

图 7-31　香日德灌区典型地块土壤水分变化过程

模拟结果表明,2014 年香日德灌区典型地块年实际蒸散发量等于当地降水和灌溉水量之和的 93.8%。

7.4.8　德令哈灌区典型地块模拟结果

2014 年德令哈灌区典型地块降水量仅为 178.0 mm,灌溉水量 803.1 mm,潜在蒸散发量 1 164.1 mm,实际蒸散发量 847.5 mm,深层渗漏补给地下水 93.6 mm。德令哈灌区典型地块模拟结果:RMSE 为 1.68 mm,模拟结果精度较高。土壤水分和蒸散发模拟结果如表 7-25、图 7-33 和图 7-34 所示。

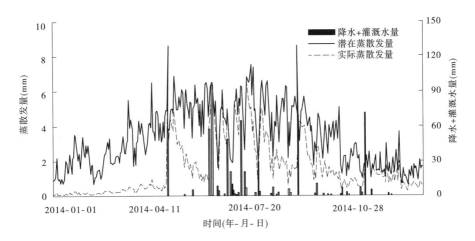

图 7-32　香日德灌区典型地块降水、灌溉水量和蒸散发量变化过程

表 7-25　德令哈灌区典型地块 2014 年 1～12 月模拟结果

月份	降水＋灌溉水量（mm）	潜在蒸散发量（mm）	实际蒸散发量（mm）	地表径流量（mm）	深层渗漏量（mm）	模拟土壤含水量（%）	观测土壤含水量（%）
1	0	36.4	1.9	0	0	21.9	
2	8.2	43.4	7.4	0	0	21.2	
3	0	88.8	12.7	0	0	20.3	
4	3.6	120.5	13.5	0	0	19.1	
5	127.7	156.3	48.7	0	0	21.5	
6	291.5	147.3	170.3	0	25.2	33.0	
7	134.2	177.1	189.7	0	37.3	33.6	24.2
8	182.6	149.7	156.7	0	10.8	31.5	31.4
9	21.5	99.9	80.8	0	0	25.6	26.5
10	18.7	72.5	39.0	0	0	21.1	21.0
11	193.1	44.4	90.4	0	20.3	32.8	
12	0	27.8	36.4	0	0	27.4	
合计	981.1	1 164.1	847.5	0	93.6		

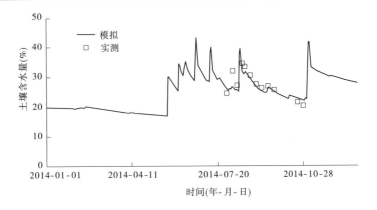

图 7-33　德令哈灌区典型地块土壤水分变化过程

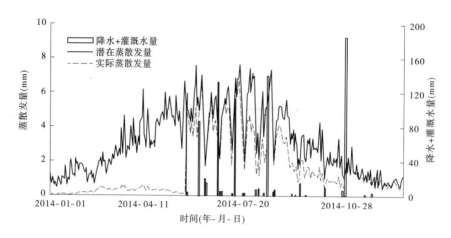

图 7-34　德令哈灌区典型地块降水、灌溉水量和蒸散发量变化过程

　　模拟结果表明,2014 年德令哈灌区典型地块年实际蒸散发量为当地降水和灌溉水量之和的 86.4% 。

第 8 章 耗水系数试验模拟研究结果分析

耗水系数表征了取水消耗程度的高低,影响耗水系数的主要因素有气象条件、土壤质地、地下水埋深、灌区类型、灌水技术、灌区地理位置、灌区规模、灌溉工程状况、耗水对象结构、拦截和调出水量以及用水水平等。在不同尺度下,各影响因素对指标具有各自的演变规律。在分析耗水系数主要驱动因素和影响机制的基础上,按照其客观、本质、必然和整体的原则,从土体、典型地块和灌区等不同尺度揭示农业灌溉耗水机制,分析不同尺度下耗水系数的变化规律。

8.1 降水径流分析

8.1.1 降水分析

8.1.1.1 湟水流域降水分析

1.雨量站选择

根据黄河流域典型灌区研究区范围及雨量站点分布情况,在研究区选取有代表性的雨量站 12 个,其中礼让渠灌区、大峡渠灌区、官亭泵站灌区和蒸渗仪试验场分别为 5 个、2个、4 个和 1 个,基本代表了不同研究区的雨量情况。各雨量站基本情况见表 8-1,雨量站点分布及灌区位置见图 8-1。

表 8-1　各雨量站基本情况

范围	站名	经度	纬度	设立年份	地点
礼让渠灌区	西纳川	101°23′	36°51′	1957	湟中县拦隆口镇拦隆口村
	西宁	101°47′	36°38′	1951	西宁市长江路 1 号
	黑嘴	101°34′	36°39′	1967	湟中县多巴镇黑嘴村
	景家庄	101°38′	36°44′	1989	湟中县海子沟乡景家庄村
	黄鼠湾	101°31′	36°31′	1975	湟中县河滩镇黄鼠湾村
官亭泵站灌区	喇家	102°48′	35°52′	1979	民和县官亭镇喇家村
	满坪	102°46′	36°02′	1979	民和县满坪镇满坪村
大峡渠灌区	王家庄	101°56′	36°33′	1971	平安县小峡镇王家庄村
	平安	102°07′	36°30′	1977	平安县平安镇南村
	大庄子	102°12′	36°36′	1967	乐都县达拉乡大庄村
	卡金门	102°09′	36°24′	1978	乐都县下营乡卡金门村
蒸渗仪试验场	乐都	102°25′	36°29′	1988	乐都县碾伯镇下教场村

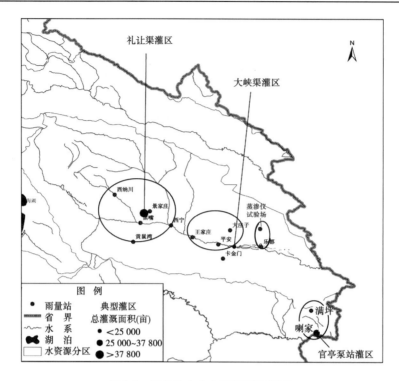

图 8-1　雨量站点分布及灌区位置图

2．降雨年内分配分析

1）礼让渠灌区

2013 年礼让渠灌区降水量为 421.0 mm，比多年均值 468.8 mm 小 10.2%；汛期降水量为 377.6 mm，比多年均值 390.9 mm 小 3.4%；生长期降水量为 417.9 mm，比多年均值 461.2 mm 小 9.4%，春灌、苗灌期降水量为 94.6 mm，比多年均值 100.6 mm 小 6.0%。总的来看，2013 年礼让渠灌区年，汛期，生长期和春灌、苗灌期降水量比多年均值偏小，但幅度不大，偏小的范围为 3.4% ~ 10.2%。礼让渠灌区降水量年内分配见图 8-2，不同时期降水量分配见图 8-3。

2）大峡渠灌区

2013 年大峡渠灌区降水量为 404.0 mm，比多年均值 484 mm 小 16.5%；汛期（5 ~ 9 月，下同）降水量为 353.9 mm，比多年均值 384.9 mm 小 8.1%；生长期（3 ~ 11 月，下同）降水量为 399.2 mm，比多年均值 464.0 mm 小 14.0%；春灌、苗灌期（3 ~ 5 月，下同）降水量为 82.0 mm，比多年均值 110.7 mm 小 25.9%。总的来看，2013 年大峡渠灌区年，汛期，生长期和春灌、苗灌期降水量与多年均值相比偏小的幅度较大，偏小的范围为 8.1% ~ 25.9%。大峡渠灌区降水量年内分配见图 8-4，不同时期降水量分配见图 8-5。

3）官亭泵站灌区

2013 年官亭泵站灌区降水量为 358.0 mm，比多年均值 358.2 mm 小 0.1%；汛期降水量为 325.1 mm，比多年均值 307.3 mm 大 5.8%；生长期降水量为 355.6 mm，比多年均值 353.2 mm 大 0.7%；春灌、苗灌期降水量为 69.5 mm，比多年均值 72.1 mm 小 3.6%。总的来看，2013 年官亭泵站灌区年，汛期，生长期和春灌、苗灌期降水量与多年均值相比变

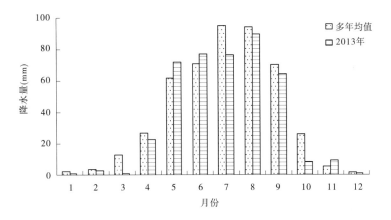

图 8-2　礼让渠灌区降水量年内分配柱状图

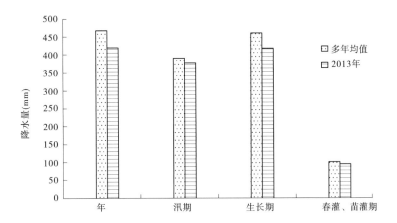

图 8-3　礼让渠灌区不同时期降水量分配柱状图

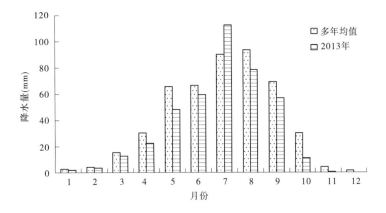

图 8-4　大峡渠灌区降水量年内分配柱状图

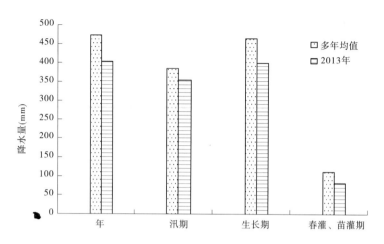

图 8-5　大峡渠灌区不同时期降水量分配柱状图

化不大。官亭泵站灌区降水量年内分配见图 8-6,不同时期降水量分配见图 8-7。

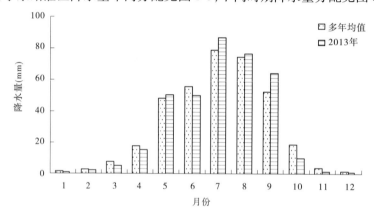

图 8-6　官亭泵站灌区降水量年内分配柱状图

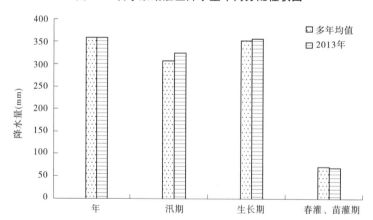

图 8-7　官亭泵站灌区不同时期降水量分配柱状图

4）蒸渗仪试验场区

2013 年试验期蒸渗仪试验场降水量为 250.2 mm,比多年均值 323.9 mm 小 22.8%；

汛期降水量为 217.7 mm,比多年均值 273.8 mm 小 20.5%;生长期降水量为 249.7 mm,比多年均值 319.5 mm 小 21.8%;春灌、苗灌期降水量为 54.0 mm,比多年均值 65.8 mm 小 17.9%。总的来看,2013 年试验场区年,汛期,生长期和春灌、苗灌期降水量与多年均值相比偏小的幅度较大,偏小的范围为 17.9%~22.8%。蒸渗仪试验场降水量年内分配见图 8-8,不同时期降水量分配见图 8-9。

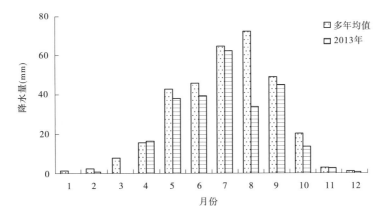

图 8-8　蒸渗仪试验场降水量年内分配柱状图

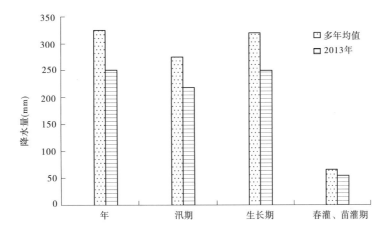

图 8-9　蒸渗仪试验场不同时期降水量分配柱状图

总体来看,2013 年湟水流域研究区平均降水量为 382.9 mm,比多年均值 420.4 mm 小 8.9%;汛期平均降水量为 342.8 mm,比多年均值 352.3 mm 小 2.7%;农作物生长期平均降水量为 380.0 mm,比多年均值 413.9 mm 小 8.2%。

3. 典型灌区降雨代表性分析

1)礼让渠灌区

黑嘴雨量站 1957~2012 年多年平均降水量 452.6 mm,较符合灌区降水量情况。这一区域属湟水、川水地区,地势相对较为平缓,无较大起伏,气候接近,降水不受附近地势影响,代表区域覆盖礼让渠灌区,故黑嘴站降水能较好地代表灌区内的降水过程。

经过年降水量频率分析计算得出:$\overline{P} = 450.3$ mm , $C_v = 0.17$, $C_s/C_v = 2.0$。将年

降水量按经验频率分为:小于 12.5% 为丰水年,12.5% ~37.5% 为偏丰年,37.5% ~62.5% 为平水年,62.5% ~87.5% 为偏枯年,大于 87.5% 为枯水年五种年型。分别列出不同频率时相应的降水量成果,见表8-2。

表 8-2　礼让渠灌区黑嘴站不同频率时相应的降水量成果

历年平均降水量(mm)	C_v	C_s/C_v	线型	降水量(mm)			
				$P=12.5\%$	$P=37.5\%$	$P=62.5\%$	$P=87.5\%$
450.3	0.17	2.0	皮尔逊Ⅲ型	541.4	470.9	422.0	362.8

2013 年黑嘴站年降水量 374.6 mm,因此 2013 年为降水偏枯年。

2)大峡渠灌区

大峡渠灌区典型地块地下水观测井观测期降水,采用离地块最近的湾子雨量站观测数据。雨量站与典型地块距离 1.95 km,监测期降水情况见表8-3。

表 8-3　大峡渠灌区湾子一社站观测期降水量　　　　　(单位:mm)

月	日	降水量	月	日	降水量
4	3	0.8	8	24	5.4
	5	4.2		26	18.0
	12	0.4		27	8.4
	18	0.8		31	0.2
	28	15.2	9	1	8.0
8	23	2.2		3	2.2

4.典型灌区降水入渗分析

1)次降雨入渗补给量

次降雨入渗补给量指降雨量(P)减去地面径流损失(P_d)后的水量,用以代表有效降雨量。其中,降雨入渗系数与一次降雨量、降雨强度、降雨延续时间、土壤性质、地面覆盖及地形等因素有关。

$$P_{oc} = P_c\alpha + P_d \tag{8-1}$$

式中:P_{oc} 为次降雨入渗量,mm;P_c 为次降雨量,mm;P_d 为地表径流,mm;α 为入渗系数。

2)年降雨入渗补给量

$$P_{on} = \frac{1\,000F\alpha P_n}{365} \tag{8-2}$$

式中:P_{on} 为年降雨入渗量,m^3/d;F 为面积,km^2;P_n 为年降雨量,mm。

《中华人民共和国区域水文地质普查报告——西宁幅、乐都幅》中,湟水河谷西宁、乐都降水入渗系数为0.1。《湟水流域综合规划》中采用的西宁盆地降水入渗系数为0.08 ~0.18,其中地下水埋深大于 6 m 时取值为 0.08 ~ 0.12。《中华人民共和国区域水文地质普查报告——循化幅》中,中低山黄河北部地段降水入渗系数为 0.033。本书中礼让渠灌区和大峡渠灌区降水入渗系数取值为 0.1。

8.1.1.2　黄河干流谷地降水分析

1.雨量站选择

根据黄河干流谷地典型灌区研究区范围及雨量站点分布情况,在研究区选取有代表性的雨量站 2 个,其中西河灌区和黄丰渠灌区各 1 个,西河灌区选取贵德雨量站,黄丰渠灌区选取甘都雨量站。

2.降雨年内分配分析

1)西河灌区

2014 年西河灌区降水量为 241.6 mm,比多年均值 247.7 mm 小 2.5%;汛期(6～9月,下同)降水量为 167.2 mm,比多年均值 185.7 mm 小 10.0%;生长期(3～11 月,下同)降水量为 241.1 mm,比多年均值 244.5 mm 小 1.4%;春灌、苗灌期(3～5 月,下同)降水量为 49.1 mm,比多年均值 45.9 mm 大 6.9%。

总的来看,2014 年西河灌区年、汛期、生长期降水量与多年均值相比偏小,春灌、苗灌期降水量与多年均值相比偏大。

西河灌区降水量年内分配见图 8-10,不同时期降水量分配见图 8-11。

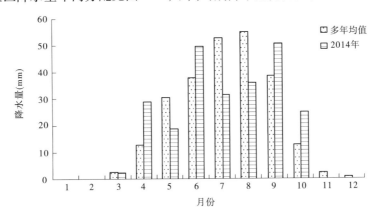

图 8-10　西河灌区降水量年内分配柱状图

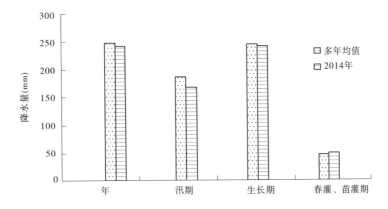

图 8-11　西河灌区不同时期降水量分配柱状图

2）黄丰渠灌区

2014 年黄丰渠灌区降水量为 314.4 mm，比多年均值 299.2 mm 偏大 5.1%；汛期降水量为 235.3 mm，比多年均值 212.8 mm 偏大 10.6%；生长期降水量为 313.0 mm，比多年均值 296.9 mm 偏大 5.4%；春灌、苗灌期降水量为 61.3 mm，比多年均值 59.8 mm 偏大 2.5%。

总的来看，2014 年黄丰渠灌区年、汛期、生长期降水量与多年均值相比偏小，偏小的范围为 2.4% ~9.6%。

黄丰渠灌区降水量年内分配见图 8-12，不同时期降水量分配见图 8-13。

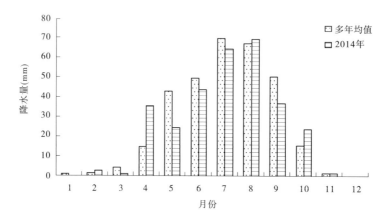

图 8-12　黄丰渠灌区降水量年内分配柱状图

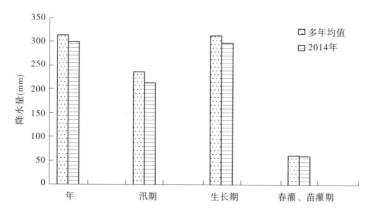

图 8-13　黄丰渠灌区不同时期降水量分配柱状图

3. 降雨代表性分析

经过年降水量频率分析计算得出：贵德站 $\overline{P}$ = 247.6 mm，C_v = 0.22，C_s/C_v = 2.0；甘都站 $\overline{P}$ = 314.4 mm，C_v = 0.25，C_s/C_v = 2.0。将年降水量按经验频率分为：小于 20.0% 为丰水年，20.0% ~50.0% 为偏丰年，50.0% ~75.0% 为平水年，75.0% ~95.0% 为偏枯年，大于 95.0% 为枯水年五种年型。分别列出了贵德、甘都站不同频率时相应的的降水量成果，见表 8-4。

表 8-4　贵德、甘都站不同频率时相应的降水量成果

站名	历年平均降水量(mm)	C_v	C_s/C_v	线型	降水量(mm)			
					$P=20.0\%$	$P=50.0\%$	$P=75.0\%$	$P=95.0\%$
贵德	247.6	0.22	2.0	皮尔逊Ⅲ型	292.5	243.5	208.5	164.3
甘都	314.4	0.25	2.0	皮尔逊Ⅲ型	376.8	308.2	259.6	199.3

2014 年贵德站年降水量 241.6 mm,甘都站年降水量 299.2 mm。因此,2014 年为降水平水年。

8.1.1.3　柴达木盆地降水分析

1. 雨量站选择

根据柴达木盆地典型灌区研究区范围及雨量站点分布情况,在研究区选取有代表性的雨量站 3 个,其中格尔木市农场灌区、香日德河谷灌区和德令哈灌区各 1 个,格尔木市农场选取的为格尔木雨量站,香日德河谷灌区选取的为香日德雨量站,德令哈灌区选取的为德令哈雨量站。

2. 降雨年内分配分析

1)格尔木市农场灌区

2014 年格尔木灌区降水量为 51.5 mm,比多年均值 90.6 mm 偏小 43.2%;汛期降水量为 35.1 mm,比多年均值 64.5 mm 偏小 45.6%;生长期降水量为 50.7 mm,比多年均值 87.1 mm 偏小 41.8%;春灌、苗灌期降水量为 5.6 mm,比多年均值 18.8 mm 偏小 70.2%。总的来看,2014 年格尔木市农场灌区年,汛期,生长期和春灌、苗灌期降水量与多年均值相比偏小,偏小的范围为 41.8% ~ 70.2%。格尔木市农场灌区降水量年内分配见图 8-14,不同时期降水量分配见图 8-15。

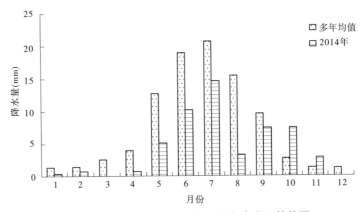

图 8-14　格尔木市农场灌区降水量年内分配柱状图

2)香日德河谷灌区

2014 年香日德河谷灌区降水量为 206.9 mm,比多年均值 265.8 mm 偏小 22.2%;汛期降水量为 170.6 mm,比多年均值 173.8 mm 偏小 1.8%;生长期降水量为 205.3 mm,比多年均值 252.7 mm 偏小 18.8%;春灌、苗灌期降水量为 8.9 mm,比多年均值 64.3 mm 偏

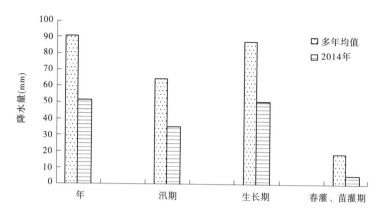

图 8-15　格尔木市农场灌区不同时期降水量分配柱状图

小 86.2%。总的来看,2014 年香日德河谷灌区年,汛期,生长期和春灌、苗灌期降水量与
多年均值相比偏小,偏小的范围为 1.8% ~86.2%。香日德河谷灌区降水量年内分配见
图 8-16,不同时期降水量分配见图 8-17。

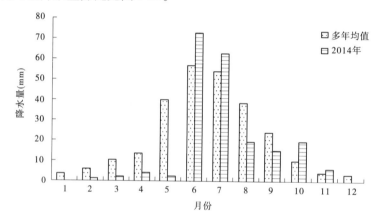

图 8-16　香日德河谷灌区降水量年内分配柱状图

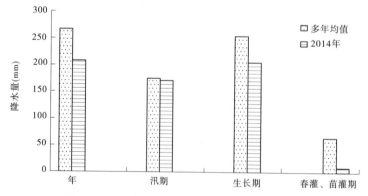

图 8-17　香日德河谷灌区不同时期降水量分配柱状图

3）德令哈灌区

2014 年德令哈灌区降水量为 236.5 mm，比多年均值 212.7 mm 偏大 11.2%；汛期降水量为 186.8 mm，比多年均值 151.0 mm 偏大 23.7%；生长期降水量为 227.4 mm，比多年均值 201.7 mm 偏大 12.7%；春灌、苗灌期降水量为 13.2 mm，比多年均值 40.9 mm 偏小 67.7%。总的来看，2014 年德令哈灌区年、汛期、生长期降水量与多年均值相比偏大，偏大的范围为 11.2% ~23.7%，春灌、苗灌期降水量与多年均值相比偏小，偏小了 67.7%。德令哈灌区降水量年内分配见图 8-18，不同时期降水量分配见图 8-19。

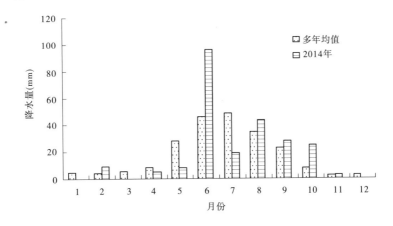

图 8-18　德令哈灌区降水量年内分配柱状图

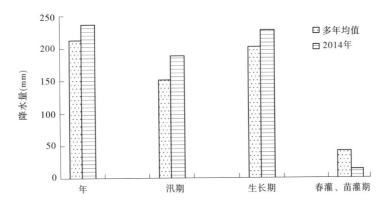

图 8-19　德令哈灌区不同时期降水量分配柱状图

3. 降雨代表性分析

经过年降水量频率分析计算得出：格尔木站 $\overline{P} = 90.6$ mm，$C_v = 0.44$，$C_s/C_v = 2.0$；香日德站 $\overline{P} = 265.8$ mm，$C_v = 0.25$，$C_s/C_v = 2.0$；德令哈站 $\overline{P} = 212.7$ mm，$C_v = 0.29$，$C_s/C_v = 2.0$。将年降水量按经验频率分为：小于 20.0% 为丰水年，20.0% ~50.0% 为偏丰年，50.0% ~75.0% 为平水年，75.0% ~95.0% 为偏枯年，大于 95.0% 为枯水年五种年型。分别列出了格尔木站、香日德站和德令哈站不同频率时相应的降水量成果，见表 8-5。

表 8-5 格尔木站、香日德站和德令哈站不同频率时相应降水量成果

站名	历年平均降水量(mm)	C_v	C_s/C_v	线型	降水量(mm)			
					$P=20.0\%$	$P=50.0\%$	$P=75.0\%$	$P=95.0\%$
格尔木	90.6	0.44	2.0	皮尔逊Ⅲ型	121.7	84.7	61.2	35.9
香日德	265.8	0.25	2.0	皮尔逊Ⅲ型	320.2	260.1	217.8	165.4
德令哈	212.7	0.29	2.0	皮尔逊Ⅲ型	261.4	206.9	169.2	123.6

2014 年格尔木站、香日德站和德令哈站年降水量分别为 51.5 mm、206.9 mm 和 236.5 mm。因此,2014 年格尔木站、香日德站为降水偏枯年,德令哈站年为降水偏丰年。

8.1.2 水源供水流量分析

8.1.2.1 湟水流域供水流量分析

1. 礼让渠灌区

礼让渠灌区供水保证率采用湟水干流湟源(石崖庄)站及支流西纳川站的实测流量资料进行统计分析。西纳川站位于礼让渠灌区上游支流西纳川河上,于 1954 年建站。石崖庄站位于湟水干流上游,于 1964 年 2 月建站,2005 年 8 月上迁 8 km,改为湟源水文站。两站址间无支流或大规模引水,故将两站资料合并为一个系列进行分析。根据西纳川站 1954~2012 年和湟源(石崖庄)站 1964~2012 年实测流量系列,对不同保证率相应的月、年平均流量进行计算,结果分别见表 8-6 和表 8-7。由于工程取水比较关注的是枯水时段的来水保证率情况,因此在进行频率适线时,着重照顾了低水点据,以确保枯水保证率来水量的可靠程度。

表 8-6 西纳川站不同保证率相应的月、年平均流量计算成果

时段	均值(m³/s)	C_v	C_s/C_v	平均流量(m³/s)				
				$P=20\%$	$P=50\%$	$P=75\%$	$P=90\%$	$P=97\%$
3 月	1.71	0.36	3.5	2.16	1.58	1.25	1.05	0.91
4 月	3.13	0.54	3.5	4.19	2.64	1.92	1.57	1.42
5 月	4.32	0.67	2.31	6.31	3.60	2.19	1.40	0.95
6 月	4.82	0.65	2.96	6.77	3.89	2.58	1.96	1.68
7 月	6.93	0.52	3.09	9.38	6.00	4.28	3.33	2.82
8 月	8.60	0.64	2.99	12.05	6.99	4.67	3.57	3.08
9 月	9.13	0.54	2.37	12.70	8.10	5.49	3.84	2.76
10 月	6.81	0.49	3.17	9.08	5.98	4.36	3.45	2.93
11 月	3.62	0.43	3.5	4.69	3.25	2.49	2.04	1.78
年均	4.57	0.36	2.74	5.80	4.31	3.38	2.73	2.24

礼让渠灌区设计最大引水流量为 1.6 m³/s,正常取水流量为 0.8 m³/s,取水期为每年 3 月 10 日至 11 月 9 日。由分析可知,在 97% 保证率条件下,西纳川站年均流量 2.24 m³/s,取水期内最枯月 3 月月均流量 0.91 m³/s;湟源(石崖庄)站年均流量 5.76 m³/s,最枯月 5 月月均流量 4.11 m³/s。分析表明,来水满足礼让渠灌区的取水保证率要求。

表 8-7　湟源(石崖庄)站不同保证率相应的月、年平均流量计算成果

时段	均值 (m³/s)	C_v	C_s/C_v	平均流量(m³/s)				
				$P=20\%$	$P=50\%$	$P=75\%$	$P=90\%$	$P=97\%$
3 月	5.88	0.20	4.61	6.78	5.70	5.02	4.53	4.16
4 月	6.45	0.40	3.50	8.25	5.88	4.58	3.79	3.29
5 月	9.22	0.57	3.50	12.43	7.61	5.47	4.51	4.11
6 月	10.02	0.51	2.66	13.64	8.91	6.28	4.66	3.63
7 月	12.46	0.49	3.07	16.67	10.99	7.98	6.25	5.23
8 月	14.27	0.48	3.35	18.89	12.53	9.26	7.47	6.49
9 月	14.34	0.43	3.21	18.72	12.96	9.79	7.87	6.67
10 月	10.32	0.40	3.50	13.23	9.40	7.30	6.03	5.24
11 月	7.10	0.31	3.23	8.77	6.74	5.49	4.61	3.97
年均	8.87	0.26	4.42	10.56	8.44	7.18	6.35	5.76

图 8-20 和图 8-21 分别为西纳川站和湟源(石崖庄)站年平均流量频率适线图。

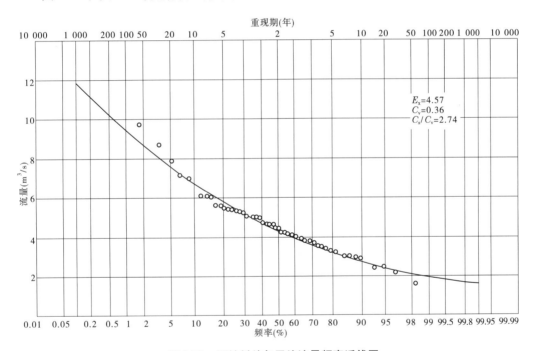

图 8-20　西纳川站年平均流量频率适线图

2. 大峡渠灌区

大峡渠灌区供水保证率采用支流八里桥站及湟水干流乐都站的实测流量资料进行计算。八里桥站于 1966 年建站,位于穿过灌区的湟水支流引胜沟上。乐都站于 1956 年建站,位于大峡渠灌区取水口下游。

根据八里桥站 1966～2012 年和乐都站 1956～2012 年实测流量系列,对不同保证率相应的月、年平均流量进行计算,计算结果分别见表 8-8 和表 8-9。

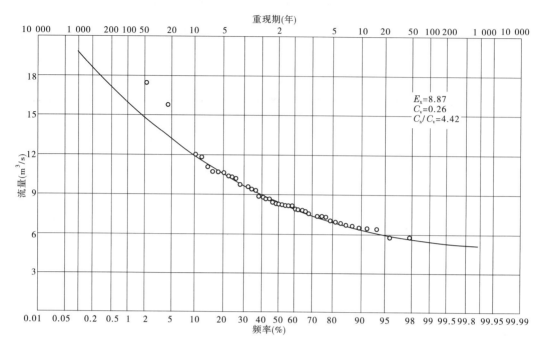

图 8-21　湟源(石崖庄)站年平均流量频率适线图

表 8-8　八里桥站不同保证率相应的月、年平均流量计算成果

时段	均值 (m³/s)	C_v	C_s/C_v	平均流量(m³/s)				
				$P=20\%$	$P=50\%$	$P=75\%$	$P=90\%$	$P=97\%$
3 月	0.31	0.62	2.30	0.45	0.27	0.17	0.11	0.08
4 月	1.88	0.66	2.13	2.76	1.60	0.97	0.59	0.35
5 月	2.48	0.71	1.95	3.27	2.09	1.19	0.65	0.30
6 月	2.32	0.60	2.36	3.30	2.01	1.31	0.88	0.62
7 月	4.23	0.54	2.19	5.92	3.79	2.55	1.73	1.17
8 月	5.89	0.53	2.56	8.09	5.22	3.62	2.63	2.00
9 月	5.86	0.42	3.44	7.59	5.28	4.04	3.31	2.87
年均	2.66	0.26	2.94	3.20	2.57	2.16	1.85	1.60

表 8-9　乐都站不同保证率相应的月、年平均流量计算成果

时段	均值 (m³/s)	C_v	C_s/C_v	平均流量(m³/s)				
				$P=20\%$	$P=50\%$	$P=75\%$	$P=90\%$	$P=97\%$
3 月	19.97	0.39	1.85	26.06	19.05	14.38	10.84	7.91
4 月	26.89	0.51	2.89	36.37	23.70	16.91	12.91	10.52
5 月	32.28	0.74	2.10	48.55	26.37	14.82	8.31	4.61
6 月	36.30	0.67	2.27	53.09	30.32	18.37	11.56	7.63
7 月	63.55	0.50	3.50	84.33	54.73	40.40	33.01	29.40
8 月	79.29	0.49	3.50	104.95	68.64	50.87	41.60	36.90
9 月	82.58	0.41	3.50	106.40	74.67	57.58	47.43	41.32
年均	42.24	0.31	3.82	51.79	39.77	32.72	28.09	24.88

大峡渠灌区最大引水流量为 3.9 m³/s,实际取水流量为 2.9 m³/s,取水期为每年 3 月

9 日至 9 月 3 日。由分析可知,在 97% 保证率条件下,八里桥站年均流量 1.60 m³/s,取水期内最枯月 3 月月均流量 0.08 m³/s;乐都站年均流量 24.88 m³/s,最枯月 5 月月均流量 4.61 m³/s。上述分析结果表明,来水满足大峡渠灌区的取水保证率要求。

图 8-22 和图 8-23 分别为八里桥站和乐都站年平均流量频率适线图。

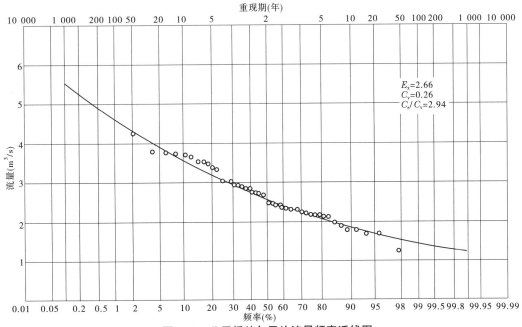

图 8-22　八里桥站年平均流量频率适线图

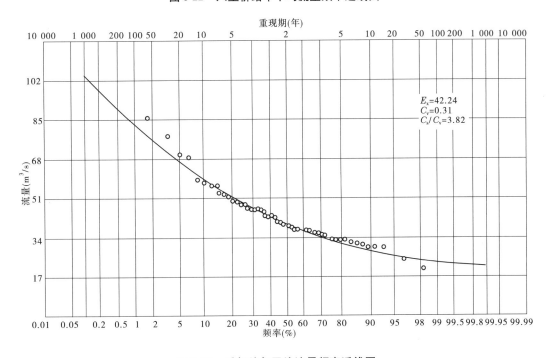

图 8-23　乐都站年平均流量频率适线图

官亭泵站灌区直接从黄河抽水提灌,动力渠流量达 16 m³/s,三个支渠提水流量合计 1.57 m³/s,水源完全能满足灌区引水需求。

礼让渠灌区、大峡渠灌区和官亭泵站灌区水源供水流量分析结果表明,2013 年三个典型灌区水源供水流量年均值和月值均大于渠首设计引水能力。

8.1.2.2　柴达木盆地供水流量分析

1. 格尔木市农场灌区

格尔木市农场灌区供水保证率采用格尔木河干流格尔木水文站的实测流量资料进行统计计算。格尔木站于 1955 年 4 月设立,设在内陆河流域达布逊湖水系格尔木河上。格尔木市农场灌区东西干渠引水枢纽位于格尔木河干流上,距格尔木市约 18.0 km,是以农业灌溉为主的中等水利枢纽工程。干渠由东干渠、西干渠、中干渠组成。东干渠全长 39.0 km,海拔 2 937 m,集水面积 19 621 km²。

根据格尔木站 1957 ~ 2014 年实测流量系列,对不同保证率相应的月、年平均流量进行计算,结果见表 8-10。由于工程取水比较关注的是枯水时段的来水保证率情况,因此在进行频率适线时,着重照顾了低水点据,以确保枯水保证率来水量的可靠程度。

表 8-10　格尔木站不同保证率相应的月、年平均流量计算成果

时段	均值 (m³/s)	C_v	C_s/C_v	平均流量(m³/s)				
				$P = 20\%$	$P = 50\%$	$P = 75\%$	$P = 90\%$	$P = 97\%$
3 月	18.8	0.22	2.0	22.1	18.5	15.8	13.7	11.7
4 月	23.3	0.30	2.0	28.8	22.6	18.3	15.0	12.1
5 月	23.9	0.33	2.0	30.2	23.0	18.2	14.4	11.3
6 月	27.3	0.49	2.0	37.4	25.1	17.5	12.1	8.1
7 月	40.9	0.72	2.0	61.5	34.1	19.3	10.5	5.2
8 月	36.3	0.46	2.0	49.1	33.7	24.0	17.1	11.8
9 月	28.6	0.63	2.0	41.7	25.0	15.4	9.3	5.2
10 月	20.9	0.36	2.0	26.9	20.0	15.4	11.9	9.1
11 月	17.9	0.26	2.0	21.6	17.5	14.6	12.3	10.2
年均	23.8	0.30	2.0	29.6	23.1	18.7	15.2	12.2

2014 年格尔木站年平均流量为 23.9 m³/s,属于平水年。

格尔木市农场灌区东干渠设计引水流量为 5.6 m³/s,取水期为每年 3 ~ 11 月。由分析可知,在 97% 保证率条件下,格尔木站年均流量 12.2 m³/s,取水期内最枯月 7 月月均流量 5.2 m³/s。分析表明,来水满足格尔木市农场灌区的取水保证率要求。

图 8-24 为格尔木站年平均流量频率适线图。

2. 香日德河谷灌区

香日德河谷灌区供水保证率采用柴达木河干流千瓦鄂博水文站的实测流量资料进行统计计算。千瓦鄂博水文站于 1959 年 4 月设立,1993 年 5 月设为洪水调查站,2002 年 9 月 11 日恢复为基本水文站,位于青海省都兰县沟里乡千瓦鄂博,距西宁约 540 km,海拔为 3 360 m,集水面积 9 878 km²。

根据千瓦鄂博站 2003 ~ 2014 年实测流量系列,对不同保证率相应的月、年平均流量进行计算,计算结果见表 8-11。由于工程取水比较关注的是枯水时段的来水保证率情况,

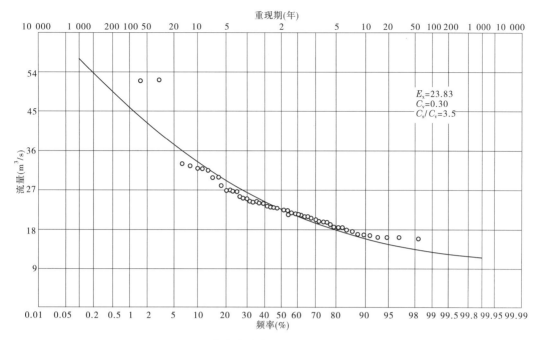

图 8-24　格尔木站年平均流量频率适线图

因此在进行频率适线时,着重照顾了低水点据,以确保枯水保证率来水量的可靠程度。

表 8-11　千瓦鄂博站不同保证率相应的月、年平均流量计算成果

时段	均值 （m³/s）	C_v	C_s/C_v	平均流量（m³/s）				
				$P=20\%$	$P=50\%$	$P=75\%$	$P=90\%$	$P=97\%$
3 月	9.36	0.20	0.40	10.9	9.2	8.1	7.1	6.2
4 月	11.0	0.18	0.37	12.6	10.8	9.5	8.5	7.5
5 月	12.7	0.21	0.43	14.9	12.5	10.8	9.4	8.1
6 月	18.8	0.19	0.38	21.8	18.6	16.3	14.4	12.7
7 月	23.2	0.27	0.53	28.1	22.7	18.8	15.7	13.1
8 月	20.4	0.29	0.57	25.1	19.8	16.2	13.3	10.9
9 月	15.8	0.40	0.80	20.8	15.0	11.2	8.4	6.2
10 月	11.8	0.22	0.45	14.0	11.6	9.9	8.6	7.3
11 月	9.08	0.19	0.37	10.5	9.0	7.9	7.0	6.2
年均	13.2	0.20	0.40	15.3	13.0	11.3	9.9	8.6

2014 年千瓦鄂博站年平均流量为 12.9 m³/s,属于平水年。

香日德河谷灌区干渠设计引水流量为 6.0 m³/s,取水期为每年 3～11 月。由分析可知,在 97% 保证率条件下,千瓦鄂博站年均流量 8.6 m³/s,取水期内最枯月 9 月和 11 月月均流量为 6.2 m³/s。分析表明,柴达木河的来水能满足香日德河谷灌区的取水保证率要求。

3. 德令哈灌区

德令哈灌区供水保证率采用巴音河干流德令哈水文站的实测流量资料和黑石山水库的供水量进行统计计算。德令哈水文站于 1954 年 4 月设立,设于内陆河流域库尔雷克水

系巴音河上,位于青海省德令哈市宗务隆乡,距西宁约 514 km,海拔为 3 023 m,集水面积 7 281 km²。

根据德令哈站 1955 ~ 2014 年实测流量系列,对不同保证率相应的月、年平均流量进行计算,计算结果见表 8-12。由于工程取水比较关注的是枯水时段的来水保证率情况,因此在进行频率适线时,着重照顾了低水点据,以确保枯水保证率来水量的可靠程度。

表 8-12　德令哈站不同保证率相应的月、年平均流量计算成果

时段	均值 (m³/s)	C_v	C_s/C_v	平均流量(m³/s)				
				$P=20\%$	$P=50\%$	$P=75\%$	$P=90\%$	$P=97\%$
3 月	7.0	0.09	2.0	7.5	7.0	6.5	6.2	5.8
4 月	7.3	0.16	2.0	8.3	7.2	6.4	5.8	5.2
5 月	8.3	0.24	2.0	9.9	8.2	6.9	5.9	5.0
6 月	12.6	0.48	2.0	17.2	11.6	8.2	5.7	3.9
7 月	20.6	0.62	2.0	29.8	18.0	11.2	6.8	3.9
8 月	20.6	0.67	2.0	30.4	17.6	10.4	6.0	3.2
9 月	14.2	0.51	2.0	19.7	13.0	8.9	6.1	4.0
10 月	9.5	0.20	2.0	11.1	9.4	8.2	7.2	6.3
11 月	8.2	0.13	2.0	9.0	8.1	7.4	6.9	6.3
年均	10.9	0.25	2.0	13.1	10.6	8.9	7.5	6.3

2014 年德令哈站年平均流量为 9.45 m³/s,属于平水年。

德令哈河谷灌区东干渠设计引水流量为 12.0 m³/s,取水期为每年 3 ~ 11 月。由分析可知,在 97% 保证率条件下,德令哈站年均流量 6.3 m³/s,取水期内最枯月 8 月月均流量 3.2 m³/s。图 8-25 为德令哈站年平均流量频率适线图。

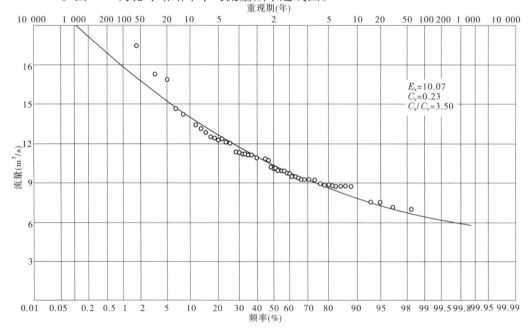

图 8-25　德令哈站年平均流量频率适线图

8.2　蒸渗仪耗水系数影响因素分析

蒸渗仪试验包括礼让渠灌区、大峡渠灌区和官亭泵站灌区 3 个典型灌区。制作土柱时，充分考虑了试验场地选址、土样采集、作物种类、土壤剖面含水量、土壤结构和气象等方面因素与典型灌区的相似性。试验前采取分层取填土、多次灌渗、设置隔渗圈、种植作物与典型地块相同等措施，最大程度地恢复了土壤剖面结构、容重和含水量等参数，确保蒸渗仪边界条件基本相同。

通过查勘土壤剖面发现，礼让渠灌区和大峡渠灌区地处冲积型河滩阶地，40～70 cm以下存在较厚的砂层土壤；官亭泵站灌区地处黄河河谷浅山区，土层相对深厚，质地较为黏重。通过测定蒸渗仪的灌溉量、降水量、渗漏量等，计算得到土壤贮水变化量及耗水量。在土样采集和环刀渗透法的基础上，将代表土壤物理性质的不同土层土壤密度、总孔隙度、毛管孔隙度、非毛管孔隙度、饱和含水量、孔隙含水量、田间持水量和体积含水量等 8个指标，与蒸渗仪相应土层作物耗水量进行 Spearman 相关分析，探讨土壤基本物理性质对作物耗水量的影响。并对 3 个灌区持水状况进行方差分析，采用 Duncan 多重比较法，在 95% 置信水平下，进行差异的显著性分析。同时，采用最大蒸发量法计算春灌期作物蒸发蒸腾量，与渗漏系数法进行对比分析。

结果表明：①礼让渠灌区和大峡渠灌区砂层土壤质地疏松、孔隙度大、土壤入渗速率高、持水性差，官亭泵站灌区则相反。②5 次试验出流速度结果表明，礼让渠灌区蒸渗仪土壤出流速度最大，大峡渠灌区次之，官亭泵站灌区最小。官亭泵站灌区土壤出流速率的变异系数最大，出流速度波动也最大，礼让渠灌区次之，大峡渠灌区最小。③按蒸渗仪耗水量差异的显著性分为两级：第一级为官亭泵站灌区，其耗水量最大；第二级为礼让渠灌区和大峡渠灌区，且耗水量随灌溉量增加显著提高。④作物耗水量与土壤容重呈显著负相关($p < 0.05$)，与体积含水量呈极显著负相关($p < 0.01$)，与总孔隙度、孔隙含水量、田间持水量呈显著正相关($p < 0.05$)，与毛管孔隙度、饱和含水量呈极显著正相关($p < 0.01$)，与非毛管孔隙度不相关($p > 0.05$)。

试验结果客观地反映了典型灌区取样点土壤蒸渗变化规律，但以下因素对试验结果仍可能产生不同程度的影响：一是试验前期土壤结构扰动对其理化性质的改变；二是试验灌水量按《青海省用水定额》(青政协〔2009〕62 号)规定和确定降水频率选择，与大田实灌定额不同，亦未考虑同定额灌溉的季节性差异；三是蒸渗仪内壁优势流和对侧向流的阻隔；四是作物种类、种植结构、耕作管理措施不同对作物生长和蒸散发的影响；五是降水、风速等微气象以及地形海拔等微地貌不同导致的蒸渗基质的差异；六是不同季节地下水变化可能对作物生长的影响等。因此，应进一步采取措施消除试验边界条件差异，确保蒸渗试验基质基本相同，加强剖面土壤含水量动态监测，根据不同季节作物供需水规律，深化蒸渗仪耗水规律研究。

8.3　典型地块耗水系数分析

采用引排差法开展典型地块耗水系数试验的灌区有 7 个,分别为礼让渠灌区、大峡渠灌区、西河灌区、黄丰渠灌区、格尔木市农场灌区、香日德河谷灌区和德令哈灌区等。按照水资源三级分区划分,其中湟水流域 2 个、黄河干流谷地 2 个、柴达木盆地 3 个;按照水源工程划分,7 个河湖均为引水闸灌区,在青海农业灌区分布、灌水方式、种植结构等方面较好地代表了所在区域。但各典型灌区由于气象、水文地质、灌溉工程状况等方面存在的较大差异,具有不同的用耗水规律。

(1)湟水流域的礼让渠灌区和大峡渠灌区,气象和土壤质地等要素基本相似,但斗农渠退水率差异显著,典型地块渗漏系数基本相同,分别为 19.4% 和 18.1%。礼让渠灌区和大峡渠灌区典型地块耗水系数分别为 0.781 和 0.572。大峡渠灌区斗农渠退水率较高的原因主要有四个方面:一是田间渠系工程质量差,"最后一公里"问题严重,斗农渠多数为自然沟渠或土渠,衬砌率低,个别斗门年久失修,关闭不严;二是田间用水管理水平较低,仍采用传统大水漫灌方式,斗渠以下轮灌制度执行不严格;三是水费征收制度不完善,按亩收费的方式不利于提高用水效率;四是个别时段,灌溉结束后斗门不及时关闭,群众节水意识有待增强。

(2)黄河干流谷地的西河灌区和黄丰渠灌区,气象和土壤质地等要素基本相似。斗农渠退水率差异显著,分别为 0 和 98.6%;典型地块渗漏系数基本相同,分别为 4.66% 和 3.8%。西河灌区和黄丰渠灌区典型地块耗水系数分别为 0.962 和 0.023。两个典型灌区在气象、水文地质、土壤质地和地下水埋深等较为相似的情况下,以斗门为基准的引退水出现较大差异,经分析主要有以下几个方面的原因:一是引排差法水平衡框架中灌溉取退水节点界定问题,典型地块采用斗门取水作为入流的方法,极大地提高了黄丰渠灌区斗农渠退水率;二是渠系工程设计因素,根据黄丰渠灌区设计取水水源和灌区地势特点,干渠必须保持高水位运行,才能满足灌溉要求,引水量远大于用水量,进而导致斗农渠大量退水;三是斗农渠退水回归河道以前,非作物植物体利用增加了水量消耗途径,是西河灌区典型地块斗农渠无退水的重要原因;四是西河灌区多年平均年降水量 256 mm,多年平均年蒸发量大于 1 500 mm,气候干旱,蒸发强烈,是灌区耗水系数较高的主要原因。

(3)柴达木盆地典型灌区总体来看耗水系数较高,根据格尔木气象站、德令哈气象站和香日德气象站长系列(1956～2000 年)资料统计,区域多年平均年降水量 40～189 mm,多年平均年蒸发量 1 130～1 610 mm,气候干旱,蒸发强烈。柴达木盆地的格尔木市农场灌区、香日德河谷灌区和德令哈灌区,三个灌区典型地块斗农渠退水率分别为 47.7%、2.2% 和 0;典型地块渗漏系数接近,分别为 4.28%、5.60% 和 4.80%。格尔木市农场灌区、香日德河谷灌区和德令哈灌区典型地块耗水系数分别为 0.978、0.908 和 0.935。其中,格尔木市农场灌区典型地块面积较大,且田面不平整,为满足地势较高处灌溉要求,引水水位较高,田间退水系数较高,导致耗水系数偏低。

8.4 典型灌区耗水系数分析

本书采用三种方法开展典型灌区耗水系数研究：第一种是在礼让渠灌区等开展干支渠耗水观测,然后将通过引排差法计算的地块耗水系数典型值推算为灌区面均值;第二种是在大峡渠灌区和官亭泵站灌区采用 SWAT 模型模拟灌区耗水系数;第三种是将 VSMB 模型模拟的地块典型耗水系数值,考虑干支渠耗水影响因素,推算至典型灌区。

本书对典型灌区等进行了渠系断面、长度、防渗措施、渠床土壤等的调查,开展了干支渠引退水流量、渠道净流量、采取防渗措施后的渗漏损失流量、输水损失流量等监测试验,在此基础上测算了干支渠耗水量。经推算,按照引排差试验成果及地下水埋深等相关资料,计算出湟水流域礼让渠灌区和大峡渠灌区耗水系数分别为 0.715 和 0.632。黄河干流浅山官亭泵站灌区耗水系数为 0.961。黄河干流谷地西河灌区耗水系数为 0.747;黄丰渠灌区消除因渠系设计问题产生的斗门无效引水影响,灌区耗水系数为 0.430。柴达木盆地格尔木市农场灌区、香日德河谷灌区和德令哈灌区耗水系数分别为 0.665、0.617 和 0.636。各典型灌区耗水系数计算成果见表 8-13。

表 8-13　青海省各典型灌区耗水系数计算成果

序号	灌区名称	引排差法	VSMB 模型	SWAT 模型
1	礼让渠灌区	0.715	0.669	
2	大峡渠灌区	0.632	0.647	0.411~0.699
3	官亭泵站灌区	0.961	0.936	0.918
4	西河灌区	0.747	0.656	
5	黄丰渠灌区	0.430	0.486	
6	格尔木市农场灌区	0.665	0.573	
7	香日德河谷灌区	0.617	0.716	
8	德令哈灌区	0.636	0.610	

根据 SWAT 模型模拟结果,大峡渠灌区扣除地表退水等无效引水,考虑降水量、蒸发蒸腾量等因素时,各水文响应单元耗水系数为 0.411~0.699,平均耗水系数为 0.517。官亭泵站灌区为高抽灌区,没有地表退水,模型模拟表明,典型地块上的耗水量大于其灌水量,在考虑降水量因素后,其耗水系数为 0.918。

结果表明,三种方法计算的结果有一定差异,在大峡渠灌区,SWAT 模型模拟结果较其他两种方法计算结果小;在黄河干流谷地,VSMB 模型模拟结果均值稍小于引排差法计算结果;在柴达木盆地,引排差法计算结果稍大于 VSMB 模型模拟结果。三种方法的主要区别:一是对灌溉水下渗进入地下水,再回归地表水体水量的确定方法和结果不同;二是对土壤蓄水变量的计算不同。采用数学模型模拟,虽然对灌溉水循环的物理机制清晰,但耗水系数对重要参数的取值较为敏感;引排差法对小流量、大变幅和复杂构造断面的监测仍会产生测验误差。因此,用均方根误差分析 VSMB 数学模型与引排差法试验结果的模拟精度,8 个典型灌区 $RMSE=6.9\%$,相对误差为 2.1%;官亭泵站灌区 SWAT 模型模拟结果与引排差法的相对误差为 5.1%,表明数学模型对实际观测结果的模拟是合理的。

典型地块与灌区具有不同的水循环规律,当空间尺度变大时,一方面由于干支渠蒸发、非作物植物体利用等水量损失途径增多,对灌溉水利用系数和耗水系数产生了反向变化的影响;另一方面,空间变异性导致耗水对象增多,加上回归水重复利用,对水利用系数产生同向变大的影响。受水资源量、开发利用水平和种植结构调整等约束,在农业田间、灌区等空间尺度上,在一定时间尺度内,耗水系数在一定范围内波动,并在特定的时空尺度上具有可预测的规划目标值。

8.5　SWAT 模型耗水系数分析

在对灌区耗水量研究现状分析的基础上,采用基于物理机制的 SWAT 模型来模拟灌区的耗水量及水量转化关系,并将其分别运用于湟水流域大峡渠灌区和黄河干流浅山官亭泵站灌区,主要成果如下:

(1)大峡渠灌区以斗门为基础,根据其作物种植结构、土壤分布情况,将其分为 684 个水文响应单元 HRU,模拟结果表明,大峡渠灌区平均各水文响应单元耗水系数为 0.411 ~ 0.699,平均耗水系数为 0.517。从管理的角度减少地表退水可显著提高耗水系数。

(2)官亭泵站灌区为高抽灌区,没有地表退水,模型模拟表明,典型地块耗水系数为 0.918,显著高于大峡渠灌区。

(3)对影响灌区耗水系数的因素进行分析表明,当灌区采用充分灌溉时,其作物蒸腾蒸发量变化不大,影响耗水系数的最主要的因素为进入到田间的水量,当进入到田间的水量较多时,多余的水通过入渗等形式补给地下水。

8.6　VSMB 模型耗水系数分析

VSMB 模型通过对灌区典型地块土壤剖面分层,采用土壤物理参数、作物根系参数、气象数据以及潜在蒸散量等,来模拟田间土壤各层次水分动态变化,确定各层次土壤含水量、实际蒸散、下渗、径流、地下水埋深等。本书模拟涉及全部 8 个典型灌区,气象数据采用与典型地块最为接近的气象站和水文站观测资料,潜在蒸散发量采用 Penman-Monteith 公式计算,实际地下水位采用观测数据,土壤物理参数、作物根系参数和土壤含水量等采用实测数据并参考相关研究成果。采用均方根误差($RMSE$)来评价模拟的精度。典型地块模拟结果,考虑渠系渗漏补给系数、渠系地表退水率和灌区地下水埋深等因素,推至整个灌区。

经对各灌区典型地块灌溉耗水系数模拟,湟水流域礼让渠灌区和大峡渠灌区典型地块 2013 年耗水系数分别为 0.863 和 0.632;黄河干流浅山高抽官亭泵站灌区典型地块 2013 年耗水系数为 0.981;黄河干流河谷西河灌区和黄丰渠灌区典型地块 2014 年耗水系数分别为 0.941 和 0.934;柴达木盆地格尔木市农场灌区、香日德河谷灌区和德令哈灌区典型地块 2014 年耗水系数分别为 0.932、0.938 和 0.864。

其中,黄丰渠灌区 2014 年典型地块实灌定额较小,经分析主要有以下几方面原因:一是该典型地块紧邻黄河干流右岸,地块取水量采用斗渠引退水差推算,2014 年典型地块取水量仅占斗门引水量的 1.43%;二是典型地块紧邻黄丰渠干渠左岸,典型地块由干渠到黄河呈台阶状分布,干渠侧渗对地块作物供水以及水量平衡可能产生较大影响;三是典型地块为果树、玉米、小麦、油菜等套种,不同深度土层中,果树和作物根系吸水系数较为复杂。

根据灌区典型地块灌溉耗水系数模拟结果,以及灌区引退水量、渠系蒸发渗漏量等参数推算的各典型灌区耗水系数分别为:湟水流域礼让渠灌区和大峡渠灌区 2013 年耗水系数分别为 0.669 和 0.647;黄河干流浅山高抽官亭泵站灌区 2013 年耗水系数为 0.936;黄河干流河谷西河灌区和黄丰渠灌区 2014 年耗水系数分别为 0.656 和 0.486;柴达木盆地格尔木市农场灌区、香日德河谷灌区和德令哈灌区 2014 年耗水系数分别为 0.573、0.716 和 0.610。

总体来看,模型无论对于黄河干流谷地灌区还是柴达木盆地灌区,均有很好的敏感性,能准确反映降水和灌溉过程中农田土壤水分的动态变化,且模拟精度基本达到数值模拟要求,故本书模拟可满足区域农田灌溉耗水分析要求。但由于模型本身是以典型地块模拟为基础的,只能反映较小的空间尺度上的水分循环过程,当模拟结果应用于较大灌区的水分消耗分析时,应注意灌区内典型地块的代表性,或者灌区土壤、作物等下垫面的一致性差异。

8.7　青海省黄河流域典型灌区耗水系数成果分析

根据青海省黄河流域不同类型灌溉水源和灌溉方式占比,推算出青海省湟水谷地、黄河干流泵站灌区、黄河干流谷地灌区耗水系数分别为 0.673、0.961 和 0.592。按灌溉面积和灌溉水量加权平均推算得到青海省黄河流域灌区耗水系数分别为 0.687 和 0.688。

分析结果表明:①田间尺度的耗水系数,因渠系水蒸发、回归水利用及坑塘窖井等非生产性截流等影响,灌区耗水系数极值变幅坦化。灌区尺度的耗水系数,在流域和区域尺度上,因土壤、气候、地形、作物结构的空间异质性,以及灌溉工程、灌溉技术和管理水平的影响,加权平均后取值进一步坦化。②在流域(支流)较大尺度上,因耗水途径增加,弱化了灌区尺度上渠道衬砌率、回归水重复利用率和输配水损失率等因素的影响,耗水规律变得更为复杂。③湟水谷地灌区由于耗作层以下砂质土壤层较厚、透水性强、不易蓄水,因而指标较低。④井灌区、提水灌区、蓄水灌区和引水灌区指标依次降低,区域耗水系数与节水灌溉面积占比呈正相关。

8.8　青海省农业灌区耗水系数及影响因素分析

根据青海省黄河干流谷地灌区、湟水灌区和柴达木盆地灌区等重点农业灌区耗水系数计算成果,按灌溉面积加权平均推算的青海省农业灌区耗水系数为 0.679,按灌溉水量加权平均推算的青海省农业灌区耗水系数为 0.673。

本书通过分析农业灌区耗水系数主要影响因素和影响程度,探索各因素之间的内在联系,查找典型灌区水资源管理中存在的问题,为进一步加强区域水资源管理、提高用水效率提供依据。

8.8.1　评价指标体系

将影响耗水系数的相关指标进行综合分析,按其影响程度分为三类,即影响较大(Ⅰ)、可能发生较大变动(Ⅱ)、分析中数据不确定性较高(Ⅲ)等三方面进行影响性质分类,结合灌区特点,经过重要性分析,遴选出农业灌区耗水系数关键影响指标,进行敏感性分析,确定影响方向和程度,为提出区域水资源管理中可能存在的问题和改进措施提供依据。

8.8.1.1　评价指标选择原则

1. 全面采集耗水系数试验研究中可能取得的各类数据

从本项试验研究设计出发,全面收集研究区自然地理、社会经济、水文地质和水资源开发利用等基础性资料,典型灌区灌溉、用水、作物结构、渠系工程状况、水费及计价方式、灌区运行管理等指标,典型灌区和典型地块引退水情况和土体尺度试验成果等。

2. 指标体系应涵盖灌区水资源管理的相关信息

指标体系应能反映区域水资源管理、提高水资源利用效率的分析需求,应包括灌溉用水管理、灌溉效率评价、渠系工程状况和灌区环境等四方面评价指标。

3. 指标体系确定应紧密围绕耗水系数影响评价目标

在全面分析典型灌区耗水系数影响因素的基础上,定量分析指标和定性分析指标相结合,指标重要性分析和敏感性分析相结合,建立符合研究区特点、综合性强、代表性高、影响大的指标体系。

8.8.1.2　评价指标体系建立

遵循评价目标和选择原则,在全面收集各类信息的基础上,按不同层次、不同类别、不同性质、不同影响分类确定主要评价指标。定性指标尽可能替代量化,剔除内涵接近的冗余和重复指标,从水资源管理和耗水系数分析两方面进行归类、合并、精简,建立符合研究区特点,基本包括主要影响因素的评价指标体系。从灌区水资源管理角度按灌溉用水管理、灌溉效率评价、渠系工程状况和灌区环境等四方面综合分类。

指标体系受试验设计条件影响,指标综合性越强,影响范围越广,管理类定性指标尽可能用替代指标表达。从水资源管理角度分析,灌溉用水管理指标包括灌区管理体制及主要经营方式,用水计量方式、水费征收和征收方式,灌区配用水制度制定及应变方案,灌溉期灌水定额细化、调整计划制订等内容,上述因素对灌溉用水效率和渠系工程管理产生间接影响;灌溉效率评价指标包括渠系工程设计、配套建设和维护情况,灌区种植结构及上下游差异,监督用水制度执行情况,灌区采用的农作措施、灌溉方式及节水灌溉情况,灌水定额执行情况等,用水计量方式和用水户节水意识也对灌溉用水效率产生重要影响;渠系工程状况指标包括灌区管理机构性质、灌区管理体制及各级责权划分情况、渠系工程配套和维修养护、渠系输水方式及防渗措施、输用水计量设施建设情况、灌溉水价及改善工程设施投入,上述因素对渠系水利用、渠床渠坡抗冲能力和输水能力、渠道渗漏、输水成本等有重要影响;灌区环境指标包括灌区地形、地质、地貌,气象和水文特征,土壤结构及性质,灌区种植结构及变化情况,灌区地下水埋深、赋存条件及补径排规律,灌溉水源及引水保证程度,灌区灌溉方式和灌水方法等。

经综合分析选出 15 项指标组成评价指标体系。研究区农业灌区耗水系数关键影响指标及重要性标准化值见表 8-14。

表 8-14　农业灌区水资源管理及耗水系数关键影响指标分析

序号	指标	重要性标准化值	影响性质
1	干渠退水率(%)	5	Ⅱ、Ⅲ
2	干渠防渗率(%)	−7	Ⅱ
3	田间综合渗漏系数(%)	−60	Ⅰ
4	斗农渠防渗率(%)	−15	Ⅱ
5	斗农渠退水率(%)	−19	Ⅰ
6	非节水灌溉比率(%)	50	Ⅰ
7	粮经比(%)	−8	Ⅱ、Ⅲ
8	灌水定额执行比率(%)	−10	Ⅱ
9	有效灌溉比率(%)	−6	Ⅱ、Ⅲ
10	地下水平均埋深调整系数(m/%)	25	Ⅰ
11	灌溉水源保证率(%)	−4	Ⅱ
12	生长期降水与均值差比(%)	−7	Ⅱ
13	降水入渗补给地下水系数(%)	−7	Ⅲ
14	提灌方式占比(%)	17	Ⅰ
15	计价方式及亩年水费(元/%)	8	Ⅱ

各项指标对耗水系数影响的性质、方向和程度不同,本书根据对指标影响的重要性进行专家赋分,对赋分进行标准化后,各项指标和影响方向及程度见灌区水资源管理及耗水系数影响指标重要性标准化值龙卷风图(见图 8-26)。并对各项指标从耗水系数计算影响较大(Ⅰ)、可能发生较大变动(Ⅱ)、分析中数据准确性较差(Ⅲ)等三方面进行分类,分类情况见表 8-14。

8.8.2　评价指标敏感性分析

从试验研究设计出发,为满足典型地块、典型灌区和研究区域三个层次评价耗水系数

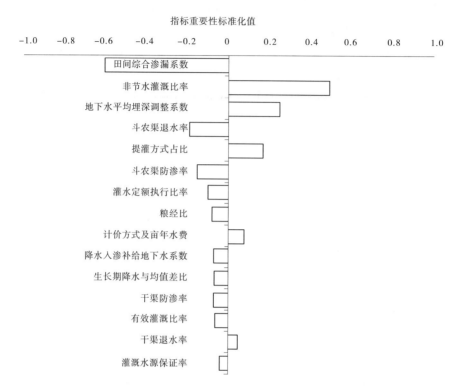

图 8-26　灌区水资源管理及耗水系数影响指标重要性标准化值龙卷风图

要求,选出对耗水系数计算影响较大(Ⅰ)、综合性较强的 5 项指标,见表 8-15。以耗水系数为目标,对 5 项指标进行敏感性分析。

表 8-15　农业灌区耗水系数关键影响指标敏感度分析

指标代码	指标名称	敏感度系数	敏感度排序
A	田间综合渗漏系数(%)	−0.007 2	1
B	斗农渠退水率(%)	−0.002 3	4
C	地下水平均埋深调整系数(%)	0.002 5	3
D	非节水灌溉比率(%)	0.005	2
E	提灌方式占比(%)	0.001 7	5

　　结果表明,5 项关键综合指标对耗水系数计算的敏感性从大到小排序分别为田间综合渗漏系数、非节水灌溉比率、地下水平均埋深调整系数、斗农渠退水率、提灌方式占比。

　　可以看出,田间综合渗漏系数指标综合性较强,与灌区水资源管理和土壤理化性质等各方面具有密切关系,该指标敏感性最高,并与其他指标高度相关,在典型地块和典型灌区尺度上与耗水系数变化趋势成反比;斗农渠退水率为反映灌溉效率的指标,与灌溉管理水平和渠系工程状况高度相关,以斗渠为计算节点,在典型地块尺度上与耗水系数变化趋势成反比;地下水平均埋深调整系数为综合反映区域水文地质、地下水利用以及灌溉水与地下水补排关系的重要指标,在灌区尺度上与耗水系数变化趋势成正比;非节水灌溉比率是综合反映灌区灌溉用水水平、种植结构、用水效率和灌区环境的重要指标,在灌区和研究区尺度上与耗水系数变化趋势成反比;提灌方式占比为反映灌区环境和用水效率的综合指标,对耗水系数计算影响较大,但该指标相对稳定,在灌区和研究区尺度上与耗水系数变化趋势成正比。

8.9　试验研究成果合理性分析

《黄河水资源公报》(2012 年)提出,地表水耗水量是指地表水取水量扣除其回归到黄河干、支流河道后的水量。农业灌溉耗水系数是衡量灌溉水消耗状况的重要指标,集中反映了灌溉系统设计、渠系工程质量、灌溉管理水平、灌水来源及方式、灌区种植结构、灌区土壤地质特性等的综合指标,对流域(或区域)水量平衡分析和水资源利用效率评价有重要作用。为保证本书研究成果质量,在研究方法确定、监测方案设计、监测方法和设施设备选择、典型灌区和典型地块选取、监测结果分析中,全面开展了数据可靠性和成果合理性的审查。

本书以典型灌区引退水试验和用水调查统计为基础,运用引排差法和数据模型分析了典型灌区耗水系数,现从研究方法的选择,典型代表性分析,试验方法、设备和成果可靠性,计算节点选择的合理性,主要参数和指标对比分析,与典型灌区以往相关研究成果对比等 6 个方面论证本书典型灌区耗水系数研究成果的合理性。

8.9.1　试验研究方法选择的合理性分析

目前,计算农业灌区耗水率的方法大致可归纳为两类:一类是利用灌溉试验、渠系水有效利用系数、地下水计算参数等间接推算耗水率,即间接法,也称引排差法;另一类是通过灌区水量平衡分析直接计算耗水系数,通过对农业灌区降水、灌溉水、土壤水和地下水"四水"平衡转化模型,直接计算农田水分消耗率,即直接法。另外,在黄河干流部分河段进行水量平衡计算时,依据河道上下游水文测站资料和区间来水、取水、退水资料,来推算控制河段水量误差,进而间接推求区间综合消耗水量,称河段平衡法,属于间接法的具体应用。

由于典型灌区所在河流多数没有河流水文控制站,或者上下水文控制站间未控支流较多,"河段平衡法"应用受限。如礼让渠灌区和大峡渠灌区所在的湟水河段,西宁水文站和乐都水文站控制区间多数支流均未控制,未控支流推算径流量占区间汇入支流总径流量的 66%,且已控小支流测量误差较大;区间人口集中,建有青海海东工业园区和乐都工业园区,湟水流域工业用水量和生活用水量占总用水量的 29.6%,自备井地下取水资料不完善、缺乏各行业退水资料;该河段地质构造复杂,导致地下水与河水补排关系复杂;而河段平衡法仅能推算出区间综合耗水率,且乐都水文站对大峡渠典型灌区的控制不完整。另外,国办发〔1987〕61 号关于黄河可供水量分配方案报告中分配的可利用水量是以间接法引排差为分配基础,目前黄河水量调度中也采用引排差法进行用水管理,《黄河水资源公报》亦采用该方法进行各省(区、市)耗水量分析。

鉴于上述分析,本书采用引排差法和数据模型研究典型灌区耗水系数是合理的。用均方根误差分析两种方法的计算精度,8 个典型灌区 $RMSE = 6.9\%$,相对误差为 2.1%,表明数学模型对实际观测结果的模拟结果较为可信。

8.9.2 试验典型选择的代表性分析

本书全面分析了青海省农业灌区总体情况,经过现场查勘,从灌区集中度、区域典型地形地貌、耕作区代表性土壤、灌区灌溉水源、主要灌溉方式、农业结构、主要农作物品种、灌区规模、灌区条件和试验条件等 10 个方面对典型灌区的代表性进行了综合分析,选定的典型灌区具有较强的代表性。

经查勘,各灌区渠首以下基本没有配置量水设备,耗水系数试验对观测人员技术水平要求较高,开展灌区全部引退水断面监测难度较大。如礼让渠灌区斗门 56 座,大峡渠灌区斗门 137 处,毛渠退水口达 198 处,根据现场多次查勘论证,选择了在地形条件、土质类型、土层厚度、作物品种、灌溉方式等具有较强代表性,地下水埋深适中的地块开展深入研究,典型地块观测结果较好地反映了灌区田间引退水规律。

2013 年对于礼让渠灌区和大峡渠灌区来说为平水偏枯年,对于官亭泵站灌区来说为平水年。2014 年对于西河灌区和黄丰渠灌区来说为平水偏枯年,对于格尔木市农场河谷灌区和香日德灌区来说为平水年,对于德令哈灌区来说为平水偏枯年。

8.9.3 测验方法、设施设备和测验成果的可靠性分析

试验时段选择充分考虑典型灌区和典型试验区主要作物品种生长周期和耗水规律、主要农作物灌溉制度、灌区气象条件等因素,监测时段确定合理。监测断面选择符合水文参数测验和引退水计算的基本要求,监测渠段位置顺直,床质坚固、平滑、稳定,且具有足够长度,形状尽量对称,监测渠段水流平稳集中,且无岔流、分流、壅水、回水等现象。试验中严格按规范开展了水位、流量等测验,测流过程中坚持随测、随算、随分析、随整理的"四随"工作,测验误差控制符合要求,并严格资料整编要求,明确注意事项,保证了观测精度和测验成果真实、准确、完整和可靠。

典型地块退水流量较小,根据《水工建筑物与堰槽测流规范》(SL 537—2011)和退水水流特点,经对各类量水设施和量水技术进行对比,考虑自动量水设备在地块田间野外长期安置管理保护因素和田间退水量测要求,经分析论证,部分退水断面采用直角三角形薄壁量水堰。典型地块在灌溉期有退水时随时监测,量测设施精度满足分析要求。

8.9.4 计算节点选择的合理性分析

本试验从土体尺度、地块尺度和灌区尺度等三个层次,开展灌区引退水、灌溉水渗漏等观测试验,测算分析农业灌溉耗水系数。由于不同灌区地域和作物种植结构有差异,水资源条件和灌溉方式不尽相同,灌区运行管理和耕作措施技术水平亦有区别。另外,不同尺度研究采用的灌溉定额也有区别,土体尺度水循环机制研究采用净灌溉定额,地块尺度为实际灌溉用水定额,灌区尺度按渠首引水计算为毛灌溉定额。从农业灌区耗水系数计

算要求以及对加强用水管理角度分析,本书采用的灌溉用水定额是合理的。

为揭示田间灌溉水渗漏规律,同步开展了蒸渗仪渗漏试验和田间土壤含水量观测试验。蒸渗仪渗漏试验采用非称重式无地下水面的自由排水式设备,为确保土壤结构相似进行了分层取样,为消除贴壁渗流在底部设置了隔渗圈,并严格按设计进行了建设和试验。蒸渗仪渗漏试验和田间土壤含水量观测试验结果,对灌溉水入渗规律研究有一定指导意义。

8.9.5　典型灌区主要指标合理性分析

以礼让渠灌区为例,将本书研究成果与《青海省用水定额》(青政办〔2009〕62 号)、青海省水利普查成果和青海省农田灌溉用水有效利用系数测算分析成果中的关键指标进行对比分析,以评价本书研究成果的合理性。

根据监测试验成果分析,礼让渠灌区扣除由于渠系工程保护、清除垃圾、防洪除险等需要的渠道弃水量、向灌区外的退水量等后,灌区毛灌溉用水总量为 783.0 万 m^3,灌区有效灌溉面积为 1.7 万亩,按毛灌溉用水量计算的单位面积灌溉量为 461 m^3/亩,平均次灌水量为 92 m^3/亩;按实际进入田间的灌溉水量计算的单位面积灌溉量为 389 m^3/亩,平均次灌水量为 78 m^3/亩。按《青海省用水定额》(青政办〔2009〕62 号),湟水流域川水地,按 50% 降水频率,小麦灌水定额和油料作物灌溉定额为 285 m^3/亩,灌水定额为 57 m^3/亩。

按监测数据分析,礼让渠灌区灌溉水利用系数为 0.435。青海省水利普查成果中,灌溉水利用系数为 0.424。青海省 2012 年农田灌溉用水有效利用系数测算分析成果中,全省灌溉水有效利用系数为 0.420 2,其中中型灌区为 0.434 1、小型灌区为 0.403 2。可以看出,灌溉水有效利用系数比青海省水利普查成果和 2012 年农田灌溉用水有效利用系数测算分析成果分别高 2.5%、0.2%。综合分析,本书研究成果比较准确地反映出了典型灌区农田灌溉水利用实际情况。

8.9.6　本书研究成果与以往研究成果对比分析

2003 年 11 月,青海省水文水资源勘测局选择典型灌区开展了农业灌溉耗水系数监测试验工作。典型灌区选定乐都县城湟水大桥下游约 1.5 km,乐都县岗沟镇下教场村、湟水南岸提水灌区试验区。该试验点毗邻湟水,属川水地区,总面积 5.91 hm^2,土层厚度约 60 cm,以下为砂砾层。通过对 2004 年 3 月、5 月、6 月三个集中灌水时段的地下水循环的模拟计算,3 月 21 ~ 26 日耗水率为 0.57,其他时段耗水率为 0.56 和 0.69,平均耗水率为 0.61。

本书研究中大峡渠灌区引排差法计算结果为 0.602,与 2004 年监测试验相差 1.36%。两次试验在灌区位置、气候条件、土壤和灌溉水源等方面均与大峡渠灌区基本相同,计算结果有较强的可比性。

8.10　农业灌溉耗水系数研究结论

水资源是社会经济可持续发展的主要约束条件,加强水资源管理,实施最严格的水资源管理制度,确立用水总量控制和用水效率控制制度,是当前国家、流域和各省(区、市)科学管理水资源的重要抓手。农业作为主要用水产业,深入研究农业灌溉供、用、耗、排规律,对加强用水管理、合理分配水量、严格用水制度、提高用水技术水平具有重要意义。本书以青海省大型农业灌区为对象,开展灌溉耗水试验研究,研究成果为黄河流域其他地区相关研究提供了一定借鉴,为进一步完善流域管理与行政区管理相结合的水资源管理体制提供技术支撑。

(1)通过对青海省黄河流域农业灌区详细的调查研究,在对灌区集中度、区域典型地形地貌、耕作区代表性土壤、灌区灌溉水源、主要灌溉方式、农业结构、主要农作物品种、灌区规模、灌溉条件和试验条件等 10 个因素进行综合分析的基础上,选择以青海省湟水流域礼让渠灌区和大峡渠灌区,黄河干流浅山高抽官亭泵站灌区,黄河干流河谷西河灌区和黄丰渠灌区,柴达木盆地格尔木市农场灌区、香日德河谷灌区和德令哈灌区等 8 个大型灌区为研究对象。湟水流域礼让渠灌区和大峡渠灌区耗水系数分别为 0.715 和 0.632,黄河干流浅山高抽官亭泵站灌区耗水系数为 0.961,黄河干流河谷西河灌区和黄丰渠灌区分别为 0.747 和 0.430,柴达木盆地格尔木市农场灌区、香日德河谷灌区和德令哈灌区分别为 0.665、0.617 和 0.636。按青海省黄河流域不同类型灌溉水源和灌溉方式占比加权,推算出青海省湟水谷地、黄河干流泵站灌区、黄河干流谷地灌区耗水系数分别为 0.673、0.961 和 0.592。按灌溉面积和灌溉水量加权平均,推算得到青海省黄河流域灌区耗水系数分别为 0.687 和 0.688。

按灌溉面积加权平均推算的青海省农业灌区耗水系数为 0.679。按灌溉水量加权平均推算的青海省农业灌区耗水系数为 0.673。

(2)本书遵循"流域耗水量"理念,经对多种农业灌区耗水系数分析方法论证,采用引排差法和数学模型,从土体尺度、地块尺度和灌区尺度开展引退水规律研究。试验过程中,严格按照水文测验和灌区渠道量水规范、测验精度和质量控制要求开展各项工作。灌区渠系退水受到灌区管理体制和用水管理水平、渠系工程设计和运行维护、灌区环境条件和区域经济发展等多方面因素影响。湟水河谷阶地灌区,由于水文地质特征和土壤特性等因素,典型灌区田间综合灌溉渗漏系数达 18.76%;黄灌干流谷地灌区由于泵站灌区面积达 22.9%,区域耗水系数较谷地灌区高;柴达木盆地灌区灌溉水渗漏最较小的主要原因为区域降水稀少、蒸发强烈,年降水量仅为年蒸发量的 10% 左右,灌区土壤长期处于严重缺水状态。蒸渗仪渗漏试验和田间土壤含水量试验也揭示了灌溉水下渗和土壤计划湿润层含水量变化及下渗规律。

(3)结合本书试验设计和研究任务,围绕农业灌区耗水系数分析目标,以及加强水资源管理的要求,从灌溉用水管理、灌溉效率、渠系工程状况和灌区环境等四个方面遴选出 15 项指标,对指标重要性进行专家赋分,并从对耗水系数影响较大、可能发生较大变动、数据不确定性较高等三个方面进行分类,最终确定了 5 项关键指标进行耗水系数敏感性分析,以确定对研究区耗水系数计算的主要影响因素,并为提出加强农业灌区水资源管理措施提供指导。分析表明,田间综合渗漏系数、斗农渠退水率、地下水平均埋深调整系数、非节水灌溉比率、提灌方式占比等 5 项指标,分别从地块尺度、灌区尺度和研究区尺度对农业取水、用水、耗水产生重要影响。

8.11　农业灌溉用水科学管理

(1)针对灌区管理存在的主要问题,从水管单位性质、管理体制、经费保障、人员结构、责权划分和水价形成机制等方面改革完善灌区管理体制,提高灌区管理水平。

(2)灌区用水计量设施不健全,取水自动监控基础设施建设滞后,已成为提高灌区水资源管理水平和用水效率的瓶颈。应大力推广田间渠系用水计量设施,提高灌区水资源监控能力和信息化管理水平,实施按量计价水费核算制度,提倡用水户节约用水,完善斗门管理维护和启闭操作制度,降低斗农渠退水率。

(3)加强渠系和建筑物检查维护,减少因管理不善造成的干渠无效退水。进一步加强田间灌溉工程建设,解决灌溉渠系"最后一公里"问题,提高田间渠系衬砌率,减少渠道渗漏。

(4)完善灌区取水、需水和配水计划,制定合理的灌溉制度,强化灌区用水计划执行和灌溉定额实施监督;尽最大可能适时、适量灌溉,尽可能减少灌溉水地表退水和田间深层渗漏;结合灌区种植结构调整,大力发展节水灌溉,提高田间水利用系数。

(5)建议选择其他典型灌区深入开展耗水系数试验,继续开展蒸渗仪渗漏试验,深化灌区水循环机制研究,为全面掌握青海省农业灌区耗水规律,加强水资源管理提供依据。

参 考 文 献

[1] 张学成,等. 黄河流域水资源调查评价[M]. 郑州:黄河水利出版社,2006.

[2] 中国灌溉排水发展中心. 黄河流域大型灌区节水改造战略研究[M]. 郑州:黄河水利出版社,2002.

[3] 韩永荣,罗盛明,高学亮. 青海耕地面临的问题和对策[J]. Agricultural Information Study, 1999 (2):23-25.

[4] 李穗英,孙新庆. 青海省近10年耕地面积动态变化及驱动因子分析研究[J]. 中国农业资源与区划, 2009, 30(5):39-44.

[5] 康绍忠. 农业节水与水资源可持续利用领域发展态势及重大科技问题[J]. 农业工程学报, 2003, 19:130-135.

[6] 刘洪禄,等. 现代化农业高效用水技术研究[M]. 北京:中国水利水电出版社,2006.

[7] 盛平,黄光辉. 现代农业水资源利用开发与保护[M]. 北京:气象出版社,2006.

[8] 崔远来,熊佳. 灌溉水利用效率指标研究进展[J]. 水科学进展, 2009, 20(4):590-598.

[9] 谢先红,崔远来. 灌溉水利用效率随尺度变化规律分布式模拟[J]. 水科学进展, 2010, 21(5): 681-689.

[10] 王金霞,黄季焜,Scott Rozelle. 激励机制、农民参与和节水效应:黄河流域灌区水管理制度改革的实证研究[J]. 中国软科学, 2004(11):8-14.

[11] 房全孝,陈雨海,李全起,等. 土壤水分对冬小麦生长后期光能利用及水分利用效率的影响[J]. 作物学报, 2006, 32(6):861-866.

[12] 熊佳,崔远来,谢先红. 灌溉水利用效率的空间分布特征及等值线图研究[J]. 灌溉排水学报, 2008(6):1-5.

[13] 范岳,王静,陈皓锐,等. 石津灌区农业水资源利用效率的初步研究[J]. 灌溉排水学报, 2008 (6):23-26.

[14] 范群芳,董增川,杜芙蓉. 层次分析法在初始水权第二层次配置中的应用[J]. 水电能源科学, 2008, 26(2):28-31.

[15] 周春生,柴建华,史海滨,等. 水质对膨润土防水毯防渗效果影响研究[J]. 节水灌溉, 2006(6): 27-30.

[16] 周维博. 干旱半干旱地域提高灌区水资源综合效益研究进展与思考[J]. 干旱区资源与环境, 2003, 17(5):91-96.

[17] 邢大韦. 非工程措施节水及节水灌溉推广中的几个问题[J]. 人民黄河, 1999, 21(4):34-35.

[18] 张强,孙鹏,陈喜,等. 1956~2000年中国地表水资源状况:变化特征、成因及影响[J]. 地理科学, 2011(12):1430-1436.

[19] 熊佳,崔远来. 基于SFA的灌溉水利用效率指标随时间变化规律分析[J]. 武汉大学学报:工学版, 2009, 42(6):685-690.

[20] 雷贵荣,胡震云,韩刚. 基于SFA的农业用水技术效率和节水潜力研究[J]. 水利经济, 2010, 28 (1):55-58.

[21] 王晓娟,李周. 灌溉用水效率及影响因素分析[J]. 中国农村经济, 2005(7):11-18.

[22] 赵连阁,王学渊. 农户灌溉用水的效率差异——基于甘肃、内蒙古两个典型灌区实地调查的比较分析[J]. 农业经济问题, 2010(3):71-78.

[23] 钱文婧,贺灿飞. 中国水资源利用效率区域差异及影响因素研究[J]. 中国人口·资源与环境, 2011, 21(2):54-60.

[24] 刘路广,崔远来,冯跃华. 基于 SWAP 和 MODFLOW 模型的引黄灌区用水管理策略[J]. 农业工程学报, 2010, 26(4):9-17.

[25] 王学渊,赵连阁. 中国农业用水效率及影响因素——基于1997—2006年省区面板数据的 SFA 分析[J]. 农业经济问题, 2008, 29(3):10-18.

[26] 段爱旺,张寄阳. 中国灌溉农田粮食作物水分利用效率的研究[J]. 农业工程学报, 2000, 16(4):41-44.

[27] 段爱旺,肖俊夫,张寄阳,等. 控制交替沟灌中灌水控制下限对玉米叶片水分利用效率的影响[J]. 作物学报, 1999(6):766-771.

[28] 陈玉民,华佑亭,张鸿,等. 华北地区冬小麦需水量图与灌溉需水量评价研究[J]. 水利学报, 1987(11):10-19.

[29] 张仁田,童利忠,陆小伟,等. 水定价方法对农业用水效率及公平性的影响分析[J]. 作物学报, 1999(6):766-771.

[30] 徐存东. 景电灌区水盐运移对局域水土资源影响研究[D]. 兰州:兰州大学,2010.

[31] 韩松俊,刘群昌,胡和平,等. 灌溉对景电灌区年潜在蒸散量的影响[J]. 水科学进展,2010,21(3):364-369.

[32] 贾效亮. 灌溉回归水的利用与效益分析[J]. 节水灌溉,2000(6):15-16.

[33] 刘宇,黄季焜,王金霞,等. 影响农业节水技术采用的决定因素[J]. 节水灌溉,2009(10):1-5.

[34] 雷鸣,贾正茂,肖素君. 黄河流域农业灌溉发展规模研究[J]. 人民黄河, 2013, 35(10):99-103.

[35] 高占义,王浩. 中国粮食安全与灌溉发展对策研究[J]. 水利学报,2008,39(11):1273-1278.

[36] 娄宗科,张慧莉,李宗利,等. 田间灌溉渠道防治效果试验研究[J]. 水土保持研究, 2002,9(2):23-25.

[37] 谭芳,崔远来,王建漳. 灌溉水利用率影响因素的主成分分析——以漳河灌区为例[J]. 中国农村水利水电,2009(2):70-73.

[38] 李保国,黄峰. 1998—2007年中国农业用水分析[J]. 水科学进展,2010,21(4):575-583.

[39] Mcguckin J T, Gollehon N, Ghosh S. Water conservation in irrigat edagriculture: A stochastic production frontier model[J]. Water Resources Research, 1992, 28(2):305-312.

[40] Omezzine A, Zaibet L. Management of modern irrigation systems in oman: allocative vs. irrigation efficiency 1[J]. Plant Physiology, 1990, 93(3):896-901.

[41] Karagiannis G, Tzouvelekas V, Xepapadeas A. Measuring irrigation water efficiency with a stochastic production frontier: An application to greek out-of-season vegetable cultivation[J]. Environmental & Resource Economics, 2003, 26(1):57-72.

[42] 高峰,赵竞成,许建中,等. 灌溉水利用系数测定方法研究[J]. 灌溉排水学报,2004,23(1):14-20.

[43] 王景山. 宁夏现状灌溉水利用系数研究[J]. 人民黄河, 2014, 36(2):82-89.

[44] 汪富贵. 大型灌区灌溉水利用系数的分析方法[J]. 武汉水利电力大学学报, 1999, 32(6):28-31.

[45] 沈逸轩,黄永茂,沈小谊,等. 年灌溉水利用系数的研究[J]. 中国农村水利水电,2005(7):7-8.

[46] 白美健,许迪,李益农. 随机模拟畦面微地形分布及其差异性对畦灌性能的影响[J]. 农业工程学报, 2006, 22(6):28-32.

[47] 蔡守华,张展羽,张德强,等. 修正灌溉水利用效率指标体系的研究[J]. 水利学报,2004(5):1-6.

[48] 李英能. 浅论灌区灌溉水利用系数[J]. 中国农村水利水电, 2003(7):23-26.

[49] Bos M G. Standards for irrigation efficiencies of icid[J]. Journal of the Irrigation & Drainage Division, 1979, 105(1):37-43.

[50] Brown H, Willardson D G, Samuels L T, et al. 17-Hydroxycorticosteroid metabolis m in liver disease. [J]. Journal of Clinical Investigation, 1954, 33(11):1524-1532.

[51] Keller A, Keller J. Efficiency: A water use efficiency concept for allocating freshwater resources[R]. Water Resources and Irrigation Division Discussion Paper 22. Winrock International, 1995.

[52] 马文·E·詹森(M E Jensen). 耗水量与灌溉需水量[M]. 熊运章, 林性粹, 译. 北京:农业出版社, 1982.

[53] 刘爱红, 孙洪仁, 孙雅源, 等. 灌溉量对紫花苜蓿水分利用效率和耗水系数的影响[J]. 草业与畜牧, 2011, 16(7):1-5.

[54] 赵之重, 王晋民, 王俊鹏, 等. 青海东部浅山旱地土壤水分状况及其作物利用研究[J]. 干旱地区农业研究, 2004, 22(4):98-100.

[55] 尚爱启. 湟水流域春小麦耗水规律及合理灌溉问题[J]. 人民黄河, 1987(1):31-33.

[56] 马兴武, 等. 青海省海东地区水资源开发利用现状与对策[J]. 水利科技与经济, 2012, 18(1):81-84.

[57] 陆静良, 赵显冲, 汪晶. 典型农村城市耗水系数分析[J]. 地下水, 2013(4):157-158.

[58] 史俊通, 杨改河. 用耗水系数作为旱区农业生产力水平区划指标的探讨[J]. 干旱地区农业研究, 1995(1):100-104.

[59] 马允吉. 关于田间耗水量的几点认识[J]. 灌溉排水, 1982, 1(2):43-51.

[60] 李守谦, 谢忠奎, 兰念军, 等. 干旱地区春小麦耗水量和节水措施的探讨[J]. 高原气象, 1993, 12(2):209-216.

[61] 邢大伟, 张玉芳, 粟晓玲. 陕西省关中地区用水结构与耗水量变化[J]. 水资源与水工程学报, 2006, 17(3):18-21.

[62] 喻钰, 黄领海, 沈冰, 等. 和田河流域耗水现状分析[J]. 水资源与水工程学报, 2009, 20(6):47-51.

[63] 李保国, 等. 农田土壤水的动态模型及应用[M]. 北京:科学出版社, 2000.

[64] 代俊峰, 崔远来. 基于SWAT的灌区分布式水文模型[J]. 水利学报, 2009, 40(2):145-152.

[65] 张秋玲. 基于SWAT模型的平原区农业非点源污染模拟研究[D]. 杭州:浙江大学, 2010.

[66] 冯国章. 通用土壤水分平衡模型及其应用[J]. 西北水资源与水工程, 1992, 3(4):46-48.

[67] 王西平, 姚树然. VSMB多层次土壤水分平衡动态模型及其初步应用[J]. 中国农业气象, 1998, 19(6):27-31.

[68] 周志轩, 王艳芳. 基于BP神经网络的灌区耗水量模拟预测模型[J]. 农业科学研究, 2011, 32(3):41-43.

[69] 李晓鹏, 张佳宝, 朱安宁, 等. 基于GIS的农田土壤水分渗漏量分布模拟[J]. 土壤通报, 2009, 40(4):743-746.

[70] 刘昌明, 夏军, 郭生练, 等. 黄河流域分布式水文模型初步研究与进展[J]. 水科学进展, 2004, 15(4):495-500.

[71] 青海省农业资源区划办公室. 青海土壤[M]. 北京:中国农业出版社, 1995.

[72] 青海省统计局, 国家统计局青海调查总队. 青海统计年鉴(2013)[M]. 北京:中国统计出版社, 2013.

[73] 朱发昇, 董增川, 冯耀龙, 等. 干旱区农业灌溉耗水计算方法[J]. 灌溉排水学报, 2008, 27(1):

119-122.

[74] 肖素君,王煜,张新海,等. 沿黄省(区)灌溉耗用黄河水量研究[J]. 灌溉排水,2002,21(2):60-63.

[75] 贾仰文,等. 渭河流域水循环模拟与水资源调度[M].北京:中国水利水电出版社,2010.

[76] 井涌. 水量平衡原理在分析计算流域耗水量中的应用[J]. 西北水资源与水工程,2003,14(2):30-32.

[77] 蔡明科,魏晓妹,粟晓玲. 灌区耗水量变化对地下水均衡影响研究[J]. 灌溉排水学报,2007,26(4):16-20.

[78] 秦大庸,于福亮,裴源生.宁夏引黄灌区耗水量及水均衡模拟[J].资源科学,2003,25(6):19-24.

[79] 丛振涛,杨静,雷慧闽.位山灌区四水转化模型模拟研究[J].人民黄河,2011,33(3):70-72.

[80] 赵凤伟,魏晓妹,粟晓玲.灌区耗水量问题初探[J].节水灌溉,2006(1):25-27.

[81] 董斌,崔远来,黄汉生,等.国际水管理研究院水量平衡计算框架和相关评价指标[J].中国农村水利水电,2003(1):5-7.

[82] 邢大伟,张玉芳,粟晓玲.陕西省关中灌区灌溉耗水量与耗水结构[J].水利与建设工程学报,2006,4(1):6-8.

[83] 周鸿文,袁华,吕文星,等. 黄河流域耗水系数评价指标体系研究[J].人民黄河,2015,37(12):46-49.

[84] 马福才,惠士博,谢森传.不同边界条件下入渗规律的研究[J].工程勘察,2000(5):24-26.

[85] 徐振辞.作物需水量及其量测技术研究[M].郑州:黄河水利出版社,2008.

[86] 周鸿文,翟禄新,吕文星,等.基于VSMB模型的灌溉水损耗模拟研究[J].湖北农业科学,2015,54(23):46-49.

[87] 王云强,邵明安,刘志鹏.黄土高原区域尺度土壤水分空间变异性[J].水科学进展,2012,23(3):300-316.

[88] 王小赞,孔凡哲.有作物条件下的潜水蒸发计算方法[J].人民黄河,2014,36(2):40-42.

[89] 闫华,周顺新.作物生长条件下潜水蒸发的数值模拟研究[J].中国农村水利水电,2002(39):15-18.

[90] 毛晓敏,雷志栋,尚松浩,等.作物生长条件下潜水蒸发估算的蒸发面下降折算法[J].灌溉排水,1999,18(2):26-29.

[91] 赵明,郭志中,王耀琳,等.不同地下水位植物蒸腾耗水特性研究[J].干旱区研究,2003,20(4):286-291.

[92] 张朝新.临界蒸发深度的探讨[J].地下水,1995,17(1):23-25.

[93] 胡和平,李民,杨诗秀,等.用直接估算法确定区域潜水蒸发量[J].灌溉排水,1999,18(2):22-25.

[94] 薛明霞,王立琴.潜水蒸发系数与影响因素分析[J].地下水,2002(4):35-37.

[95] 齐仁贵,苏跃振.柯夫达潜水蒸发公式中参数的推求[J].灌溉排水,1998,17(2):47-50.

[96] 中华人民共和国住房和城乡建设部.GB/T 50138—2010 水位观测标准[S]. 北京:中国计划出版社,2010.

[97] 中华人民共和国水利部.SL 537—2011 水工建筑物与堰槽测流规范[S].北京:中国水利水电出版社,2011.

[98] 国家质量技术监督局,中华人民共和国建设部.GB 50288—99 灌溉与排水工程设计规范[S].北京:中国计划出版社,1999.

[99] 中华人民共和国水利部.SL 183—2005 地下水监测规范[S].北京:中国水利水电出版社,2006.

［100］吕文星，周鸿文，王永峰，等.青海省大峡灌区典型地块作物耗水系数研究［J］.湖北农业科学，2015，54(19)，4692-4698.

［101］吕文星，唐洪波，刘东旭，等.青海省大峡灌区土壤基本物理性质垂直变异特征［J］.安徽农业科学报，2015，43(15)：99-101，106.

［102］吕文星，周鸿文，马向东，等.青海典型灌区土壤物理特征对作物耗水的影响［J］.人民黄河，2015，37(11)：142-148.

［103］刘凯，崔晨风，廖清飞.青海东部农业区 ET_0 对 LST 的响应分析［J］.人民黄河，2014，36(3)：23-25.

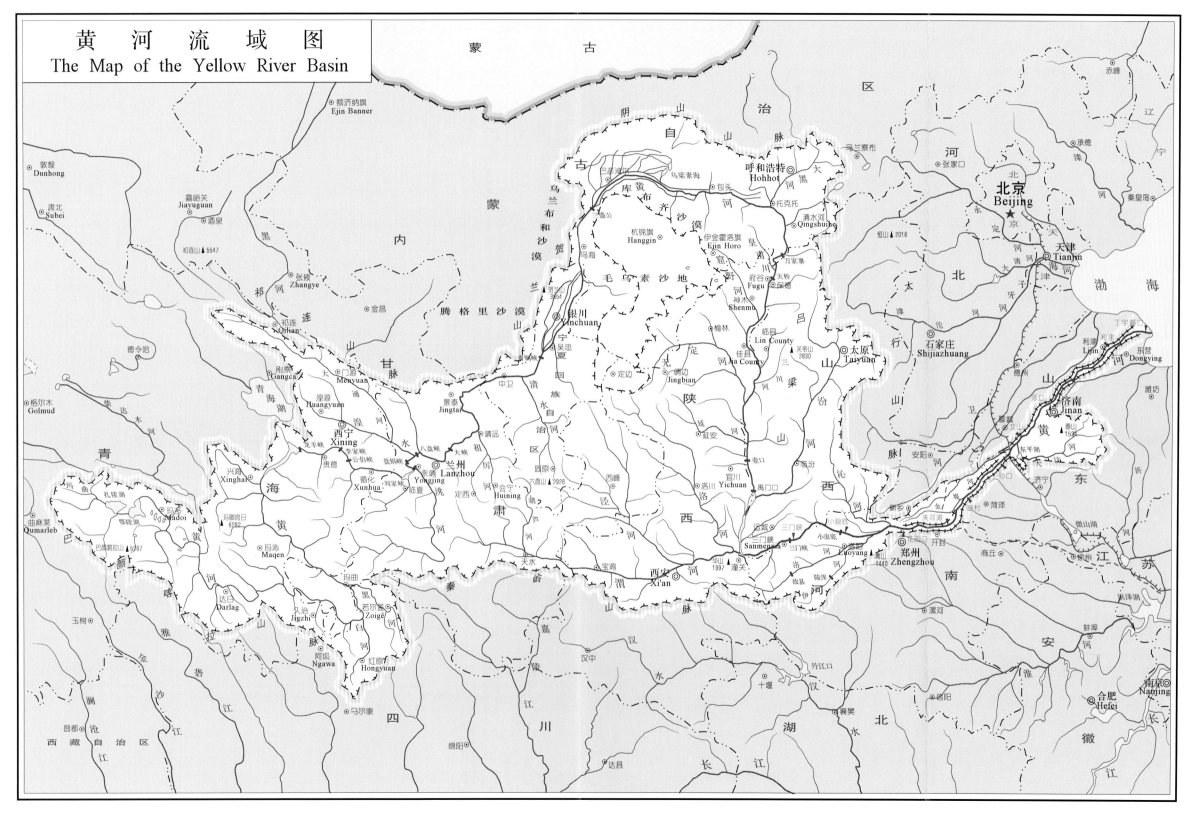

附图1 黄河流域图

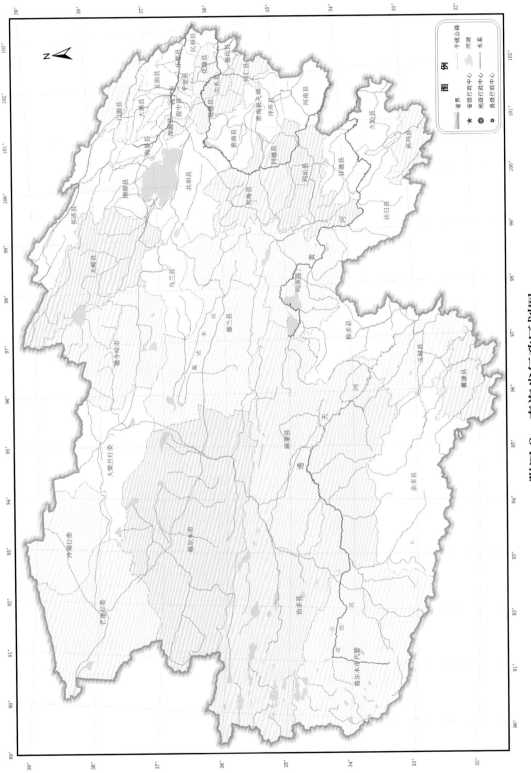

附图 2 青海省行政区划图

图　例

省界　　　　干线公路
省级行政中心　河湖
地级行政中心　水系
县级行政中心

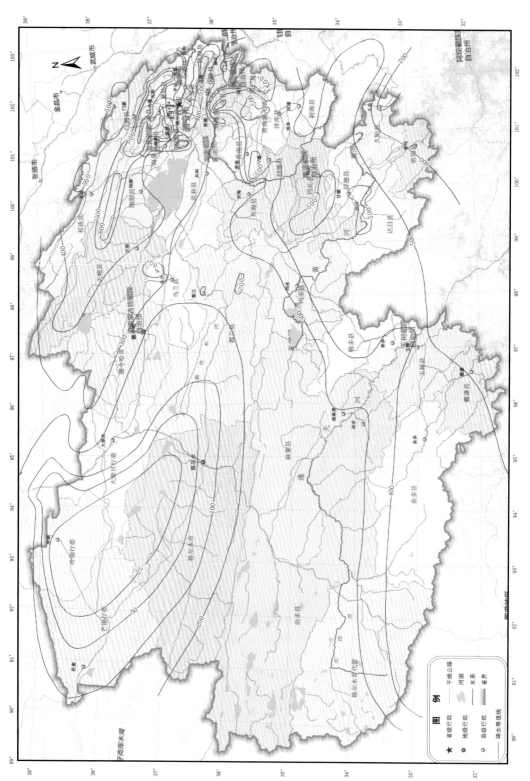

附图 3　青海省多年平均降水量等值线图（1956~2000 年）

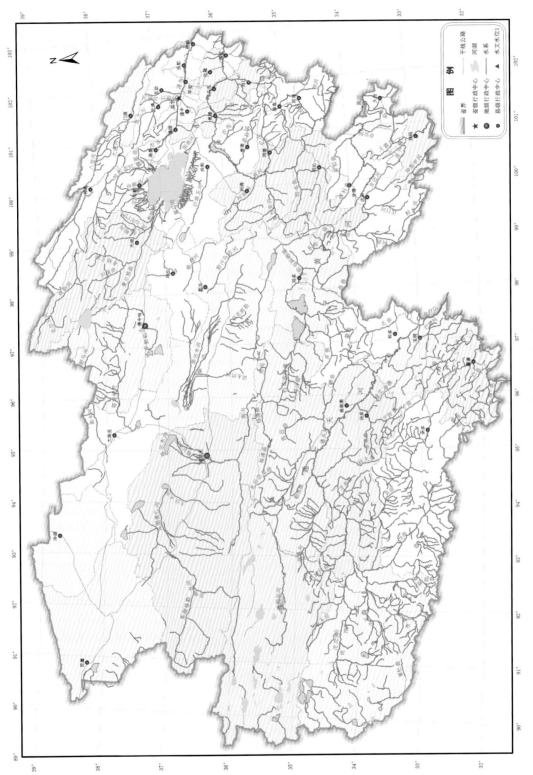

附图 4　青海省水系图

图　例

省界
★　省级行政中心
●　地级行政中心
●　县级行政中心
————　干线公路
　　　河湖
————　水系
▲　水文水位1

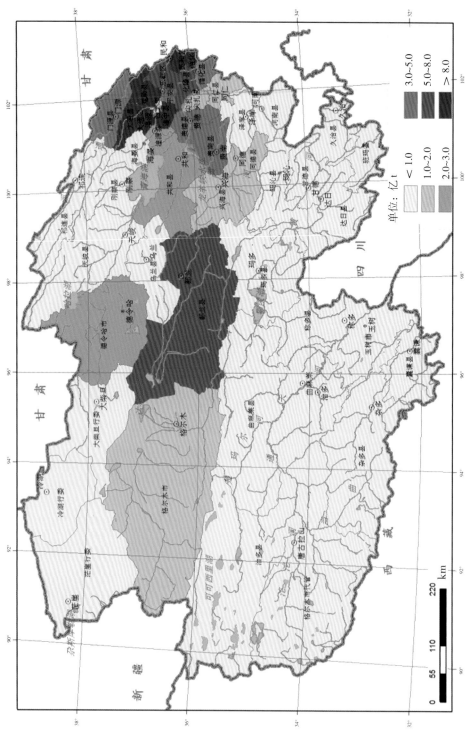

附图 5　青海省粮食总产量分布图

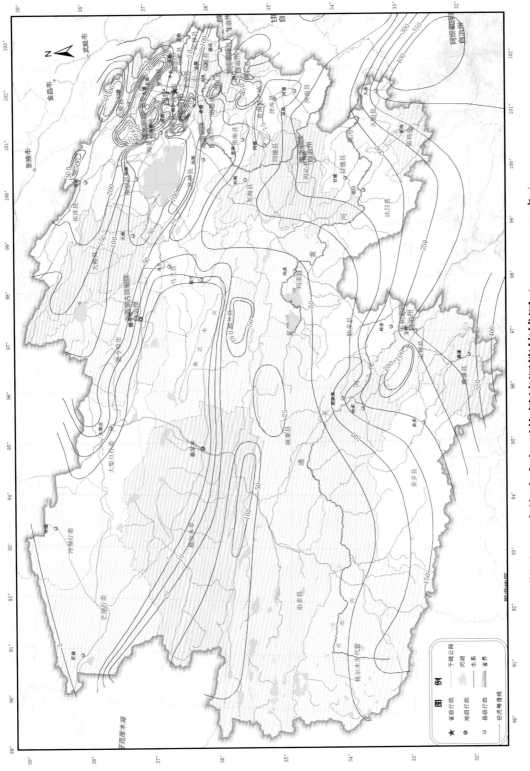

附图 6　青海省多年平均径流深等值线图（1956~2000 年）

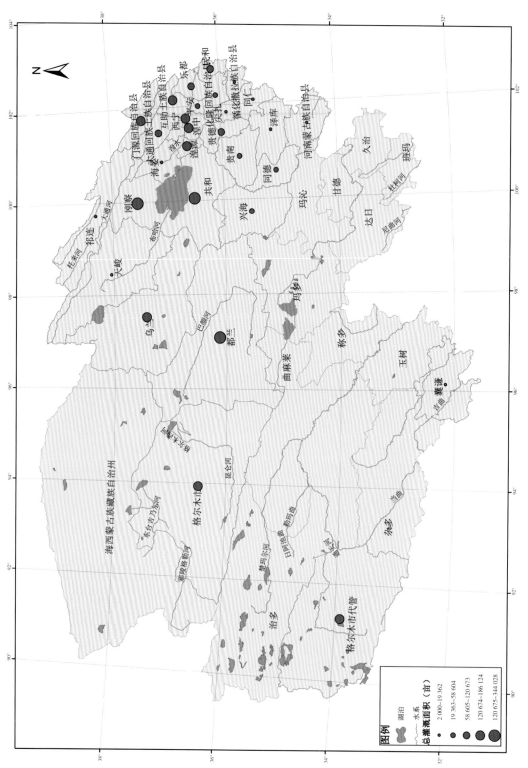

图例

湖泊

水系

总灌溉面积（亩）

· 2 000-19 362
● 19 363-58 604
● 58 605-120 673
● 120 674-186 124
● 120 675-344 028

附图 7　青海省灌区面积分布图

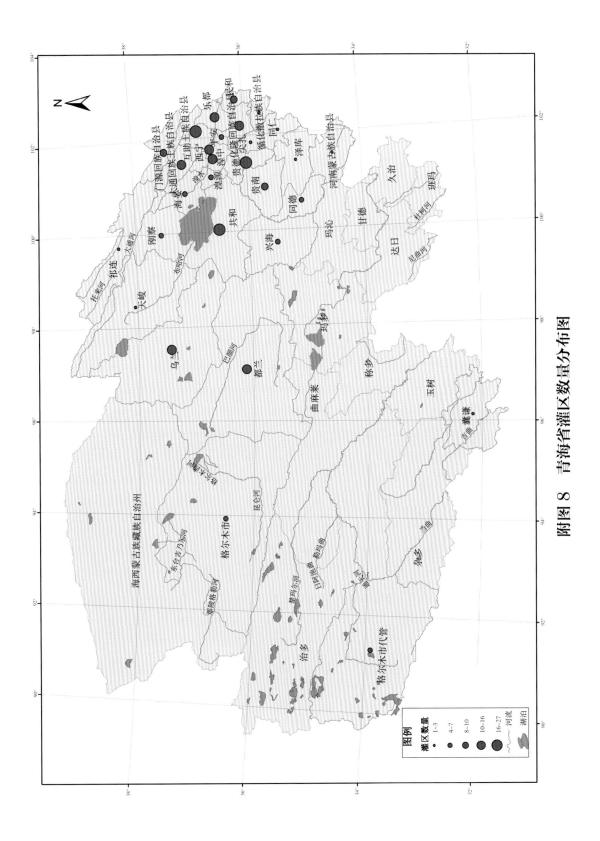

附图 8 青海省灌区数量分布图

图例
灌区数量
· 1~3
· 4~7
● 8~10
● 10~16
● 16~27
〜 河流
▨ 湖泊

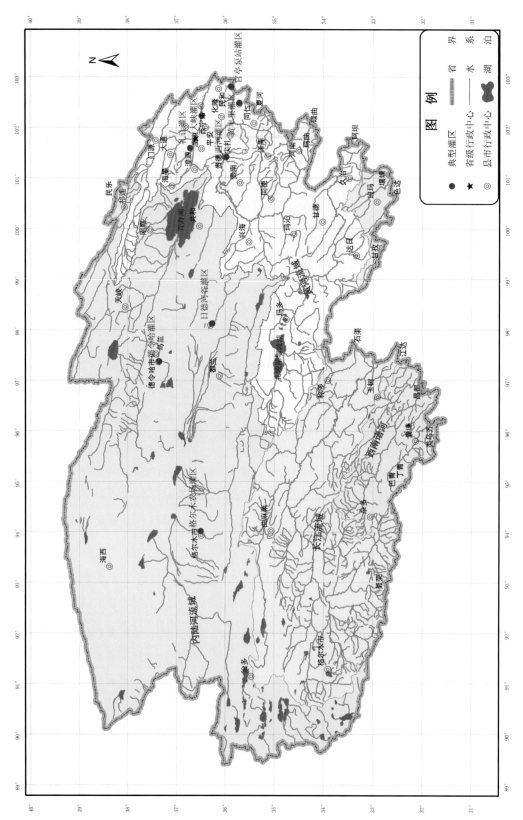

附图 9　青海省典型灌区位置图